数据安全与隐私保护丛书

云数据安全存储和可搜索加密理论与技术

王 涛 著

西安电子科技大学出版社

内 容 简 介

本书以云存储应用场景中数据安全存储和密文搜索理论、技术为研究对象，针对可证明安全的数据完整性审计和可搜索加密两类问题进行系统性的归纳。首先介绍上述两类问题的一些共性技术和密码学基础知识；接着分析云数据审计协议的模型和典型方案，并给出标准模型安全的云数据审计协议的一个具体构造；然后从可搜索对称加密和可搜索公钥加密两个维度分析可搜索加密技术及其典型方案；最后分析上述两类问题在结合区块链技术方面的发展方向。本书对云存储环境下实现数据“存得放心，用得方便”这一目标具有重要的指导意义。

本书可作为计算机、网络空间安全和密码学专业本科生、研究生的教材或自学参考书，也可供教师、科研人员及相关工程技术人员参考使用。

图书在版编目(CIP)数据

云数据安全存储和可搜索加密理论与技术/王涛著. —西安：西安电子科技大学出版社，2022.3

ISBN 978-7-5606-6263-3

Ⅰ. ①云… Ⅱ. ①王… Ⅲ. ①计算机网络—信息存贮—信息安全—研究
Ⅳ. ①TP393.071

中国版本图书馆 CIP 数据核字(2021)第 209996 号

策划编辑 吴祯娥
责任编辑 雷鸿俊 许青青 阎 彬
出版发行 西安电子科技大学出版社(西安市太白南路 2 号)
电 话 (029)88202421 88201467 邮 编 710071
网 址 www.xduph.com 电子邮箱 xdupfxb001@163.com
经 销 新华书店
印刷单位 陕西精工印务有限公司
版 次 2022 年 3 月第 1 版 2022 年 3 月第 1 次印刷
开 本 787 毫米×1092 毫米 1/16 印张 12.5
字 数 284 千字
印 数 1～1000 册
定 价 49.00 元
ISBN 978-7-5606-6263-3/TP

XDUP 6565001-1

序　言

信息化的发展是一把双刃剑，收益与风险共存，从计算机广泛应用到互联网诞生，网络与数据安全攻击从未停止过，安全事件几乎逐年上升。在我国，2014 年成立“中央网络安全和信息化领导小组”之时，网络空间安全已被提升到国家安全的战略高度；2018 年，领导小组升格为“中国共产党中央网络安全和信息化委员会”，网络空间安全战略高度再次全面提升。网络空间安全已不容小觑，从国家战略到学科建设，从关键信息基础设施到普通老百姓，网络与数据安全被前所未有地重视，成为公众、企业和监管部门所关注的重点领域。近几年，国家陆续出台了《网络安全法》《密码法》《数据安全法》和《个人信息保护法》，从多维度构建了网络与数据安全领域的法律保障体系。

随着云计算、大数据、人工智能、移动物联网和区块链等技术的快速发展和深度应用，隐私泄露问题愈演愈烈，数据安全风险日益加剧，各种数据安全事件和隐私泄露事件屡屡被推到风口浪尖。学术界和产业界为此一直在探索以隐私保护为核心的隐私计算技术，同时密码技术仍然是数据安全的核心基础。近年来，以差分隐私、数据泛化为主流的隐私保护算法和以同态密码、安全多方计算为代表的密码算法，构成了数据安全与隐私保护的重要技术基础。然而，数字经济的发展不断催生出新技术、新产业、新业态、新模式，发展与安全的协调、应用与监管的规范、公平与效率的统一，成为新时代数字经济发展面临的挑战，构建技术、标准和法律于一体的数据安全解决方案已是迫在眉睫。从技术的角度，密态数据计算下的“数据可用不可见”和联邦学习下的“模型动数据不动”，成为学术界和产业界关注的热点。如何从多维度、多渠道推进数据安全和隐私保护技术的研究、应用和产业化，是当前学术界和产业界所面临的重要任务。

“数据安全与隐私保护丛书”旨在为各行各业的科技工作者、管理工作者和企业技术人员提供一套较为完整的现代网络、密码学、数据安全和隐私保护方面基础丛书，期望满足相关读者学习网络与数据安全理论与技术的需要，力图让读者较为系统地学习并掌握相关理论、算法、技术和应用，了解新的发展趋势和技术应用。本部丛书包括身份基类哈希证明系统、差分隐私、属性密码、区块链、云数据安全存储、可搜索加密、基因数据、关系图数据、空间数据等前沿热点的隐私保护理论与方法，以及与隐私管理相关的理性隐私计算和法律等内容。本部丛书的主要特色是突出现代基础理论与算法，融入作者最新研究成果，展现最新发展趋势，提供具体解决方案。本书可作为信息安全、网络空间安全、密码科学与技术等专业的本科生和研究生的学习教材，也可作为科技工作者的参考资料，还可作为企业技术研发人员和监管部门管理人员的学习材料。

本部丛书从规划到逐步完成，要感谢贵州大学和陕西师范大学密码学与数据安全研究团队的科研工作，感谢国家自然科学基金项目和其他相关科研项目的资助，感谢所有作者的辛勤撰写和研究生团队的资料收集，感谢中国保密协会隐私保护专委会的支持，更要感谢对本部丛书进行评审并提出宝贵建议的专家和学者。最后，特别感谢西安电子科技大学出版社的领导和编辑，你们的支持和辛勤工作是本部丛书得以出版的重要基础。

数据安全与隐私保护丛书编委会

2021 年 12 月

西安电子科技大学出版社
数据安全与隐私保护丛书编委会

前　言

当前，云计算服务已经被用户广泛使用。最流行的云服务之一是数据外包，这种应用范式能提供对数据随时随地的无限制访问，并可使用户降低存储成本。由于云存储提供商完全掌控着用户的数据，因而带来了两方面的安全问题：一方面，用户删除了本地数据备份后，云存储服务器也因各种原因将用户数据删除或者破坏了，用户的损失将难以估量且无法挽回；另一方面，云存储服务器对于数据具有绝对的访问权限，数据隐私保护无从谈起。解决第一类安全问题的方法是利用云数据完整性审计协议，从可证明安全的角度保证用户或第三方审计者可以要求云存储服务器证明完好无损地存储着用户的数据。解决第二类安全问题的方法是利用可搜索加密机制对用户的数据进行加密后再上传，这样既使数据隐私得到了保护，又使数据的可用性得到了保障。

本书采用背景研究、模型应用、安全性定义、方案设计、安全性证明的技术路线对上述两方面的安全问题进行重点研究，希望能为读者在相关领域的研究提供参考。

本书第1章为云存储概述，包括云存储面临的安全风险和隐私威胁。第2章介绍了两类问题的系统模型和密码学基础知识，分析了可证明安全的基本思想。第3章介绍了云数据审计协议的安全性定义、安全性需求和研究现状，总结了设计云数据审计协议所用到的关键技术，分析了一些经典的方案。第4章提出了一个标准模型安全的同时支持动态更新和公开审计的云数据审计协议，并进行了严格的安全性证明。第5章介绍了可搜索对称加密的概念和模型，并分析了一些经典的方案。第6章分析了一个支持短语的可搜索对称加密方案，并给出其实现方法。第7章分析了可搜索公钥加密的概念和模型，并分析了一些经典的方案。第8章提出了一个支持在密文上进行内积运算的函数加密方案，并给出了严格的安全性证明以及应用场景。第9章在基于区块链的应用系统蓬勃发展的背景下，介绍和分析了一些基于区块链的可证明安全存储和可搜索加密。

本书的研究得到了国家自然科学基金委——广东省联合基金重点项目(项目编号：U2001205)、面上项目(项目编号：61772326，61802241，61802242)、国家重点研发计划(项目编号：2017YFB0802000)、中央高校科研业务费项目(项目编号：GK202007031)以及陕西师范大学优秀出版基金的资助。

由于编者水平有限，书中难免存在不足之处，敬请广大读者批评指正。

编　者

2021年12月

目　　录

第1章 概　论

1.1 云存储概述

随着互联网的发展，新产生的数据其规模呈爆炸式增长，特别是随着移动互联网、物联网(Internet of Things，IoT)等技术的发展和普及，这一表现更是明显。人类社会产生的数据信息一方面来自互联网，另一方面来自日常生活及各种科学研究，如太空探测、公共交通监控及医疗影像等所产生的数据，其数量大大超过过去。如何存储和管理这些数据成为亟待解决的问题。

用户使用传统的存储方式来存储数据，不仅需要巨额的费用购买存储设备，还需要承担更为昂贵的系统管理和维护成本。另外，传统存储方式还存在不易扩展、管理维护复杂、资源利用率过低等缺点。因此，传统存储方式已经很难处理规模庞大的数据，必须寻找一种新的存储方式来存储海量数据。在海量数据存储需求的推动下，云存储应运而生。云存储能够解决传统存储方式面临的困境，因此一出现就受到工业界和学术界的空前关注，并得到了迅速发展。云存储作为云计算的一种主要应用模式，彻底改变了传统的存储观念。在这种新的存储方式下，用户不需要关心存储系统的具体结构、管理模式和维护方式，也不需要担心扩展和容错等技术问题，就像购买水、电、煤气一样，只需向云存储服务提供商(Cloud Storage Provider，CSP)购买存储服务即可。这种方式不仅可以满足用户的多样性需求(存储容量、访问速度、安全性)，而且其存储成本也较低，给用户带来了较大的经济效益。因此，无论从实用角度还是经济角度来看，云存储都比传统存储具有更大的优势，已经成为存储领域的基本应用形态。

1. 云存储的发展历史

云存储是云计算的典型应用范式之一。云计算的构想通常被认为是由约瑟夫·卡尔·罗布尼特·利克莱德(Joseph Carl Robnett Licklider)在20世纪60年代提出的；他是在ARPANET工作时产生将人和数据在任何时间、任何地方连接起来的想法的。

1983年，CompuServe公司为用户提供了少量的磁盘空间，用以存储他们上传的任何文件。

1994年，AT&T(美国电话电报公司)推出了个人和企业交流与创业的在线平台PersonalLink，他们的商业广告中提到："你可以把我们的电子会议室想象成云。"

2006年，亚马逊的Amazon Web Services(AWS)推出了他们的云存储服务AWSS3，获得了广泛认可，被SmugMug、Dropbox和Pinterest等公司采用。

2012年，Google推出了Google Drive，微软的SkyDrive也开始进一步整合业务。国内市场上也有众多厂商推出云存储服务，例如百度网盘、115网盘、腾讯微云、金山快盘、

360 安全云盘、网易网盘、联想网盘、华为网盘等。

随着移动互联网设备的持续发展，个人数据呈爆炸式增长，而多种硬件设备之间的交互需求将使云存储服务的用户呈迅速上升的态势。

根据 Research and Markets 关于全球云存储市场分析报告的预测，全球云存储市场将从 2020 年的 501 亿美元增长到 2025 年的 1373 亿美元，预测期内复合年增长率为 22.3%。

2. 云存储的优势

(1) 相对于传统存储模式，云存储的成本更低。云存储应用范式中，支撑应用的软硬件维护工作不再由用户自己承担，从而大大节省了管理和维护成本。例如存储扩容需求，可以直接通过向云存储服务提供商购买服务完成，而且用户只需要根据实际使用的存储空间支付费用即可。

(2) 日常维护工作，如数据备份、资料复制、存储扩容等，都转交给了托管的服务提供商，企业能更专注于自己的核心业务。

(3) 云存储服务提供商可以通过 WEB 服务接口、App 或客户端等方式为用户提供对托管在云端的各种资源和应用程序的随时随地访问服务，具备高度的数据访问便捷性，在此基础上还可以构建多人在线协作的工作模式。

云存储中的数据还可以作为备份来避免自然灾害的损坏，因为云存储服务提供商通常会在地理位置不同的地方设置两到三个不同的备份服务器。

1.2 云存储面临的安全问题

1.2.1 数据存储安全

云存储在成熟应用多年后，其安全性和可靠性受到极大挑战。首先，个人或者企业数据存放于第三方的未知地点，数据的可用性难以自主。2016 年初，国内企业出现了大规模的云存储业务关闭潮，很多云存储提供商因为成本、政策等原因纷纷停止了面向个人的云存储服务。2016 年 10 月 20 日，某云盘运营商发布公告，宣布服务转型，决定停止个人云盘服务，即日起至 2017 年 2 月 1 日进行会员退款，2017 年 2 月 1 日起关闭所有的云盘账号并清空数据。至此，云存储服务的关闭潮达到高峰。此类事件造成的用户损失无法估量，相对于云存储服务提供商而言，用户完全处在不对等的弱势地位。其次，存放在云服务器的数据受到单点失效的严重威胁。2018 年 8 月北京某公司所属公众平台在使用某云服务器 8 个月后，存储在该云服务器上的数据全部丢失，该云存储服务提供商所谓的三份备份数据也全部离奇丢失。该平台声称其因数据丢失造成的损失达 1100 万元以上。这些问题的出现让人们意识到云存储并不是一个能够为用户提供保护的“万能保险柜”。

数据存储的安全问题已经成为云存储服务进一步发展的巨大障碍。云存储服务中的数据安全性保障体系受到了严峻的挑战，首当其冲的是数据完整性验证方案。当用户把数据存储到云端时，如何保证数据不被云存储服务提供商或攻击者获取、篡改以及损坏？当数据被篡改或者损坏，且云存储服务提供商对用户有欺瞒行为时，用户如何发现数据异常？这两个问题不但是当前云存储技术研究的热点，而且是云存储服务提供商推广云存储服务获得更大经济收益首要解决的问题。如何保证云存储服务中的数据完整性？这一问题目前已经受到国内外学者的广泛关注，其中一个亟待解决的问题是如何在不下载所有数据的情况下，有效且准确地验证云端数据的完整性。

可证明数据拥有(Provable Data Possession，PDP)方案能够在不下载所有数据的情况下，有效且准确地实现云端数据的完整性验证，避免云存储服务提供商删除或篡改数据。该方案是保障云数据安全存储的关键技术之一。由Juels和Kaliski命名的“可恢复性证明(Proof of Retrievability，PoR)”、Ateniese命名的“可证明数据拥有(PDP)”“远程数据完整性校验”以及“云数据审计”等都研究的是该技术。在本质上，对它们的研究动机以及它们的体系结构是相似的：用户可以向CSP提出验证某个文件完整性的要求，而CSP应给出该文件是保存完整且未损坏的证明。该方法不要求用户下载原始的数据文件。此外需要证明即使存在恶意服务器，验证协议也是安全的。此处的恶意服务器是指在没有数据文件或数据损坏情况下试图欺骗验证者的云存储服务器。

1.2.2　隐私泄露风险

在云存储场景下，除了数据存储的完整性保护问题以外，另一个亟待解决的就是存储在云端的数据经常遭到泄露问题。仅2017年，全球市场份额最大的云存储服务提供商亚马逊AWSS3就发生了15起以上的大规模数据泄露事件。2017年7月，美国电信巨头Verizon的数据遭到泄露，600万名客户的姓名、地址、账户信息(包括账户个人识别码PIN)可以被公开访问。该事故的原因是Verizon的第三方服务商NICE Systems错误地配置了亚马逊的AWSS3的访问权限。

此类数据泄露事件的频繁发生，让用户开始更加审慎地考虑当数据存放在云端时的安全性以及个人隐私是否能够得到有效保护等问题。为了保证数据的机密性，越来越多的用户选择对数据进行加密，并将数据以密文形式存储在云端服务器上。数据的加密可能破坏数据的语义，从而破坏大数据的可用性。当用户需要寻找包含某个关键词的相关文件或数据时，将会遇到如何在云端服务器的密文中进行搜索操作的难题。一种最简单的解决方法是用户将所有密文数据下载到本地进行解密，然后在明文上进行关键词搜索。但是这种操作不仅会因很多不需要的数据而浪费庞大的网络开销和存储空间，而且用户也会因解密和搜索操作耗费巨大的计算资源。另一种极端的解决方法是将密钥和关键词发给云端服务器，让云端服务器解密密文数据，并在明文上进行搜索操作。这种方法又将让用户的个人数据重新曝光于云端服务器管理员和非法用户的视线之下，严重威胁到数据的安全和用户的隐私。

为了解决云存储中加密数据的搜索问题，可搜索加密(Searchable Encryption，SE)机制应运而生，并得到了研究者的广泛关注。用户首先使用SE机制对数据进行加密，并将密文存储到云端服务器。当用户需要搜索某个关键词时，为该关键词生成搜索凭证(Tolen)或陷门(Trapdoor)并发给云端服务器。云端服务器根据接收到的搜索凭证对每个文件进行匹配，如果匹配成功，则说明这个文件中包含该关键词，于是云端将所有匹配成功的文件返回给用户。在收到搜索结果之后，用户只需要对返回的文件进行解密。在安全性上，云端服务器在整个搜索的过程中除了能够验证任意两个搜索语句是否包含相同的关键词(即搜索模式，Search Pattern)，并知道多次搜索的结果(即访问模式，Access Pattern)、文件密文、文件密文大小和一些搜索凭证之外，不会获得任何与关键词内容相关的文件的明文信息。在访问效率上，SE 机制的优势如下：

① 包含关键词的文件不会浪费用户的网络开销和存储空间。

② 对关键词进行搜索的操作交由云端来执行，充分利用了云端强大的计算能力。

③ 用户不必对不符合条件的文件进行解密操作，节省了本地的计算资源。

SE 机制具有两种不同类型的研究路线：一种是可搜索的对称加密(Searchable Symmetric Encryption，SSE)；另一种是使用关键词搜索的公钥加密(Public-key Encryption with Keyword Search，PEKS)。SSE 效率更高，但表达能力较差，难以实现搜索模式和访问模式的隐私保护。PEKS 支持短语搜索，甚至更复杂的密文数据计算，如连接关键词、子集询问、区间询问、DNF/CNF 范式、多项式计算、内积和否定。但是，由于引入了配对运算，因而 PEKS 通常比 SSE 需要更多的计算资源。对于 PEKS 来说，目前亟须提高其安全性，改进功能，提高效率。

本书后续章节将对两种类型的 SE 机制分别展开论述。

本章参考文献

[1] 中华网新闻. 腾讯云被用户索赔，放腾讯云服务器上的数据全部丢失[EB/OL]. (2018-08-07)[2021-06-07]https://news.china.com/socialgd/1000069/20180807/32778778.html.

[2] JUELS A, KALISKI B S. PoRs: Proofs of Retrievability for Large Files: proceedings of the 14th ACM Conference on Computer and Communications Security, New York, USA, October 29-November 2, 2007[C]. New York, ACM, 2007: 584-597.

[3] SHACHAM H, WATERS B. Compact Proofs of Retrievability[C]. In Proc. of the 14 th International Conference on the Theory and Application of Cryptology and Information Security: Advances in Cryptology, Melbourne, Australia, LNCS, volume 5350, 2008: 90-107.

[4] ATENIESE G, BURNS R, CURTMOLA R, et al. Provable data possession at untrusted stores: proceedings of the 14th ACM Conference on Computer and Communications Security, New York, USA, October 29-November 2, 2007[C]. New York: ACM, 2007: 598-609.

[5] Fobes news. Millions of Verizon Customers Exposed by Third-Party Data Leak[EB/OL]. (2017-07-13)[2018-08-07]. https://www.forbes.com/sites/leemathews/2017/07/13/millions-of-verizon-customers-exposed-by-third-party-leak/.

[6] 沈志荣，薛巍，舒继武. 可搜索加密机制研究与进展[J]. 软件学报，2014，25(4): 880-895.

[7] POH G S, CHIN J J, CHUEN Y W, et al. Searchable Symmetric Encryption: Designs and Challenges[J]. ACM Computing Surveys, 2017, 50(3): 37.

[8] WANG T, YANG B, LIU H Y, et al. An alternative approach to public cloud data

auditing supporting data dynamics[J]. Soft Computing, 2019, 23(13): 4939-4953. https://doi. org/10. 1007/s00500-83155-4.

[9] WANG T, YANG B, QIU G Y, et al. An Approach Enabling Various Queries on Encrypted Industrial Data Stream, Security and Communication Networks, 2019: 1-12. https://doi. org/10. 1155/2019/6293970.

[10] LI H Y, WANG T, QIAO Z R, et al. sBlockchain-based searchable encryption with efficient result verification and fair payment, Journal of Information Security and Applications, 2021, 58: 102791. https://doi. org/10. 1016/jjisa. 2021. 102791.

第 2 章　模型和密码学基础知识

2.1　云数据审计和可检索性证明

云存储是云计算的一种重要应用场景，它允许用户通过 Internet 存储和访问远程数据，而不受时间和地点的限制。虽然这种新模式的数据托管服务承诺提供更安全可靠的环境，但也给用户带来了新的安全风险。如果受到内部和外部攻击或因系统故障，用户的外包数据可能会丢失或损坏，甚至有的云存储服务提供商可能并不诚实。例如，为了降低成本，他们可能丢弃那些极少被访问的数据，同时隐瞒该类事件。因此，用户需要采取一种方法来检验他们的外包数据是否完整地存储在云中。为了解决数据完整性检验问题，研究人员提出了多种云数据审计方案。

云数据审计是指对外包数据进行抽样检验，安全、频繁、高效地验证云端数据的完整性。云数据审计是数据完整性验证的一种概率方法，因为它只是随机选择和检查全部数据的一小部分。设计云数据审计方案时应考虑以下几点：

(1) 效率：审计服务在存储、计算和通信开销方面是合算的。

(2) 可公开审计：为了降低用户的计算成本，支持第三方审计者验证用户委托下的外包数据的正确性。

(3) 存储正确性：没有存储完整用户数据的、作弊的云服务器不可能通过审计者的验证。

(4) 保护隐私：在验证过程中，第三方审计者无法获得用户的数据内容。

(5) 动态更新：用户无须下载数据，仅通过块的插入、修改和删除就可以完成对外包数据的更新。

随着云存储服务的广泛应用，第三方审计者可能会收到来自多个用户的多个请求，甚至是针对多个云端的审计请求。因此，为了提高审计者的工作效率，使审计者可以同时处理来自不同用户的多个审计委托，多个验证方案被提出。在大型云存储系统中，批量审计对于提高审计的效率至关重要。

云数据审计技术大致可以分为两类：基于数据持有证明(Provable Data Possession，PDP)的云数据审计和基于可检索性证明(Proof of Retrievability，PoR)的云数据审计。对于将数据存储在不受信任的云服务器上的用户，PDP 允许在不取回数据的情况下验证服务器拥有的数据。PDP 负责维护外包数据的完整性，PoR 则通过使用纠错码来确保外包数据的隐私安全和完整以及数据恢复。

PoR 可以为归档或备份云服务器(证明者)提供简洁的证明，证明用户(审计者)可以检索并恢复目标文件 F，换句话说，就是证明由云服务器保存并可靠传输的文件数据能够使用户完整地恢复目标文件 F。这一点是 PoR 和 PDP 的主要区别。

PoR 可被视为一种关于知识的密码学证明(Proof of Konwledge，PoK)，它是专门被设计来处理大文件(或比特串)的。而且，与 PoK 不同的是，在 PoR 中无论是证明者还是审计者，都不需要掌握有关目标文件 F 的知识。

2.1.1　系统模型

在系统模型方面，基于 PDP 的云数据审计系统和基于 PoR 的云数据审计系统几乎没有差异。图 2.1 描述了基于 PDP 的云数据审计系统模型。云数据审计方案通常包括三个主要组件：用户(包括数据所有者)、云存储服务提供商(Cloud Storage Provider，CSP)和第三方验证者(Third Party Auditor，TPA)。用户将数据存储在远程云服务器中，并依赖他们进行数据维护。CSP 向用户提供数据访问功能以及大量的存储空间和计算资源。TPA 可以根据用户的要求为用户验证数据的存储情况。云数据审计服务包含两个阶段：初始化和审计。初始化阶段包括密钥生成和认证子生成。在密钥生成过程中，用户与 CSP 和 TPA 协商密钥。在认证子生成过程中，用户将计算出的认证子作为其数据的标签。审计阶段包括挑战、响应和验证三步。如果用户将审计任务委托给 TPA，TPA 将通过挑战来检查用户数据的完整性。在挑战过程中，TPA 生成一个挑战消息，其中包含随机选择的数据块索引，并将其发送给一个 CSP(或多个 CSP)。在响应过程中，CSP 在接收到挑战消息后，生成一条响应消息作为持有证明，并将其发送给 TPA。该持有证明包括数据证明和认证子证明。在接收到来自 CSP 的响应消息后，TPA 即验证持有证明的正确性。

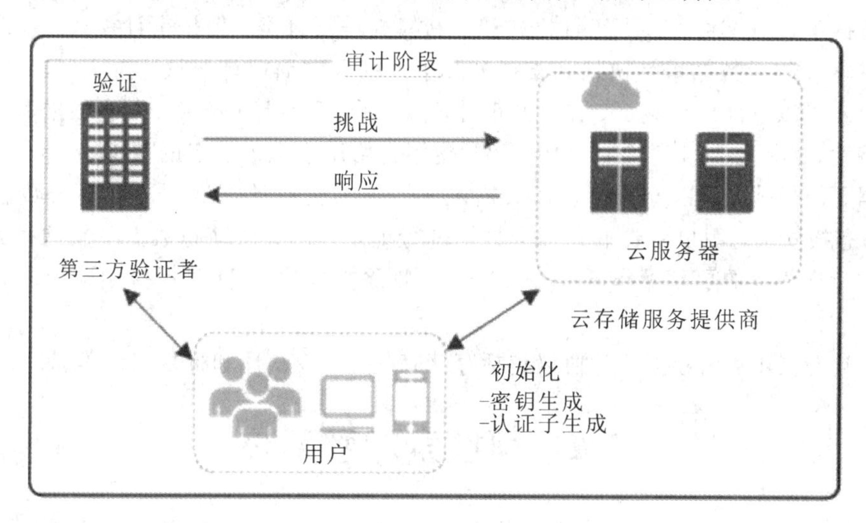

图 2.1　基于 PDP 的云数据审计系统模型

2.1.2　安全模型

一个云数据审计协议必须满足正确性需求。正确性意味着对于所有的密钥对(pk，sk)← PoR. Setup，任意的文件 $F\in\{0,1\}^*$ 和所有的 $(F',\tau)\leftarrow$SPoR. Store(sk，F)，验证者的验证结果是可以被接受的；当验证者与合法的证明者交互时，满足

$$(\text{PoR}.\mathcal{V}(\text{pk},\text{sk},\tau)\rightleftharpoons\text{PoR}.\mathcal{P}(\text{pk},F',\tau))=1 \tag{2.1}$$

在数据外包的应用场景下，可能导致数据丢失或损坏的因素有：频繁的数据访问，可

能导致磁盘损坏；管理员操作失误，可能导致数据被意外删除；外部敌手的非法，可能导致数据丢失或破坏。然而，最强大的敌手往往是云存储服务提供商自己。一个云数据审计协议应该是可靠的。按照 Shacham 和 Waters 提出的概念，通过定义敌手$\mathcal{A}$和外部环境之间的游戏来刻画协议的可靠性。

Setup(初始化)：外部环境运行 Setup 算法，生成公私钥对(pk，sk)，将公钥 pk 转发给敌手，将私钥 sk 保密。

Store Queries(存储询问)：敌手$\mathcal{A}$可以与外部环境进行交互，可以询问存储谕言机；每次询问都提交一个文件 F。外部环境计算$(F', \tau) \leftarrow \text{Store}(pk, sk, F)$，然后将 F' 和 τ 返回给敌手。

Prove(证明)：对于每一个文件 F，都执行一次存储询问，并指定文件标签为 τ。在协议执行过程中，环境建立者扮演验证者，敌手$\mathcal{A}$则是证明者，也就是$\mathcal{V}(pk, sk, \tau) \rightleftharpoons \mathcal{A}$。当协议执行完成时，敌手$\mathcal{A}$可以得到$\mathcal{V}$的输出。

Output(输出)：最终，敌手$\mathcal{A}$输出一个通过存储询问得到的挑战标签 τ 和一条关于证明者$\mathcal{P}'$的描述。

如果正确回答的验证挑战的占比为 ε，即如果 $\Pr[(\mathcal{V}(pk, sk, \tau) \rightleftharpoons \mathcal{P}') = 1] \geq \varepsilon$，则欺骗证明者$\mathcal{P}'$是 ε-admissible 的。这里的概率依赖于验证者和证明者使用的随机数。

2.1.3 分类

云数据审计协议可以根据审计模式和更新模式进行分类。根据审计模式，可以分为仅支持私有审计的云数据审计协议和支持公开审计的云数据审计协议。在私有审计模式下，只有用户才可以审计外包数据；在公开审计模式(可公开审计)下，TPA 会根据需要检查数据的完整性，而不会检索整个数据的副本，也不会给用户带来过多的负担。

根据更新模式，可以分为静态云数据审计协议和支持动态数据更新的云数据审计协议。在静态模式下，用户需要下载整个数据进行更新；在支持动态数据更新的模式下，用户可以进行文件块的更新操作(如插入、修改、删除文件块)，同时保持相同级别数据的正确性。

在上述分类下，云数据审计协议包括存储完整性、隐私性和批量审计等属性。

2.2 可搜索加密系统

随着云计算的普及，在不同的应用场景下，基于云的解决方案正在被开发和推广使用。云计算因其众多优点而受到青睐，如使用方便，通过一致性备份可减少本地存储的负担，节省在内部硬件和软件维护方面的投资。此外，公共云存储服务也被用户大量使用，这些用户将大量敏感数据存储在云上。云存储的使用，也意味着失去了对数据的控制权，而将其委托给了云管理员。这种存储方式下，数据被暴露给潜在的外部和内部敌手，对于要求数据保密性的企业或组织(例如金融公司)来说，面临的威胁是毁灭性的。因此企业开始担忧是否能够放心地将数据外包给云。例如，有些国家的法律规定，拥有患者健康记录的医疗中心不能将数据外包给易受攻击的云。

解决保密性问题的其中一种方法是在将数据外包到云端之前对本地的数据进行加密。

虽然这种方法保证了数据的机密性，但却会妨碍对数据的处理，特别是对于外包存储的非结构化数据而言，搜索非常重要。利用传统的加密手段，当数据被加密时，数据的语义也被破坏了，搜索系统将不再工作。

使加密数据可搜索的一种简单方法是从云端下载所有数据，对其进行解密，然后在本地执行搜索操作。但是，由于云存储中的数据体量巨大（也称为大数据）以及网络带宽资源的限制，因此这种方法不切实际。为此，研究人员提出了可搜索加密系统。可搜索加密系统在理想情况下允许搜索加密的数据，而不泄露数据和搜索凭证。因此，它解决了外包数据保密性的问题。

2000 年，Song 等人首次提出可搜索加密系统；此后，研究人员又进行了大量的研究工作，开发出了针对不同类型数据的可搜索加密系统。尽管这些系统在搜索方法、安全级别和性能上有所不同，但它们的体系结构具有一定的相似性。

2.2.1　基于云的可搜索加密系统组成

Song 等人是可搜索加密系统研究的先驱，他们首次提出了一个可搜索加密系统，其中客户（即数据所有者）可以在电子邮件服务器上搜索其加密数据（电子邮件）。如果数据所有者想要在电子邮件中搜索一些关键词，他就会向服务器提交一个加密查询（称为陷门）；服务器负责搜索加密的数据，并将检索到的相关数据返回给数据所有者。

如图 2.2 所示，可搜索加密系统通常由以下三个主要元素组成。

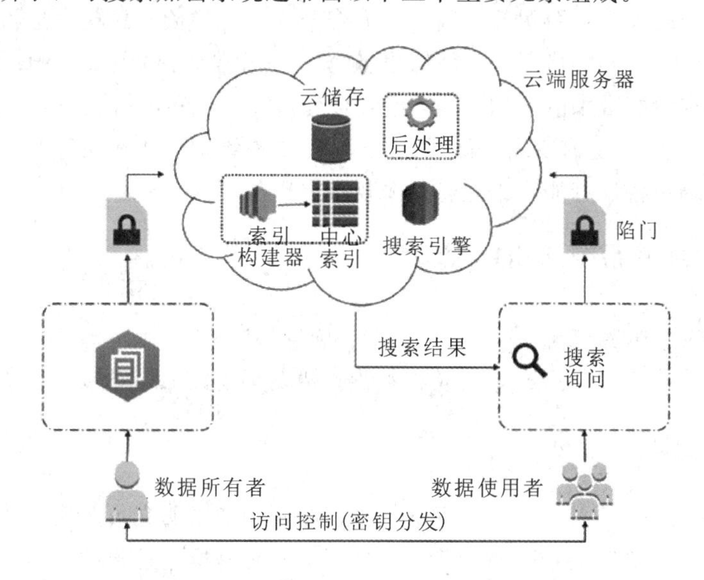

图 2.2　可搜索加密系统组成

1. 数据所有者

数据所有者（Data Owner）是指向数据使用者授予访问权并将文档上传到云端的用户。数据所有者拥有 n 个文档所组成的集合 $D=\{d_1, d_2, d_3, \cdots, d_n\}$，并希望将它们外包给远程云端服务器，以存储或共享。为了保证文档的机密性，所有者使用其密钥在本地加密数据，并将加密数据上传到云端。

2. 数据使用者

数据使用者(Data User)是指被授权搜索和检索上传文档的用户。数据使用者有一个加密密钥，用于搜索询问并创建陷门，然后将陷门发送到云端服务器；云端服务器通常以列表或文档标识符的形式，返回搜索结果。在实践中，数据所有者也可以是数据使用者。

3. 云端服务器

云端服务器(Cloud Server)接收数据所有者上传的加密文档，并执行三个主要任务：存储上传的文档、针对陷门搜索文档，维护更新的数据结构。在基于云的可搜索加密研究中，通常假设云服务器是诚实但好奇的敌手(Honest-But-Curious，HBC)，也就是说，云服务器管理员会诚实地执行协议，不修改或不删除数据文件，但它可能对文档的内容“好奇”，有获得文档内容隐私的动机。

在有些研究中，可搜索加密系统还包含可信计算基或网关这一元素。

可信计算基(或网关)是指可搜索加密系统中的数据所有者和数据使用者在进入云端服务器之前需要在其本地域中进行数据准备和预处理(如从搜索凭证中删除“停用词”或从文档中提取关键词)。在有些研究中，预处理工作由可信计算基(网关)完成。网关的工作是在初始化阶段为数据所有者准备文档，并在检索阶段预处理数据用户的查询请求。通常，网关被认为是可信的。建立网关的方法有两种：一种是客户端方法，其中网关是客户端机器的一部分；另一种是可信服务器方法，其中网关位于单独的可信服务器上。客户机端方法的优点是就在客户端产生和预处理，因此没有窃听攻击的风险；其缺点是给客户端应用程序增加了负担，并可能影响其性能。可信服务器方法通常更快，更适合于边缘计算平台。尽管这种方法给客户端带来的负担较小，但它会暴露客户机和可信服务器之间通信信道中的数据。此外，这种方法还带来了额外的服务器配置和维护成本。在实践中，可信服务器方法适用于客户端设备计算能力不足且能源供应有限的情况。

2.2.2　可搜索加密系统通用框架

1. 系统模型

可搜索加密系统通常包括密钥生成、构建索引、陷门生成和搜索四个多项式时间复杂度算法。

1) 密钥生成

密钥生成(Keygen)算法负责生成密钥，密钥则用于加密明文及解密检索到的文档。密钥生成算法基于一组给定的安全参数来生成密钥，通常是概率性算法。加密文档有两种常用的方法：对称加密和非对称加密。

(1) 对称加密：数据所有者和数据使用者共享同一个密钥。这个密钥用于加密和解密文档。

(2) 非对称加密：也称为公钥加密。此加密方法包括两个不同的密钥，即用于加密文档的公开钥和解密文档的秘密钥。具体来说，数据所有者将使用其中一个密钥对文档进行加密，用另一个密钥对文档进行解密。这两个密钥完全不同，并且它们之间没有计算上的相关性，即从公开钥计算出秘密钥是困难的。

2）构建索引

可搜索加密系统通常使用索引结构来跟踪文档中出现的关键词。初始化此索引的过程称为构建索引（Build-Index），它将密钥生成算法中的密钥 K 和文档集合 D 作为输入，然后从文档中提取关键词并将它们插入索引结构中。数据所有者使用构建索引算法生成一个安全的可搜索结构，该结构支持在加密的数据中进行搜索。索引结构通常以哈希表、元数据（标记）、倒排索引的形式实现，其中每个唯一关键词都映射到它出现的文档标识符中。

3）陷门生成

数据使用者使用陷门生成（Trapdoor Generation）算法来生成搜索查询，这种算法使用与构建索引的密钥 K 配套的密钥加密用户的搜索查询。搜索查询由陷门生成过程预处理，然后数据使用者将加密的陷门发送到云端服务器。

4）搜索

在接收到陷门之后，云端服务器运行搜索（Search）算法来匹配包含陷门中关键词集的文档，然后将结果发送回客户端。

2. 通用框架

图 2.3 描述了基于云的可搜索加密系统的通用框架。该系统包括两个主要机制，即初始化和搜索。初始化机制的主要工作是准备好供数据使用者搜索的文档。搜索机制的工作是在接收到数据使用者的搜索查询后，对数据集执行搜索，找到匹配的文档，然后将结果返回给数据使用者。

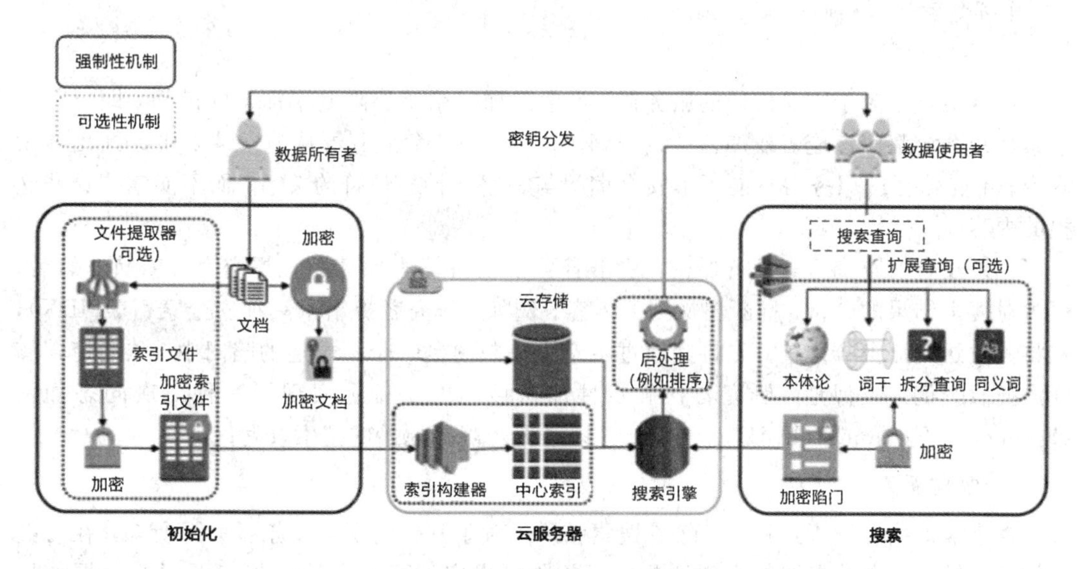

图 2.3　基于云的可搜索加密系统的通用框架

1）初始化

在将文档发送到云端服务器之前，在初始化机制中，首先从文档中提取有用的信息，所提取数据的类型取决于搜索系统的类型（关键词搜索或语义搜索），然后将提取的数据和文档进行加密，再发送到云端服务器。数据所有者通过密钥生成算法启动搜索系统。在数据所有者和数据使用者实体分离的系统中，数据所有者需要将公钥发给数据使用者。数据使用者使用密钥创建可以和加密的上传数据匹配的陷门密钥，密钥的分发可基于公钥密码体制和广播加密体制进行。

2）搜索

初始化完成之后，系统会有一个可以随时进行搜索的文件集合。数据使用者可以提交一个搜索查询，定义为一组关键词 $W=\{w_1, w_2, \cdots, w_n\}$。陷门是由 W 和数据使用者拥有的密钥生成的。生成了陷门后，陷门就被发送到云端服务器。云端服务器包括一个执行搜索过程的搜索引擎。在依赖索引结构进行搜索的加密系统中，索引用于将陷门与索引条目进行匹配以查找相关文档。最后，包含匹配文档标识符结果的列表将被发送回数据使用者。数据使用者可在收到结果列表后下载及解密文件。

2.2.3 可搜索加密的安全需求

对于可搜索加密系统来说，证明其能够保证用户数据的机密性并防止信息泄露是至关重要的。因此，需要验证可搜索加密系统是否能够抵抗不可信服务器进行的内部或外部攻击，也就是说，不可信服务器不能从密文或搜索过程中得到关于原始数据的任何信息。Song 等人定义了三个安全属性，每个可搜索的加密系统都应该具备这些属性。

1. 受控搜索

受控搜索指未经授权的用户不能在服务器中进行搜索，除非拥有生成陷门的密钥。此外，搜索必须在不解密数据的情况下进行。因此，如果没有陷门，对于未经授权的搜索请求，系统不会返回任何信息。

2. 搜索隐藏

搜索隐藏指对于不受信任的服务器，可搜索加密系统要隐藏未加密的询问，即每个可搜索加密系统都应该掩盖或加密搜索查询的内容，以避免服务器从搜索结果中推断出搜索内容。不受信任的服务器只能了解安全询问与一组文档标识符的关系，而不能掌握这些文档的内容。

如果没有对查询搜索进行加密，攻击者可以向可搜索加密系统提交大量查询；然后，通过对搜索结果的分析，推断出文档的内容。例如，研究者提出了一种安全索引(Z-IDX)，在将其发送到服务器之前，先将其通过哈希算法映射到一个不可逆的陷门中，从而掩盖实际的搜索查询。类似地，研究者在确定性加密搜索的基础上实现了一种二次同态加密(Secondary Homomorphic Encryption)，以进一步隐藏原始的搜索查询信息。

3. 搜索隔离

搜索隔离指在搜索过程中，除了搜索结果，对于其他情况，服务器一无所知。在可搜索加密系统中，如果查询与索引匹配，服务器可以定位相关文档并将其返回给数据使用者。但是由于服务器上的数据是加密的，并且密钥没有存储在服务器中，因此服务器只能了解到搜索结果的密文。

2.2.4 可搜索加密系统的搜索分类

现有的研究工作支持对加密数据进行不同形式的搜索，其搜索类型可分为三类：关键词搜索、正则表达式搜索和语义搜索。

1. 关键词搜索

1）关键词顺序扫描

Song 等人首先提出了客户端加密和基于关键词搜索加密文档的思想。用户要检索包含其搜索关键词的加密文档，需将文档的每个关键词 W_i 独立地加密到两个加密层中。首先，用 $E(W_i)$将关键词 W_i 预加密为 n 位，再将其分成两部分：由 m 位构成的右部(R_i)和由 $n-m$ 位构成的左部(L_i)。然后，对左部用流密码进行加密，该流密码将使用异或方法进行文档匹配。当一个用户请求的文档中包含一组其搜索的关键词时，用户提交每个加密关键词的询问(L_i 和 K_i)，服务器对每个密文文本的 $n-m$ 位执行异或匹配，检查对于某个 S，C_i XOR L_i 是否形如(S；$F_{k_i}(S)$)。该系统中，由于每个单词都是独立加密的，为了找到所有可匹配的词，服务器必须对整个文档逐字逐句地执行上述步骤。因此，这种搜索方法被称为关键词顺序扫描。

PEKS(基于关键词的可搜索公钥加密)也属于关键词顺序扫描类型，是其另一种研究路线。PEKS 通常利用双线性 Diffie-Hellman 或陷门置换技术对文档中的每个关键词进行加密。在客户端，数据所有者使用私钥来验证查询的关键词是否出现在文档中，而服务器需要扫描每个文档的每个加密关键词来执行查找。由于搜索成本与数据集中文档的数量成正比，因此该方法计算成本较高。

2）基于索引的关键词搜索

为了解决顺序扫描关键词搜索效率低的问题，Song 等人提出了一种名为“索引”的数据结构，其中包含一个关键词列表，将文件指针(也称为文件标识符)映射到原始文档。关键词 W_i 加密为 $E(W_i)$，文件标识符使用以散列关键词 $E(W_i)$作为输入的密钥生成函数 f_k 生成的密钥进行加密。在基于索引的关键词搜索系统中，系统只需要检查用户感兴趣的关键词的索引结构，而不需要按关键词顺序搜索每个文档。

Goh 等人引入基于索引的安全搜索方法。在这个方法中，系统在加密和上传文档之前为每个文档创建一个索引，索引由与文档相关的关键词组成。构建安全索引的主要方法有两种：IND-CKA 和其高效变种 Z-IDX。这两种方法都使用布隆过滤器(Bloom Filter)作为每个文档的索引来跟踪其关键词。在搜索时，系统创建搜索陷门，并使用 Bloom Filter 检查陷门是否包含在数据集中。

Ren 等人直接将 Song 等人提出的两层加密思想扩展为哈希索引，其搜索速度显著提高。此外，他们还在搜索查询上引入了另一层随机化 XOR 同态加密，以进一步对询问进行混淆，抵抗网络流监听攻击。

Liu 等人提出了一种具有多个数据源的可搜索加密方法，其中云索引由来自不同数据源的多个索引组成。

Wang 等人的研究工作是基于关键词词频引入了关键词搜索的相似度评分机制。该机制允许数据用户对结果列表进行排序。

有一些研究工作则是使用基于索引的关键词搜索方法对加密文档执行单个关键词或析取关键词搜索。然而，随着数据使用者需求的日益增加以及对搜索结果准确性的需求，研究者采用了不同的技术来支持多关键词及连接关键词的搜索。MRSE 是针对这一需求所提出的解决方案之一。Cao 等人定义了一个由所有关键词组成的字典，每个关键词在字典中都有一个已经定义好的位置；数据文件和搜索查询由布尔向量表示，其相似性匹配基于向量的内积进行运算。Xu 等人对 MRSE 进行了改进，使其字典可以动态扩展。他们的工作还利用访问频率来衡量匹配的数据文件，以改进其排序算法。

2. 正则表达式搜索

对基于关键词的可搜索加密系统的一种扩展是允许用户对加密数据执行正则表达式搜索。Song 等人提出了一种创建给定正则表达式的所有可能变形的方法，如对于 $ab[a-z]$ 查询，它生成 26 个可能的搜索查询：aba，abb，…，abz。这种方法只适用于简单的正则表达式，对于复杂的正则表达式是不适用的。

RESeED 是一个用于加密数据的正则表达式搜索系统。RESeED 基于两种数据结构实现：一种是 Column Store，它是一个未加密的倒排索引，映射关键词和它们出现的文档；另一种是 Order Store，映射文档中关键词及其模糊哈希。对于给定的搜索短语，RESeED 构建了一个非确定性有限状态自动机(NFA)；然后将 NFA 划分为多个子非确定性有限状态自动机 sub-NFA，这些 sub-NFA 可以与 Column Store 中的关键词匹配。对于上一步中找到的文档，系统检查它们的存储顺序，以确认关键词与正则表达式的顺序是否相同。

3. 语义搜索

基于关键词或基于正则表达式的搜索功能在用户明确知道他们想搜索什么关键词时非常有效。然而，随着文档体量的不断增加和大数据的出现，数据使用者可能记不住他们想要检索的确切关键词，或者他们可能想要搜索与某个主题相关的更大范围内的文档。如在拥有加密医疗记录的医院中，医生可能希望使用“心脏病”为查询关键词来搜索记录。但医生不仅对包含确切查询术语的文档感兴趣，也对含有语义相关术语的文档感兴趣，因此，需要使用语义搜索功能来查询与某个主题关键词相关的文档并且避免重复的搜索。这些语义搜索系统可以进一步分为三类，即模糊关键词搜索、词干搜索和本体语义搜索(Ontological Semantic Search)。

1) 模糊关键词搜索

模糊关键词搜索方法在不能提供精确的查询匹配项时非常有用，它通过将搜索与查询关联匹配，从而提高系统的可用性。特别地，模糊搜索可以使系统容忍用户的打字错误。模糊关键词搜索系统的工作基于衡量两个字符串 S_1 和 S_2 之间的相似性的编辑距离。编辑距离定义为将 S_1 转换为 S_2 所需的字符串操作的数量。字符串操作包括插入(将一个字符插入到字符串中)、替换(用字符串中的另一个字符替换一个字符)和删除(从字符串中删除一个字符)。设 $D=\{d_1, d_2, \cdots, d_n\}$ 是一个存储在不可信的第三方服务器上的文档集合，$W=\{w_1, w_2, \cdots, w_n\}$ 是编辑距离为 d 的一组唯一关键词集合，(s, k) 是一个阈值为 $k \leqslant d$ 的搜索陷门。如果 $w \in W$，模糊关键词搜索系统将返回一个可能包含关键词的文档列表，否则返回 $\mathrm{ed}(w, w_i) < k$ 的文件集合。

Li 等人提出了一种模糊关键词搜索系统，该系统将所有满足 $\mathrm{ed}(w, w_i) < d$ 的可能的单词都放入其中，其中 w 表示提取的关键词。如关键词“CAR”的模糊集合是{ACAR，CAAR，CARA，…，CARZ}。该模糊集合被发送到索引结构所在的服务器，服务器中包含这些关键词及其相关文档。类似地，在检索阶段，查询的范围由于加入了模糊变量而放大，然后发送到要匹配的服务器，并返回一个文档列表。然而，这种方法的计算成本是昂贵的。

例如，如果 $d=3$，可能的变量个数是 $(4/3)*k^3*26^3$。为了改进这一点，有文献提出了一种基于通配符的技术，它插入通配符“*”来表示模糊字符或省略 w_i 中的字母。如“CAR”的模糊关键词集是{*CAR，C*AR，CA*R，CAR*，CAR}，这些技术显著减小了索引结构的大小，从而缩短了搜索时间。

在随后的研究中，Liu 等人提出了一种基于字典的模糊搜索方法。该方法采用字典和预定义的编辑距离值，为搜索查询中的每个关键词生成一组模糊关键词。然而，这种技术并不使用通配符技术。在搜索时，查询经过相同的过程从字典中获取扩充模糊关键词集，并在将其发送到要搜索的服务器之前对其进行加密。

在模糊关键词搜索系统中，系统需要搜索整个模糊关键词列表，大的编辑距离值将产生很大的计算代价。因此，为了进一步提高模糊搜索性能，Wang 等人从模糊关键词集合构建了一个树，将搜索减少到模糊列表大小的 $O(\log(n))$。

2) 词干搜索

使用模糊关键词搜索，可增加搜索系统对用户的拼写容错度，但在许多情况下并不完全涵盖语义方面的内容。事实上，距离很近的两个关键词并不一定在语义上相关。不同的关键词即使有很大的编辑距离，在语义上有可能是高度相关的。词干搜索的目的正是解决这个问题，它基于这样一个思路，即语义相关的单词往往包含同一个词根(词干)。词干搜索通常将关键词集转换为一组词干。当用户进行搜索查询时，查询关键词将由其词干替换。提取词干的方法有三种：

(1) 词缀提取：应用著名的词干提取算法来查找词干，主要的方法包括 J. B. Lovins 与 Porter 的截词算法。这些算法删除后缀和前缀，以得到词干。然而，这些算法需要语言的背景知识，并且计算成本很高。

(2) 统计词根：也称为 n-gram 词干算法，从整个文档中给定的文本序列中统计出 n 个连续序列的频率。其中最低频率 n-gram 被认为是词干。

(3) 混合方法(Hybrid)：结合上述两种方法找到词干。

上传的文档和搜索查询扩展都经过相同的过程来获取关键词词干。这些截取到的关键词词干存储在第三方服务器的索引中，并用于搜索。

3) 本体语义搜索

模糊关键词搜索和词干搜索系统不能真正捕获到搜索的关键词的语义。无论是模糊表示，还是词干提取方法都不能捕获这种类型的语义。事实上，语义相关的词既没有相同的词干，也没有比较近的编辑距离。为了解决这一问题，研究者提出了本体语义搜索方法，该方法可用来寻找与原始查询更相关的数据。一些组成本体语义搜索的概念如下：

(1) 语义关系。心理语言学家 Church 等人提出，通过单词的共现分析，从单词之间语义关系的统计描述推断出单词之间的关联。为了得到两个关键词之间的相似度评分，Sun 等人使用数据挖掘方法，有效地找出数据集中关键词之间的共现度。对于两个字符串 x 和 y，相似度评分 $I(x, y)$ 由下式定义：

$$I(x, y) \equiv \text{lb}\,\frac{P(x, y)}{p(x)p(y)} \tag{2.2}$$

$P(x, y)$是 x 和 y 同时出现的概率，$p(x)$和 $p(y)$是集合中 x 和 y 独立出现的概率。相似度评分越高，表示 x 和 y 之间的相关性越强。另一种度量相似度的方法是基于余弦相似度，利用文档和查询的向量形式来计算余弦相似度，得到查询与文档之间关联的相似度评分。

(2) 倒排索引。倒排索引是一个数据结构，将每个唯一的关键词映射到包含它们的文档。该结构在整个数据集中跟踪关键词列表，每个关键词都与它出现的文档列表相关联。为了进一步支持排序功能，通常还会在每个文档中给出标准化的数值相关性评分，以表明它与关键词的相关性。

(3) 排序功能。在大数据中，通常有大量的文档匹配一定的语义搜索查询，但这些文档与语义搜索查询具有不同程度的相关性。因此，用户需要根据相关顺序接收文档列表。这就需要一个排序函数来度量匹配文档与搜索查询的相关性。最常见的排序函数是TF×IDF(Term Frequency, Inverse Document Frequency)，其中TF度量该关键词在文档中的重要性，IDF度量该关键词在数据集中所有文档中的重要性。

在可搜索加密系统中，研究者们已经开发了很多不同的方法来度量给定关键词的相关性。Woodworth等人对Okapi BM25标准文本检索方法进行了扩展，该方法使用TF×IDF来计算查询对文档的语义相关性，并将用于结果集中的文档进行排序。

Sun等人和Xia等人通过扩展查询关键词和对结果集进行排序，提出了不同的语义可搜索加密机制。数据所有者为每个文档构造元数据，并将加密的元数据发送到受信任的服务器(如私有云)上，以构建倒排索引和语义关系库。然后受信任的服务器将倒排索引发送到公共云存储中。在接收到搜索查询之后，受信任的服务器使用语义关系库扩展查询，以获得与本体相关的关键词和同义词。然后，它对扩展的关键词进行加密，并将它们发送到公共云上来查找索引结构。返回的文档根据相关性排序函数进行排序，返回给用户。

Moh等人引入了三种机制来获取搜索查询的语义，从而产生准确的相关结果。他们提出了基于同义词的关键词搜索(Synonym-Based Keyword Search, SBKS)、基于维基百科的关键词搜索(Wikipedia-Based Keyword Search, WBKS)，以及两种方案的组合WBSKS。在SBKS方案中，除了提取文档中的重要关键词外，还收集代表文档语义的同义词。这些关键词和同义词的加密版本被发送到云，用于建立一个可搜索的索引。类似地，搜索查询也使用同义词进行扩展，以生成陷门，然后将陷门与云索引结构进行比较，查找语义上能够匹配搜索查询的文档。在WBKS方案中，收集一组预定义的维基百科文章(WKS)，并使用词频和逆文档频率(TF×IDF)技术创建它们的向量形式(VR)。上传文档时，将文档的VR与WKS中的VR进行比较，得到的值存储在索引结构中。在搜索阶段，将用户查询转换为VR，并使用余弦相似度方法与WKS库进行比较。然后将此结果添加到陷门，从而让服务器知道查询与WKS库在语义上的关联程度。云服务器通过获得的陷门和索引中现有条目的余弦相似度评分，来创建文档的排序列表并返回给用户。在WBSKS方案中，同时使用了SBKS和WSKS技术。在搜索阶段使用SBKS扩展查询，在初始化阶段使用WSKS构造上传文档的扩展索引。

另一种获取语义的方法是使用WordNet。WordNet是普林斯顿大学研究者创建的一个工具，它包含一个字典，其中包括单词定义及其同义词。Yang等人利用WordNet构造语义关键词集，在对用户查询进行加密和搜索之前，每个查询关键词都使用提供的同义词进行扩展。

2.3 密码学基础知识

本书所研究的两类问题涉及大量的密码学基础知识。本节将简单介绍两类问题共有的一些密码学基础知识，包括最基本的困难问题和困难性假设，证明安全的基本概念和思想，以及基础原语等。

2.3.1 困难问题

1. 大整数因式分解问题

给定一个整数 N，大整数因式分解问题或简称分解问题，即为找到整数 p、q，使得 $N=p\cdot q$ 成立。整数分解问题是困难问题的一个经典例子。

令 GenModulus 算法为一个输入是 1^n 的多项式时间算法，当 $N=p\cdot q$ 时，输出 (N, p, q)，且除了可忽略的概率外，p 和 q 是 n 比特的素数。那么给定算法$\mathcal{A}$和安全参数 n，有如下实验。

整数分解实验：$\text{Factor}_{\mathcal{A},\text{GenModulus}}(N)$。

(1) 运行 GenModulus(1^n)获得(N, p, q)。

(2) 算法$\mathcal{A}$获得 N，并输出 $p', q'>1$。

(3) 如果 $p'\cdot q'=N$ 成立，定义实验的输出为 1，否则输出 0。

注意：如果实验的输出为 1，则$\{p', q'\}=\{p, q\}$，除非可忽略的概率 p 或 q 是合数。

下面给出整数分解困难问题的形式化定义。

定义 2.3.1 整数分解关于 GenModulus 是困难的，如果对于所有概率多项式时间算法$\mathcal{A}$，存在一个可忽略函数 negl，满足：

$$\Pr[\text{Factor}_{\mathcal{A},\text{GenModulus}}(N)=1]\leqslant \text{negl}(n)$$

大整数因式分解问题指的是一个乘法运算，其正向计算是容易的，但是反向计算是非常困难的问题。例如，给定两个大素数 p、q，计算乘积 $p\cdot q=N$ 很容易，但是反过来给定大整数 N，求 N 的素因数 p、q，使得 $N=p\cdot q$ 非常困难。

基于大整数因式分解问题构造的密码方案中，最经典的案例就是 RSA 算法。RSA 是 1978 年由 R. Rivest、A. Shamir 和 L. Adleman 提出的一种用数论构造的，也是迄今为止理论上最为成熟完善的公钥加密算法，该算法已得到广泛应用。

RSA 加密算法描述如下：

(1) 密钥的产生。

① 选两个保密的大素数 p 和 q。

② 计算 $N=p\cdot q$，$\varphi(N)=(p-1)(q-1)$，其中 $\varphi(N)$是 N 的欧拉函数值。

③ 选一整数 e，满足 $1<e<\varphi(N)$，且 $\gcd(\varphi(N), e)=1$。

④ 计算 d，满足 $d\cdot e\equiv 1 \bmod \varphi(N)$，即 d 是 e 在模 $\varphi(N)$下的乘法逆元，因 e 与 $\varphi(N)$ 互素，由模运算可知，它的乘法逆元一定存在。

⑤ 以$\{e, N\}$为公开钥，$\{d, N\}$为秘密钥。

(2) 加密。加密时首先将明文比特串分组，使得每个分组对应的十进制数小于 N，即分组长度小于 lb N。然后对每个明文分组 m，作加密运算：

$$c \equiv m^e \bmod N$$

(3) 解密。对密文分组的解密运算为

$$m \equiv c^d \bmod N$$

2. 离散对数问题

设 p 是素数，a 是 p 的本原根，即 $a^1, a^2, \cdots, a^{p-1}$ 在 mod p 下产生 1 至 $p-1$ 的所有值，所以对 $\forall b \in \{1, 2, \cdots, p-1\}$，有唯一的 $i \in \{1, 2, \cdots, p-1\}$，使得 $b \equiv a^i \bmod p$，称 i 为模 p 下以 a 为底的 b 的离散对数，记为 $i \equiv \log_a(b) \pmod p$。

当 a、p、i 已知时，用快速指数算法比较容易求出 b，但如果已知 a、b 和 p，求 i 则非常困难。目前已知最快的求离散对数算法的时间复杂度为

$$O(\exp((\ln p)^{\frac{1}{3}} \ln(\ln p))^{\frac{2}{3}})$$

所以当 p 很大时，该算法也是不可行的。下面给出离散对数问题的形式化定义。

定义 2.3.2 离散对数问题(Discrete Logarithm Problem, DLP)：给定元素 $\beta \in G$，求整数 $x \in Z_q^*$，使得 $\beta = g^x$ 成立，其中 G 和 Z_q^* 为群。

基于离散对数问题构造的密码方案最经典的案例就是 Diffie-Hellman 密钥交换。该方案是 W. Diffie 和 M. Hellman 于 1976 年提出的第一个公钥密码算法，已在很多商业产品中得以应用。该算法的目的是使两个用户能够安全地交换密钥，得到一个共享的会话密钥，用于后续会话的加/解密。

Diffie-Hellman 密钥交换过程描述如下：

p 和 a 作为公开的全局元素。用户 A 选择一个保密的随机整数 X_A，并将 $Y_A = a^{X_A} \bmod p$ 发送给用户 B。类似地，用户 B 选择一个保密的随机整数 X_B，并将 $Y_B = a^{X_B} \bmod p$ 发送给用户 A。然后用户 A 和用户 B 分别由 $K = Y_B^{X_A} \bmod p$ 和 $K = Y_A^{X_B} \bmod p$ 计算出的结果就是共享密钥，这是因为

$$\begin{aligned} Y_B^{X_A} \bmod p &= (a^{X_B} \bmod p)^{X_A} \bmod p = (a^{X_B})^{X_A} \bmod p = a^{X_B X_A} \bmod p \\ &= (a^{X_A})^{X_B} \bmod p = (a^{X_A} \bmod p)^{X_B} \bmod p = Y_A^{X_B} \bmod p \end{aligned}$$

而 X_A、X_B 是保密的，敌手只能得到 p、a、Y_A、Y_B；要想得到 K，则必须得到 X_A、X_B 中的一个，这意味着需要求解离散对数。因此敌手求 K 是不可行的。

3. 椭圆曲线离散对数问题

1987 年，Koblitz 利用椭圆曲线上点形成的 Abelian 加法群构造了椭圆曲线离散对数问题(ECDLP)。实验证明，在椭圆曲线加密算法中采用 160 bit 的密钥与采用 1024 bit 密钥的 RSA 算法安全性相当，且随着模数的增大，它们之间安全性的差距急剧增大。因此，它可以提供一个更快、密钥长度更小的公开密钥密码系统，备受人们的关注，为人们提供了诸如实现数据加密、密钥交换、数字签名等密码方案的有力工具。

椭圆曲线并非椭圆，之所以称为椭圆曲线，是因为它的曲线方程与计算椭圆周长的方程类似。一般来说，椭圆曲线的曲线方程是以下形式的三次方程：

$$y^2 + axy + by = x^3 + cx^2 + dx + e$$

其中 a、b、c、d、e 是满足某些简单条件的实数。定义中包括一个称为无穷点的元素，记为 O。椭圆曲线关于 x 轴对称。

密码学中普遍采用的是有限域上的椭圆曲线。有限域上的椭圆曲线是指曲线方程定义式 $y^2+axy+by=x^3+cx^2+dx+e$ 中，所有系数都是某一有限域 GF(p)中的元素(其中 p 为一个大素数)。其中最常用椭圆曲线的是由方程：

$$y^2=x^3+ax+b(a, b\in \mathrm{GF}(p), 4a^3+27b^2\neq 0)$$

定义的曲线。

为使用椭圆曲线构造密码体制，需要找出椭圆曲线上的数学困难问题。由椭圆曲线构成的阿贝尔群 $E_p(a, b)$上考虑方程 $Q=kP$，其中 $P, Q\in E_p(a, b)$，$k<p$，则由 k 和 P 易求 Q，但由 P、Q 求 k 则是困难的，这就是椭圆曲线上的离散对数问题，可应用于公钥密码体制。下面给出椭圆曲线离散对数问题的形式化定义。

定义 2.3.3　椭圆曲线离散对数问题(Elliptic Curve Discrete Logarithm Problem，ECDLP)：给定两个元素 $P\in G$ 和 $Q\in G$，求整数 $a\in Z_q^*$，使得 $Q=aP$ 成立，其中 G 和 Z_q^* 为群。

ElGamal 算法是一种较为常见的加密算法，它是基于 1985 年提出的公钥密码体制和椭圆曲线加密体制，既能用于数据加密，也能用于数字签名，其安全性依赖于计算有限域上离散对数这一难题。在加密过程中，生成的密文长度是明文的两倍，且每次加密后都会在密文中生成一个随机数 k，在密码中主要应用离散对数问题的几个性质：求解离散对数是困难的，而其逆运算指数运算可以应用快速幂的方法高效计算，也就是说，在适当的群 G 中，指数函数是单向函数。

下面以 ElGamal 加密算法为例，分别给出其在 DLP 和 ECDLP 问题下的定义。

1) 离散对数情况

密钥产生过程：首先选择一个素数 p 以及两个小于 p 的随机数 g 和 x，计算 $y\equiv g^x \bmod p$。以(y, g, p)作为公开钥，x 作为秘密钥。

加密过程：设欲加密的明文消息为 M，随机选择一个与 $p-1$ 互素的整数 k，计算 $C_1\equiv g^k \bmod p$，$C_2\equiv y^k M \bmod p$，密文为 $C=(C_1, C_2)$。

解密过程：

$$M=\frac{C_2}{C_1} \bmod p。$$

正确性：

$$\frac{C_2}{C_1} \bmod p=\frac{y^k M}{g^{kx}} \bmod p=\frac{y^k M}{y^k} \bmod p=M \bmod p$$

2) 椭圆曲线离散对数情况

利用椭圆曲线实现 ElGamal 密码体制，首先选取一条椭圆曲线，并构造群 $E_p(a, b)$，将明文消息 m 通过编码嵌入到曲线上的点 P_m，再对点 P_m 做加密变换。

这里不对具体的编码方法做进一步介绍，读者可参考有关文献。取 $E_p(a, b)$的一个生成元 G，$E_p(a, b)$和 G 作为公开参数。

用户 A 选 n_A 作为秘密钥，并以 $P_A=n_A G$ 作为公开钥。任意用户 B 若想向用户 A 发送消息 P_m，可选取一个随机正整数 k，产生以下点对作为密文：

$$C_m=\{kG, P_m+kP_A\}$$

用户 A 解密时，以密文点对中的第二个点减去用自己的秘密钥与第一个点的倍乘，即

$$P_m+kP_A-n_A kG=P_m+k(n_A G)-n_A kG=P_m$$

攻击者若想由 C_m 得到 P_m，就必须知道 k。而要得到 k，只有通过椭圆曲线上的两个已知点 G 和 kG，这意味着必须求椭圆曲线上的离散对数，因此不可行。

4. 计算性 Diffie-Hellman 问题

定义 2.3.4 计算性 Diffie-Hellman 问题(Computational Diffie-Hellman Problem，CDH 问题)：给定 g^x，$g^y \in G(x, y \in Z_q^*$ 未知)，求解 g^{xy}。设在时间 t 内敌手$\mathcal{A}$成功输出 g^{xy} 的概率为

$$\text{succ}_G^{\text{CDH}}(\mathcal{A}) = \Pr[\mathcal{A}(g^x, g^y) = g^{xy}] \leqslant \varepsilon$$

其中，ε 是可忽略的。如果 ε 可忽略不计，则称 CDH 问题是(t, ε)困难的。

5. 判定性 Diffie-Hellman 问题

定义 2.3.5 判定性 Diffie-Hellman 问题(Decisional Diffie-Hellman Problem，DDH 问题)：给定 g^x，g^y，$g^z \in G(x, y, z \in Z_q^*$ 未知)，判定是否满足 $z = xy \bmod q$。如果在时间 t 内，任何敌手$\mathcal{A}$成功判定这个问题的概率为

$$\text{succ}_G^{\text{DDH}}(\mathcal{A}) = \Pr[\mathcal{A}(g^x, g^y, g^z), z = xy \bmod q] \leqslant \varepsilon$$

其中，ε 是可忽略的。如果 ε 可忽略不计，则称 DDH 问题是(t, ε)困难的。

下面讨论双线性映射及其相关困难问题。

双线性映射(Bilinear Pairing，有时简称为 Pairing)，即代数曲线上的 Weil 对和 Tate 对，是研究代数几何的重要工具。它们在密码学上的早期应用主要是攻击椭圆曲线或超椭圆曲线密码系统，即将椭圆曲线或超椭圆曲线上的离散对数问题归约为有限域中乘法群上的离散对数问题。如使用 Weil 对的 MOV 攻击和使用 Tate 对的 FR 攻击。因此，最初双线性对的存在被视为密码学中的坏事。然而，后来人们又发现了它们在密码学中的积极作用。双线性对在密码学中得到了越来越广泛的应用，成为构建短签名、基于身份的密码方案和无证书密码方案的一种有效的工具。下面将介绍双线性对的基础知识。

令 l 是一个安全参数，q 是一个 $l$bit 的素数，G_1 是由 P 生成的阶为 q 的循环加法群，G_2 是由 Q 生成的阶为 q 的循环加法群，G_T 是有相同阶 q 的循环乘法群。设群 G_1，G_2，G_T 中的离散对数问题是困难问题，称映射 $\hat{e}: G_1 \times G_2 \rightarrow G_T$ 为双线性映射，如果 $\hat{e}$ 满足下列性质：

(1) 可计算性：对于计算 $\hat{e}(P, Q)$存在有效的计算算法。

(2) 双线性：对于任意的 $P \in G_1$，$G \in G_2$，a，$b \in Z_q^*$，有 $\hat{e}(aP, bQ) = \hat{e}(P, Q)^{ab}$。

(3) 非退化性：$\hat{e}(P, Q) \neq 1$ 成立。

双线性映射 $\hat{e}$ 可以通过有限域上的超奇异椭圆曲线上的 Weil 对或者 Tate 对来构造。下面介绍双线性映射相关的困难问题。

6. 判定性双线性 Diffie-Hellman 问题

定义 2.3.6 判定性双线性 Diffie-Hellman(Decisional Bilinear Diffie-Hellman Problem，DBDH)问题：给定 $P \in G_1$ 和 aP，bP，$cP \in G_2(a, b, c \in Z_q^*$ 是未知的随机数)及 $h \in G_T$，判定 $h = \hat{e}(P, Q)^{abc}$ 是否成立。

其他相关问题包括间歇性 DH 问题、间歇性双线性 DH 问题、q－DH 求逆问题、q－双线性 DH 求逆问题等，推荐读者参考相关文献。

2.3.2 可证明安全

可证明安全理论本质上是一种公理化的研究方法，其最基础的假设或“公理”是存在安全的“极微本原”(如基础密码算法或数学难题等)。攻击方案或协议的唯一方法就是破译或解决“极微本原”。本小节主要介绍可证明安全的基础理论与思想，包括困难问题假设、密码体制的安全模型以及随机谕言机模型方法论。

1. 安全性规约

通常，我们说方案 Y 的安全性能归约到困难问题 X，字面上要求对于任意敌手$\mathcal{A}$，存在一个归约算法 R，如果敌手$\mathcal{A}$能破坏方案 Y 的安全性，则 R 能高效地解决困难问题 X。我们首先注意到这里任意敌手有两层含义：

(1) 敌手$\mathcal{A}$的功能(functionality，即$\mathcal{A}$所计算的函数)可以是任意的(通常只要求是概率多项式算法能计算的)。

(2) 实现敌手$\mathcal{A}$的代码可以是任意的。我们通常利用的归约方式是黑盒归约，它对应的模拟技术便是黑盒模拟。在这种类型的归约中，敌手被作为一个黑盒来调用，即我们仅仅通过运行它来观察它的输入/输出。这种黑盒调用能使我们通过反复运行(rewinding)敌手的某些特定的步骤来模拟他的观察，使得这个观察与敌手$\mathcal{A}$在真实环境中的观察是不可区分的，最终达到利用敌手$\mathcal{A}$来解决底层困难问题的目的。

一般而言，可证明安全是指利用数学中的反证法思想，采用这样一种“归约”方法：首先，确定密码方案或协议的安全目标。如加密方案的安全目标是确保信息的机密性，签名方案的安全目标是确保签名的不可伪造性。其次，根据敌手的能力构建一个形式化的敌手模型，并且定义它对密码方案或协议的安全性“意味”着什么，对某个基于“极微本原”(atomic primitives，指安全方案或协议的最基本组成构件或模块，也被称作密码原语，如某个基础密码算法或数学难题等)的特定方案或协议，基于以上形式化的模型分析它。归约论断是基本工具最后指出的(如果能成功)攻破方案或协议的唯一方法就是破译或解决“极微本原”。这样就产生了一个矛盾，因为人们普遍相信该“极微本原”是难破译或难解决的，所以说明这样的敌手不存在，从而推出方案或协议是安全的。上述安全性规约的思想与反证法不同之处在于，反证法是确定性的，而规约法一般是概率性的。

简单来说，要归约证明一个密码方案或者协议是安全的，通常采用如下的步骤：

(1) 给出密码方案或协议的形式化定义；

(2) 定义密码方案或者协议要达到的安全目标；

(3) 定义安全模型，刻画攻击者具有的攻击目标和行为；

(4) 通过把攻击者的成功攻击归约为解决一个“极微本原”来达到方案或协议的形式化证明。

在具体归约证明过程中，需要明确以下三部分：

1) 困难问题假设

这是证明方案安全性的理论基础。困难问题假设是指能成功解决一个数学困难问题的概率是可忽略的，目前使用较多的困难问题包括大整数因式分解问题、素域上的离散对数问题和椭圆曲线、双线性对的一些问题等。

2）安全模型

这是定义方案安全性的关键所在。在可证明安全框架下，对一个方案的安全性往往需要从两个方面定义：敌手的攻击目标和攻击行为。如在加密方案中，敌手的目标是能够区分挑战密文所对应的明文；在签名方案中，敌手的攻击目标可以是获得签名者的私钥，也可以是对任意消息伪造签名或能够伪造出一个特定消息的有效签名等。攻击行为描述了敌手为达到攻击目标所采取的行动。如在加密方案中，敌手可以要求对他选择的某个消息加密、对他选择的某个密文进行解密等；在签名方案中，敌手可以要求对他选择的某些消息进行签名，也可以根据以前的问答适应性地修改后续的询问等。若敌手在某种攻击行为下无法达到他的预期攻击目标，那么方案就被定义为这种攻击下这种攻击目标的安全。由于攻击行为有强有弱，攻击目标有简单有复杂，所以相互组合出来的安全性定义也就多种多样，如签名的非适应性攻击下的不可伪造，适应性选择消息攻击下的不可伪造等。当然，我们需要让敌手的攻击能力最强，却无法达到最简单的攻击目标，这样的方案安全性最强，也最难达到。

3）归约论断

这是证明方案安全性的技术核心。归约论断是可证明安全理论的最基本工具或推理方法。简单地说，就是把一个复杂方案的安全性问题归结为某一个或几个困难问题。但是，在安全模型的框架下，如何针对具体的方案设计将敌手攻击方案某个安全性的行为归约转化为解决困难问题的操作，是可证明安全较为复杂的步骤。一般来说，具体归约的步骤需要根据方案本身决定。目前，主要有随机谕言机模型和标准模型两种方法。

2. 安全性规约的证明范式

安全性规约的证明范式分为两种：一种是基于游戏的证明；另一种是基于模拟的证明。

1）基于游戏的证明

一个密码算法或者协议的安全性可以是基于游戏定义的。通常对于一个密码算法或者协议的安全性描述需要细分成多个属性，然后对每一个属性单独给一个基于游戏的定义，并且需要单独证明。如承诺(commitment)是一个非常重要的密码工具，定义一个承诺构造的安全性，一般需要绑定性(binding)和隐藏性(hiding)两个属性。绑定性是指承诺者在给出承诺后将无法更改已承诺的内容。在游戏中，要求挑战者在给出承诺后将其公开成两个不同的消息，并且都可以被验证，又称双重公开(double-opening)。隐藏性是指被承诺者在承诺者公开内容前无法根据看见的信息推测出已承诺的内容。在游戏中，挑战者先给出两个长度一样的消息，被挑战者随机选取任意一个消息进行承诺。挑战者在看见被挑战者给出的承诺信息后要猜测是哪一个消息被承诺了。

2）基于模拟的证明

基于游戏的定义有其局限性。其中最重要的局限性是，一般来说它只能模拟协议在孤立环境下单独运行的安全性，无法对复杂并发环境的安全性进行建模。RanCanetti 提出并主导推广的通用可组合安全模型被密码学界广泛接纳，并大量用于密码协议的安全建模。通用可组合安全模型是一种基于模拟的(simulation-based)定义。如图 2.4 所示，通用可组合安全模型分为现实和理想两个世界。协议参与者(P_1，P_2，P_3)、敌手($\mathcal{A}$)、仿真攻击者(S)和环境机(Z)都是由概率多项式时间(Probabilistic Polynomial Time，PPT)交互通用图灵机(ITM)来模拟。在现实世界中，协议参与者之间相互联系，运行目标协议。在理想世界中，协议参与者之间互不通信，它们通过一个可信第三方(F)来实现协议的功能性计算。设计者把对于目标密码协议的功能性要求和安全性要求都通过定义 F 来模拟。该密码协议的安全性强弱完全取决于 F 的具体定义。环境机的目的是区分现实世界和理想世界，在运行过程中它为协议参与者提供协议输入，并可以读取协议输出；同时，环境机可以实时和攻击者通信。如果对于任何攻击者通过攻击现实世界中的协议所产生的影响都可以被仿真攻击者在理想世界中模拟，那么环境机将无法区分现实和理想世界。我们就认为该密码协议的安全性至少和在理想世界中用 F 计算一样安全。

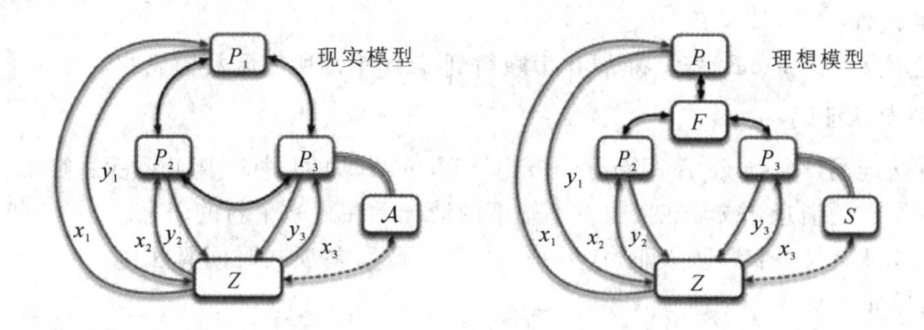

图 2.4　基于模拟的安全性证明概念框架

2.3.3　基础原语

本书用到了大量的密码学基础原语。本节我们仅介绍云数据审计协议和可搜索加密方案中的一些共同的基础原语，如哈希(Hash)函数、伪随机函数、零知识证明等。而涉及的其他特殊构造的加密、签名等方案将在具体方案中介绍。

1. Hash 函数

Hash 函数是密码学的一个基本工具，在密码学中有许多应用，特别是在数字签名和消息的完整性检测方面有重要的应用。Hash 函数的一个简单定义如下：

定义 2.3.7　Hash 函数是一个能将任意长度的字符串映射成一个固定长度的字符串的计算有效的函数，其中输出的固定长度字符串称为 Hash 值。

一个 Hash 函数 H 应具备以下几点性质：

(1) H 能作用于任意长的消息或文件；

(2) Hash 值是固定长的，但要足够长；

(3) 计算 Hash 值是容易的；

(4) 给定 Hash 函数 H，要找到两个不同的消息 $x_1 \neq x_2$，使其 Hash 值 $\mathrm{H}(x_1)=\mathrm{H}(x_2)$是计算不可行的。

令 Hash 函数为 H：$X \rightarrow Y$，安全的 Hash 函数涉及如下三个安全属性：

(1) 单向性。设 Hash 函数 H：$X \rightarrow Y$，且 $y \in Y$，求得 $x \in X$，使得 $\mathrm{H}(x)=y$ 成立是计算不可行的。

(2) 抗第二原像碰撞。设 Hash 函数 H：$X \rightarrow Y$ 且 $x \in X$，求得 $x' \in X$，使得 $x=x'$并

且 $H(x)=H(x')$ 成立是计算不可行的。

(3) 抗碰撞。设 Hash 函数 $H: X \to Y$，求得 $x, x' \in X$，使得 $x=x'$ 并且 $H(x)=H(x')$ 成立是计算不可行的。

2. (带密钥的)伪随机函数(Pseudo Random Function, PRF)

定义 2.3.8　令 $F: \{0,1\}^* \times \{0,1\}^* \to \{0,1\}^*$ 是一个高效可计算的、保持长度的、带密钥的函数。F 是一个伪随机函数，如果对于所有概率多项式时间区分器 D，存在一个可忽略函数 negl，满足：

$$|\Pr[D^{F_k(\cdot)}(1^n)=1]-\Pr[D^{f(\cdot)}(1^n)=1]| \leqslant \mathrm{negl}(n)$$

其中第一个概率来自 $k \in \{0,1\}^n$ 的选择和 D 的随机性，第二个概率来自 $f \in \mathrm{Func}_n$ 的选择和 D 的随机性。

上述定义中的 Func_n 表示将 $n$bit 串映射到 $n$bit 串的所有函数构成的集合。

3. 消息认证码

消息认证码(Message Authentication Code, MAC)的目标是阻止敌手：修改一个实体给另一方发送的消息，或者在接收方不知情的情况下注入一个新的消息。

定义 2.3.9　一个消息认证码(MAC)由三个概率多项式时间算法(Gen, Mac, Vrfy)组成，满足如下条件：

(1) 密钥生成算法 Gen 输入安全参数 1^n，输出一个密钥 k，满足 $|k| \geqslant n$。

(2) 标签生成算法 Mac 输入一个密钥 k 和一个消息 $m \in \{0,1\}^*$，输出一个标签 t。由于这个算法可能是随机的，我们记为 $t \leftarrow \mathrm{Mac}_k(m)$。

(3) 确定性的验证算法 Vrfy 输入一个密钥 k、一个消息 m 和一个标签 t，输出一个比特 b。$b=1$，表示标签有效；$b=0$，表示无效。我们记为 $b := \mathrm{Vrfy}_k(m, t)$。

上述定义对于每个 n 和 $\mathrm{Gen}(1^n)$ 输出的每个 k，每个消息 $m \in \{0,1\}^*$，需要 $\mathrm{Vrfy}_k(m, \mathrm{Mac}_k(m))=1$ 总是成立。

4. 对称(私钥)加密

对称加密(Symmetric-key Encryption)，即私钥加密(Private-key Encryption)，是指加密和解密时采用相同密钥的加密算法，通常分为流密码和分组密码。在加密大批量数据时，对称加密效率较高。

定义 2.3.10　一个对称加密方案由三个概率多项式时间算法(Gen, Enc, Dec)组成，满足如下条件：

(1) 密钥生成算法 Gen 输入安全参数 1^n(记为一元向量的安全参数)，输出一个密钥 k；我们记为 $k \leftarrow \mathrm{Gen}(1^n)$，需要强调的是 Gen 是一个随机化算法。不失一般性，我们假设对于任意由 $\mathrm{Gen}(1^n)$ 输出的 k，满足 $|k| \geqslant n$。

(2) 加密算法 Enc 输入一个密钥 k 和一个明文消息 $m \in \{0,1\}^*$，输出一个密文 c。由于这个算法可能是随机性的，我们记为 $c \leftarrow \mathrm{Enc}_k(m)$。

(3) 解密算法 Dec 输入一个密钥 k、一个密文 c，输出一个消息 m 或者一个错误信息。假定 Dec 是确定性的算法，解密不出错时我们记为 $m := \mathrm{Dec}_k(c)$；解密出错时，我们用符号 $\perp$ 表示。

上述定义对于每个 n，$\mathrm{Gen}(1^n)$ 输出的每个 k 和 c，每个消息 $m \in \{0,1\}^*$，需要

$\mathrm{Dec}_k(\mathrm{Enc}_k(m))=m$ 总是成立。

5. 数字签名

数字签名(Digital Signature)是只有信息的发送者才能产生的别人无法伪造的一串数字，这串数字同时也是信息的发送者发送信息真实性的一个有效证明。它是一种类似于写在纸上的普通的物理签名，但是使用了公钥加密技术来实现，用于鉴别数字信息的方法。

定义 2.3.11　一个(数字)签名方案由三个概率多项式时间算法(Gen，Sign，Vrfy)组成，满足如下条件：

(1) 密钥生成算法 Gen 输入安全参数 1^n，输出一个对密钥(pk，sk)，分别称为公钥和私钥。我们假定公钥 pk 和私钥 sk 长度至少为 n。

(2) 签名算法 Sign 输入一个私钥 sk 和来自某个消息空间(可能依赖于 pk)的一个消息 $m\in\{0, 1\}^*$，输出一个签名 σ。我们记为 $\sigma\leftarrow \mathrm{Sign}_{sk}(m)$。

(3) 确定性的验证算法 Vrfy 输入一个公钥 pk、一个消息 m 和一个签名 σ，输出一个比特 b。$b=1$，表示签名有效；$b=0$，表示无效。我们记为 $b:=\mathrm{Vrfy}_{pk}(m, \sigma)$。

上述定义除了 $\mathrm{Gen}(1^n)$输出的(pk，sk)之上可忽略的概率外，对于每个(合法)消息 $m\in\{0, 1\}^*$，需要 $\mathrm{Vrfy}_{pk}(m, \mathrm{Sign}_{sk}(m))=1$ 总是成立。

本章参考文献

[1] SHACHAM H，WATERSB. Compact Proofs of Retrievability：proceeding of the 14th International Conference on the Theory and Application of Cryptology and Information Security，Melbourne，Australia，December 7－11，2008[C]//Advances in Cryptology-ASIACRYPT 2008. Berlin：Springer，2008：90－017. https：//doi.org/10.1007/978－3－540－892557－7.

[2] ATENIESE G，BURNS R，CURTMOLA R，et al. Provable data possession at trusted stores[C]，in Proceedings of the 14th ACM Conference on Computer and Communications Security，ser. CCS'07. New York，NY，USA：ACM，2007：598－609.

[3] WANG T，YANG B，LI H Y，et al. An alternative approach to public cloud data auditing supporting data dynamics[J]. Soft Computing，2019，23(13)：4939－4953，https：//doi.org/10.1007/s00500－018－3155－4.

[4] WANG T，YANG B，QIU G Y，et al. An Approach Enabling Various Queries on Encrypted Industrial Data Stream，Security and Communication Networks，vol. 2019，pp. 1－12，Jul. 2019，https：//doi：10.11552019/6293970.

[5] LI H Y，WANG T，QIAO Z R，et al. Blockchain-based searchable encryption with efficient result verification and fair payment[J]. Journal of Information Security and Applications，2021，58：102－791. https：//doi.org/10.1016/j.jisa.2021.102791.

[6] 沈志荣，薛巍，舒继武. 可搜索加密机制研究与进展[J]. 软件学报，2014，25(4)：880－895.

[7] 杨波. 现代密码学[M]. 4 版. 北京：清华大学出版社，2017.

[8] 杨波. 网络空间安全数学基础[M]. 北京：清华大学出版社，2020.
[9] 杨波. 密码学中的可证明安全性[M]. 北京：清华大学出版社，2017.
[10] 张华，温巧燕，金正平. 可证明安全算法与协议[M]. 北京：科学出版社，2018.
[11] 张秉晟，张佳婕，秦湛. 通用图灵机及其对现代密码安全建模的影响[J]. 中国计算机学会通讯. 2019，15(7)：10 - 14.
[12] SEN POH G，CHIN J J，YAU W C，et al. Searchable Symmetric Encryption[J]. ACM Computing Surveys，2017，50(3)：1 - 37，https：//doi. org/10. 1145/3064005.

第3章　云数据审计协议

3.1　云数据审计协议概述

在2.1节中，已经描述了云数据审计的系统模型。本章只做一个简要回顾。

云数据审计方案通常包括三个主要组件：用户(包括数据所有者)、云存储服务提供商(CSP)和第三方审计者(TPA)。用户将数据存储在远程云服务器中，并依赖它们进行数据维护。具有大量云服务器的CSP向用户提供数据访问以及大量的存储空间和计算资源。TPA具有专业的知识和能力，可以根据用户的要求代表用户审计数据存储情况。

云数据审计服务包含两个阶段：初始化和审计。

初始化阶段包括密钥生成步骤和认证子生成步骤。在密钥生成步骤中，用户与CSP和TPA协商密钥。在认证子生成步骤中，用户将计算出认证子作为其数据的标签。

审计阶段通常通过挑战或响应过程进行，因此该阶段包括挑战、响应和验证步骤。如果用户将验证任务委托给TPA，TPA将执行挑战步骤来检查用户数据的正确性。在挑战阶段，TPA生成一个挑战消息，其中包含随机选择的数据块索引，并将其发送给一个CSP(或多个CSP)。在响应阶段，在接收到挑战消息后，CSP生成一条响应消息作为数据拥有证明并将其发送给TPA。该证明包括数据证明和认证子证明。当接收到来自接受挑战的CSP的响应消息时，TPA将在审计阶段中验证该证明的正确性。

下面分析云数据审计协议的发展现状。

Wang等人提出了引入高效安全TPA的两个基本要求：第一，TPA应该能够验证云数据的正确性而不需要检索整个数据的副本，也不能给云用户带来额外的在线负担；第二，在验证过程中，TPA应防止数据泄露，保护用户数据隐私。他们提出了一种保护隐私的公开验证方案(PP-PDP Ⅰ)，该方案通过将同态线性认证子(Homomorphic Linear Authenticator，HLA)与随机掩码技术进行结合，满足了上述要求。在PP-PDP Ⅰ中，每个用户的文件被分成n个块，因此用户生成n个认证子。CSP在生成数据证明时，对数据块进行随机化，由此保证TPA不能从数据证明中推导出用户的数据。通过使用双线性聚合签名技术，PP-PDP Ⅰ将不同消息上的不同签名者的多个签名聚合为一个签名，从而支持在一个CSP中对多个用户进行批量验证。基于签名聚合和双线性对，CSP可以将k个验证任务的k个多用户认证子证明合成为一个，TPA还可以同时对多个任务进行验证。

通过分析其存储正确性保证、隐私保护和安全保障，Xu等人发现PP-PDP Ⅰ容易受来自恶意云服务器和外部攻击者的攻击，包括四种类型，即数据标签修改伪造攻击、数据丢失验证通过攻击、数据拦截和修改攻击以及数据窃听伪造。

Wang等人提出了一种公开和动态验证(Public PDP)方案，该方案结合MHT(Merkle Hash Tree，默克尔哈希树)和基于公钥密码的HLA(如基于BLS签名或基于RSA签名的认证子)，支持公开验证和完整的动态数据更新。MHT 可高效、安全地验证一组数据元素是否完好无损。虽然 MHT 通常用于对数据块的值进行认证，但是 Public PDP 使用它的同时会对数据块的值和存储位置进行认证。此外，Public PDP 还解决了 MHT 的节点平衡问题。与 PP-PDP Ⅰ类似，Public PDP 通过使用双线性聚合签名方案支持在单个 CSP 中对多用户进行批量验证。因为 TPA 从 CSP 接收的是不进行任何处理的线性数据块集合，可能会泄露数据内容，所以 Public PDP 不支持隐私保护。

Wang 等人还提出了一种保护隐私的公开验证(PP-PDP Ⅱ)方案，该方案既能抵御 Xu 等人提到的四种攻击，又能保护隐私。PP-PDP Ⅱ是在 PP-PDP Ⅰ和 Public PDP 的基础上进行改进得到的，其利用了 HLA、随机化、双线性聚合签名方案及 MHT 分别实现了保护隐私的公开验证、多用户批量审计和动态审计。如果由 CSP 生成的一组证明来自恶意 CSP 或意外数据损坏产生的无效证明，则在批量审计时，所有的证明被聚合为一个证明后，即使只有一个无效的证明，批量审计也会失败。也就是说，批量审计只在所有证明都有效时才会通过。针对这个问题，Wang 等人引入了一种分治方法(二分搜索)来找出哪个数据块或认证子损坏了。但是，这种方法带来了额外的通信和计算开销，因为 CSP 需要重新聚合证明并重新传输所有证明。

Zhu 等人对多个 CSP 协同存储用户数据的场景进行了研究。在此场景下单个用户的数据块和认证子将分别存储在多个 CSP 中。因此，Zhu 等人提出了一种基于同态可验证响应(HVR)和哈希索引层次结构的协同可证明数据拥有方案(CPDP)，用以支持分布式多云环境中多个存储服务器上的动态可扩展性。他们扩展了同态可验证标签(HVT)，可允许用户将每个文件的多个块的标签(认证子)合并到一个值中，HVR 用于聚合来自不同 CSP 的多个证明。与 PP-PDP Ⅰ、Public PDP、PP-PDP Ⅱ不同的是，在 CPDP 中，一个文件被分成 n 个块，每个块又被分成 s 个区，所以文件有 $n \times s$ 个区。每个块对应一个认证子，因此它有 n 个认证子。此外，在 CPDP 中还有另一个实体，即组织者。他是负责直接与 TPA 联系的 CPS 中的一个。组织者发起、验证(在审计阶段)、组织和管理所有 CSP。作者虽然没有提及 CPDP 批量验证属性，但其验证体系结构内在支持针对多云端的批量验证。由于组织者将来自 CSP 的证明聚合成最终证明，TPA 只需要验证来自组织者的最终证明即可。然而 CPDP 不支持为多用户提供批量审计，因为用于为每个用户生成认证子的参数是不同的。换言之，不同用户的认证子不能被聚合到单个证明中。

Yang 和 Jia 提出了一种基于 HVT 的隐私保护高效存储审计方案(EPP-PDP)。他们指出上述 Public PDP 方案存在数据隐私泄露问题，PP-PDP Ⅰ方案中认证子体量太大，存储和传输开销大，CPDP 无法对多用户进行批量审计。为此，他们为了解决数据隐私问题提出了 EPP-PDP 方案，使用双线性对代替随机掩码技术生成加密证明。由于双线性对的双线性性质，TPA 不能解密加密后的证明，但可以验证证明的正确性。为了解决认证子存储开销大的问题，EPP-PDP 将一个文件分成 n 个数据块，每个数据块又像 CPDP 一样分成 s 个区。为了支持多云端中多用户的批量审计，EPP-PDP 中的 TPA 向每个 CSP 都发送挑战。此外，EPP-PDP 不需要任何可信的组织者，并且因为它不使用随机掩码技术，因此避免了在任何阶段使用承诺协议。然而，Ni 等人证明 EPP-PDP 易受主动敌手的攻击。他们的研究结果表明在 EPP-PDP 中，主动敌手可以在审计过程中修改云数据而不被 TPA 检测到。

Kai 等人提出了一种面向多云的公开批量数据完整性审计协议(B-PDP)。为了实现保护隐私的公开审计，B-PDP 集成了 PDP 中的同态认证子和同态密文验证，其中签名和消息利用随机数进行加密。在一个组织者的帮助下，B-PDP 可以为多云端中的多用户提供批量审计，该组织者是一个特殊的 CSP，负责组织 TPA 和 CSP 之间的交互。B-PDP 还基于可恢复编码方法提供了损坏数据的快速识别。当批量审计失败时，不需要任何重复的审计过程即可识别损坏的数据。TPA 只能与组织者交互，不能与其他 CSP 交互。除了组织者之外，CSP 不能彼此通信。组织者将从不同的 CSP 接收响应的证明，并对其加密、编码然后聚合。在批量审计中，TPA 首先通过对聚合证明进行解码来恢复每个用户的证明，然后批量验证所有证明。当批量验证失败时，TPA 将单独标记损坏的数据。他们指出 PP-PDP Ⅰ 的二叉递归搜索方法需要花费较大的通信和计算开销，而 B-PDP 可以在不经过任何重复验证的情况下有效地识别出被破坏的数据。然而 B-PDP 中的识别方法虽然不需要额外的通信开销，但它仍然需要单独的验证过程。

Wei 等人提出了一个名为"SecCloud"的支持防止隐私欺骗的安全计算审计协议。SecCloud 首先将数据存储安全与计算审计安全结合起来，然后利用指定的审计者签名方案来防止隐私欺骗，阻止攻击者获取敏感云数据。为了保证计算的安全性，SecCloud 在传统网格计算中引入了基于承诺的采样(Commitment-Based Sampling，CBC)技术。为了减少计算和通信开销，SecCloud 使用基于身份的聚合签名为多用户提供批量审计。

Yu 等人基于身份签名(IBS)和传统的 PDP 协议给出了一种基于身份的 PDP(ID-PDP)协议的通用构造。他们对 ID-PDP 的安全模型进行了形式化，并证明了通用构造的可靠性依赖于底层 PDP 协议和 IBS 的安全性。然后基于 Shacham 和 Waters 的 PDP 协议给出了一个具体构造。Yu 等人还在 ID-PDP 上进一步实现了完美的零知识隐私，提供抵抗 TPA 的隐私保护属性。

表 3-1 给出了部分方案在构造的核心技术、是否支持隐私保护、是否支持动态更新、是否支持多用户或多云的批量设计以及是否支持身份密码等特性方面的比较。在方案的效率方面，表 3-2 给出了部分方案的计算代价和通信代价的比较。其中，n 表示一个文件分块后的块数，s 表示每个文件块的分区数，t 表示在审计阶段挑战的数据块数。通信复杂度区分单独审计和批量审计两种情况，其中 K 表示批量审计中用户的数目，C 表示 CSP 的数目。

表 3-1　部分方案特性比较

方　案	核心技术	隐私保护	动态更新	批量审计		身份密码
				多用户	多云	
PP-PDP Ⅰ	HLA with random masking	√	×	√	×	×
Public PDP	HLA	×	MHT	√	×	×
PP-PDP Ⅱ	HLA with random masking	√	×	√	×	×
CPDP	HVR with random masking, Hash index hierarchy	√	×	×	√	×
EPP-PDP	HVT, Bilinear pairing	√	Index table	√	√	×
B-PDP	HLA with random masking	√	×	√	√	×
SecCloud	CBS, Designated verifier signature	√	×	√	×	×
Yu	Genericconstruction	×	×	×	×	√
Yu	HLA	√	×	×	×	√

表 3-2　部分方案效率比较

方　案	计算代价			通信代价	
				批量审计	
	CSP	TPA	单独审计	挑战	响应
PP-PDP Ⅰ	$O(t\log n)$	$O(t\log n)$	$O(t\log n)$	$O(KCst)$	$O(KCst\log n)$
Public PDP	$O(t\log n)$	$O(t\log n)$	$O(t\log n)$	$O(KCst)$	$O(KCst\log n)$
PP-PDP Ⅱ	$O(t\log n)$	$O(t\log n)$	$O(t\log n)$	$O(KCst)$	$O(KCst\log n)$
CPDP	$O(ts)$	$O(t+s)$	$O(t+s)$	$O(KCt)$	$O(KCs)$
EPP-PDP	$O(ts)$	$O(t)$	$O(t)$	$O(KCt)$	$O(C)$
B-PDP	$O(t\log n)$	$O(t\log n)$	$O(t\log n)$	$O(KCst)$	$O(KCst\log n)$

3.2　云数据审计协议中的关键技术

3.2.1　伪随机函数

1. 定义

令 $F: \{0.1\}^* \times \{0, 1\}^* \rightarrow \{0, 1\}^*$ 是有效可计算的、长度保持的、带密钥的函数。如果对所有多项式时间区分器 D，存在一个可忽略函数 negl，满足：

$$|\Pr[D^{F_k(\cdot)}(1^n)=1] - \Pr[D^{f(\cdot)}(1^n)=1]| \leqslant \mathrm{negl}(n)$$

则称 F 是一个伪随机函数，其中 $k \leftarrow \{0, 1\}^n$ 是均匀随机选择的，并且 f 是从将 n 比特字符串映射到 n 比特字符串的函数集合中均匀随机选择出来的。

2. 安全性要求

注意到，D 和谕言机是可以自由交互的，因此它能够适应性地询问谕言机，并根据前一个接收到的输出来选择下一个输入。但是，因为 D 在多项式时间内运行，所以它只能执行多项式规模的询问。

上述定义中的关键点是，区分器 D 不知道密钥 k。如果已知 k，那么要求 F_k 是随机的将失去意义。因为给定 k，区分 F 谕言机和 f 谕言机是很容易的。区分器 D 向谕言机询问点 0^n 来获得答案 y，然后将其和结果 $y'=F_k(0^n)$（通过使用已知的密钥 k 计算）相比较。一个 F_k 的谕言机将总是返回 $y=y'$，然而随机函数的谕言机返回 $y=y'$ 的概率仅为 2^{-n}。在实际中，这意味着一旦 k 被泄露，则 F_k 的伪随机性就不再满足。具体而言，考虑伪随机函数 F，给定 F_k 的谕言机供访问（这里 k 是随机的），找到一个输入 x 满足 $F(x)=0^n$ 是困难的（因为对真正的随机函数 f 而言，找到这样的输入是很困难的）。但是如果 k 是已知的，则找到这样的一个输入可能很简单。

3.2.2　同态消息认证码

1. 定义

一个(q, n, m)同态消息认证码方案定义为三个概率多项式时间算法(Sign，Verify，Combine)。Sign 算法通过计算一个基向量的标签得到向量空间$V=\text{span}(\boldsymbol{v}_1, \cdots, \boldsymbol{v}_m)$的标签。Combine 算法用于实现同态属性，Verify 算法用于验证标签。每个向量空间V由从集合I中任意选择的标识符 id 标识。各个算法具体描述如下：

(1) Sign$(k, \text{id}, \boldsymbol{v}, i)$：输入密钥$k$、向量空间标识符 id、一个增广向量$\boldsymbol{v}\in F_q^{n+m}$和$i\in[m]$，$i$表示$\boldsymbol{v}$是 id 标识的向量空间的第$i$个基向量。输出$\boldsymbol{v}$的标签$t$。

(2) Combine$((\boldsymbol{v}_1, t_1, \alpha_1), \cdots, (\boldsymbol{v}_m, t_m, \alpha_m))$：输入$m$个向量$\boldsymbol{v}_1, \cdots, \boldsymbol{v}_m\in F_q^{n+m}$和它们的标签$t_1, \cdots, t_m$，算法还输入密钥$k$和$m$个常量$\alpha_1, \alpha_2, \cdots, \alpha_m\in F_q$，计算并输出向量$\boldsymbol{y}:=\sum_{i=1}^{m}\alpha_i\boldsymbol{v}_i\in F_q^{n+m}$的标签$t$。

(3) Verify$(k, \text{id}, \boldsymbol{y}, t)$：输入一个密钥$k$、一个标识符 id、一个向量$\boldsymbol{y}\in F_q^{n+m}$和一个标签$t$。输出 0(拒绝通过验证)或 1(通过验证)。

要求方案满足以下正确性：令V是F_q^{n+m}上基向量$\boldsymbol{v}_1, \cdots, \boldsymbol{v}_m$和标识符 id 的$m$维子空间。令$k\in K$和$t_i:=\text{Sign}(k, \text{id}, \boldsymbol{v}_i, i)$，有

$$\text{Verify}\left(k, \text{id}, \sum_{i=1}^{m}\alpha_1\boldsymbol{v}_i, \text{Combine}((\boldsymbol{v}_1, t_1, \alpha_1), \cdots, (\boldsymbol{v}_m, t_m, \alpha_m))\right)=1$$

2. 安全模型

接下来定义同态 MAC 的安全性。允许攻击者获得其选择的任意向量空间上的签名(类似于对 MAC 的选择消息攻击)。攻击者提交的每个向量空间V_i都有一个标识符id_i。攻击者无法生成有效的三元组(id, y, t)，其中 id 是新的，或$\text{id}=\text{id}_i$，但$\boldsymbol{y}\notin V_i$。通过下面的攻击游戏可更准确地刻画安全性。

令$T=$(Sign，Combine，Verify)是一个(q, n, m)同态 MAC。通过以下挑战者 C 和敌手$\mathcal{A}$之间的游戏来定义T的安全性。该游戏分为以下几个阶段：

(1) Setup：挑战者生成随机密钥$k\xleftarrow{R}\mathcal{K}$。

(2) Queries：敌手$\mathcal{A}$自适应地提交 MAC 询问，每个询问都形如(V_i, id_i)，其中V_i是一个线性子空间(由m个向量的基表示)，id_i是一个空间标识符。我们要求$\mathcal{A}$提交的所有标识符id_i都是不同的。挑战者按如下方式响应挑战者对(V_i, id_i)的询问：

① 令$\boldsymbol{v}_1, \cdots, \boldsymbol{v}_m\in F_q^{n+m}$为$V_i$的一个基向量；

② 对于$j=1, \cdots, m$令$t_j\xleftarrow{R}\text{Sign}(k, \text{id}_i, \boldsymbol{v}_j, j)$，即计算所有基向量的 MAC；

③ 把$(t_1, \cdots, t_m)$发送给$\mathcal{A}$。

(3) Output：敌手$\mathcal{A}$输出一个id^*、一个标签t^*和一个向量$\boldsymbol{y}^*\in F_p^{n+m}$。

如果$\text{Verify}(k, \text{id}^*, \boldsymbol{y}^*, t^*)=1$，则敌手$\mathcal{A}$将赢得安全游戏，并且还需满足：

(1) 对于所有的i(Type－Ⅰ伪造)有$\text{id}^*\neq\text{id}_i$，或者

(2) 对于一些i和$\boldsymbol{y}^*\notin F_q^{n+m}$有$\text{id}^*=\text{id}$(Type－Ⅱ伪造)

而且，令$\boldsymbol{y}^*=(y_1^*, \cdots, y_{n+m}^*)$，则$\boldsymbol{y}^*$中增广的$(y_{n+1}^*, \cdots, y_{n+m}^*)$不是全零向量(相当于一

个平凡的伪造)。

$\mathcal{A}$关于 T 的优势 NC - Adv[$\mathcal{A}$, T]被定义为$\mathcal{A}$赢得上述安全游戏的概率。

定义 3.2.1　如果对于所有多项式时间敌手$\mathcal{A}$的优势 NC - Adv[$\mathcal{A}$, T]可以忽略，那么一个(q, n, m)同态 MAC 方案 T 是安全的。

3.2.3　同态加密

同态加密(Homomorphic Encryption, HE)是一种加密形式，它允许人们对密文进行特定形式的代数运算得到的仍然是加密的结果，将其解密所得到的结果与对明文进行同样的运算结果一样。换言之，这项技术令人们可以在加密的数据中进行诸如检索、比较等操作，得出正确的结果，而在整个处理过程中无须对数据进行解密。其意义在于，可真正从根本上解决将数据及其运算委托给第三方时的保密问题，如对于各种云计算的应用。

HE 是密码学领域的一个研究热点，以往人们只找到一些部分实现这种操作的方法。而 2009 年 Graig Gentry 提出了“全同态加密”(Fully Homomorphic Encryption, FHE)的可行构造方法，即可以在不解密的条件下对加密数据进行任何可以在明文上进行的运算，使这项技术取得了突破性的进展。下面给出一般的 HE 的定义。

定义 3.2.2　如果对于由 Gen(1^n)输出的所有 n 和所有(pk, sk)，满足如下两个条件：

(1) 明文空间为 M，且所有由 Enc_{pk} 输出的密文属于密文空间 C。方便起见，我们记 M 为加法群，C 为乘法群；

(2) 对满足 $m_1=\text{Dec}_{sk}(c_1)$和 $m_2=\text{Dec}_{sk}(c_2)$的任意 m_1, $m_2\in M$ 和 c_1, $c_2\in C$，有

$$\text{Dec}_{sk}(c_1\cdot c_2)=m_1+m_2$$

其中，群运算分别在 M 和 C 中进行，那么，一个公钥加密方案(Gen, Enc, Dec)就是一个同态加密。

3.2.4　零知识证明

零知识证明(Zero Knowledge Proof)是由 S. Goldwasser 及 C. Rackoff 在 20 世纪 80 年代初提出的，其起源于最小泄露证明。设 P 表示掌握某些信息并希望证实这一事实的实体，V 是验证这一事实的实体。假如某个协议向 V 证明 P 的确掌握某些信息，但 V 无法推断出这些信息是什么，则称 P 实现了最小泄露证明。而如果 V 除了知道 P 能够证明某一事实外，不能够得到其他任何知识，则称 P 实现了零知识证明，相应的协议称作零知识协议。零知识证明实质上是一种涉及两方或更多方的协议，即两方或更多方完成一项任务所需采取的一系列步骤。证明者 P 向验证者 V 证明并使其相信自己知道或拥有某一消息，但证明过程不能向验证者泄露任何关于被证明消息的信息。实践证明，零知识证明在密码学中非常有用。如果能够将零知识证明用于验证，将有效地解决许多隐私保护问题。

针对 NP 语言 L 的非交互式证明系统是一对概率性图灵机(P, V)。给定一个多项式长度的随机比特串 r，证明者 P 能够以极大的概率构造一个对应于任何论断 $l\in L$ 的证据字符串 π，且使验证者 V 接受(r, l, π)，当 $\tilde{l}\notin L$ 时，且使伪造的证据(r, $\tilde{l}$, π)被 V 接受时是极小概率的。而且，给定一个证据 w 且 $l\in L$，V 的运行时间是多项式时间，P 的运行时间也是多项式时间。

如果对于每一个概率多项式时间的论断生成器 T，其知道一个随机比特串 r 并交互地

产生 L 的元素 l_i，且能够得到它们的证明，存在一个模拟器 M，它根据某种分布选择固定的随机比特串 r'，与 T 交互生成字符串 π_i，使得由 T 和 M 生成的字符串 r'，l_1，π_1，…与 T 和 P 接收到一个真正随机的比特串 r 后生成的字符串 r，l_1，π_1，…的分布是不可区分的(非均匀多项式时间区分)，那么该非交互证明系统是零知识的。下面给出非交互式证明系统的定义。

定义 3.2.3　以关系 R 为特征的 NP 语言 L_R 的非交互证明系统是一对算法(P，V)，其中 V 为概率性多项式时间算法，满足：

(1) 完整性。$\forall(x, w)\in R$，$\Pr[V(x, \sigma, P(x, w, \sigma))=\text{accepts}]>1-v(n)$。

(2) 可靠性。即使是一个欺骗的证明者 P' 也不能使得 V 相信并接受基于随机选择 σ 的 x。可靠性形式化描述为：对于 $\forall P'$，$\forall x\notin L_R$ 及 $\forall w'$ 有 $\Pr[V(x, \sigma, P'(x, w', \sigma))=\text{accepts}]<v(n)$。

其中 $v(n)$ 是一个可忽略函数。上述概率来自 σ、P 与 V 选择的随机数。

3.2.5　线性同态签名

同态签名是数字签名技术中的一种，最早由 Johnson 提出。根据同态签名理论，用户使用私钥 sk 对 n 个消息进行签名 $\{m\}_{i=1}^{n}$，得到签名集合 $\{\sigma\}_{i=1}^{n}$，映射 f：$M^n\rightarrow M$ 为从 $\{m_1, m_2, \cdots, m_n\}$ 到 m 的映射，同态签名的性质允许在不知道 sk 的情况下计算出 $f(m_1, m_2, \cdots, m_n)$ 的签名 σ。当 f 为一个线性函数时，即为线性同态签名方案。

1. 定义

定义 3.2.4　一个线性同态签名方案 $\Sigma=$(KeyGen，Sign，SignDerive，Verify)是满足如下要求的有效算法元组：

• KenGen(λ，n)是一个随机算法，它输入安全参数 $\lambda\in N$ 和整数 $n\in \text{poly}(\lambda)$，$n$ 表示要签名的向量的维数。输出密钥对(pk，sk)和标记(如文件标识符)空间 T 的描述。

• Sign(sk，τ，$\boldsymbol{v}$)是一个概率性算法，它以一个私钥 sk、一个文件标识符 $\tau\in T$ 和一个向量 $\boldsymbol{v}$ 作为输入。输出一个签名 σ。

• SignDerive(pk，τ，$\{(\beta_i, \sigma^{(i)})\}_{i=1}^{l}$)是一个(可能是概率性的，也可能确定性的)签名派生算法。它输入一个公钥 pk、一个文件标识符 τ 以及 l 对元组(β_i，$\sigma^{(i)}$)，每个元组都由一个权重 β_i 和一个签名 $\sigma^{(i)}$ 组成。算法输出向量 $\boldsymbol{y}=\sum\limits_{i=1}^{l}\beta_i\boldsymbol{v}_i$ 上的签名 σ，其中 $\sigma^{(i)}$ 是 $\boldsymbol{v}_i$ 上的签名。

• Verify(pk，τ，$\boldsymbol{y}$，σ)是一种确定性算法，它输入公钥 pk、文件标识符 $\tau\in T$、签名 σ 和向量 $\boldsymbol{y}$。如果签名被认为有效，则输出 1，否则输出 0。

正确性要求：对于所有安全参数 $\lambda\in N$，所有整数 $n\in \text{poly}(\lambda)$ 和所有三元组(pk，sk，T)$\leftarrow$KeyGen(λ，n)，以下条件成立，即

(1) 对于所有 $\tau\in T$ 和所有 n 维向量 $\boldsymbol{y}$，如果 $\sigma=$Sign(sk，τ，$\boldsymbol{y}$)，那么有 Verify(pk，τ，$\boldsymbol{y}$，σ)=1。

(2) 对于所有 $\tau\in T$，任意 $l>0$ 和任意一组三元组 $\{(\beta_i, \sigma^{(i)}, \boldsymbol{v}_i)\}_i^l=1$，如果对于每一个 $i\in\{1, 2, \cdots, l\}$ 有 Verify(pk，τ，$\boldsymbol{y}$，σ)=1，那么

$$\text{Verify}\left(\text{pk}, \tau, \sum_{i=1}^{l}\beta_i \boldsymbol{v}_i, \text{SignDerive}(\text{pk}, \tau, \{\beta_i, \sigma^{(i)}\}_{i=1}^{l})\right)=1$$

2. 安全性定义

定义 3.2.5　如果在以下游戏中，没有 PPT 敌手以不可忽略的优势获胜，则线性同态签名方案 $\Sigma=(\text{Keygen}, \text{Sign}, \text{Verify})$ 是安全的。游戏描述如下：

(1) 敌手$\mathcal{A}$选择整数 $n\in\mathbf{N}$，并将其发送给运行 $\text{KeyGen}(\lambda, n)$ 的挑战者，然后$\mathcal{A}$获得 pk。

(2) $\mathcal{A}$可以发起以下类型的询问：

① 标签询问：$\mathcal{A}$选择一个标签 $\tau\in T$ 和一个向量 $\boldsymbol{v}$。挑战者选择一个句柄 h 并计算 $\sigma\leftarrow\text{Sign}(\text{sk}, \tau, \boldsymbol{v})$，将 $(h, (\tau, \boldsymbol{v}, \sigma))$ 存储在表 Tab 中，并将 h 发送回$\mathcal{A}$。

② 派生询问：$\mathcal{A}$从句柄中选择一个向量 $\boldsymbol{h}=(h_1, \cdots, h_k)$ 和一条消息 $(\tau, \boldsymbol{y})\in M$。对于敌手$\mathcal{A}$的选择，挑战者从 Tab 中检索三元组 $\{(h_i, ((\tau, \boldsymbol{v}_i), \sigma^{(i)}))\}_{i=1}^{k}$，如果其中有任意一个三元组在 Tab 中不存在，或存在 $i\in\{1, \cdots, k\}$ 使得 $\tau_i\neq\tau$，则返回⊥。除此之外，其定义了集合 $M:=((\tau, \boldsymbol{v}_1), \cdots, (\tau, \boldsymbol{v}_k))$。如果 $\boldsymbol{y}\in\text{span}(\boldsymbol{v}_1, \cdots, \boldsymbol{v}_k)$，则挑战者返回⊥。挑战者确定 $\beta_1, \cdots, \beta_k$，计算 $\boldsymbol{y}=\sum_{i=1}^{k}\beta_i \boldsymbol{v}_i$ 并运行 $\sigma'\leftarrow\text{SignDerive}(\text{pk}, \{(\beta_i, \sigma^{(i)})\}_{i=1}^{k}, \boldsymbol{y})$，然后选择一个句柄 h'，在表 Tab 中存储 $(h', (\tau, \boldsymbol{y}), \sigma')$ 并返回 h' 给$\mathcal{A}$。

③ 揭露询问：$\mathcal{A}$选择一个句柄 h。如果 Tab 中没有三元组 $(h, (\tau, \boldsymbol{y}), \sigma')$，则挑战者返回⊥；否则，其返回 σ' 给$\mathcal{A}$并把 $((\tau, \boldsymbol{v}), \sigma')$ 加入集合 Q。

(3) $\mathcal{A}$输出一个标识符 τ^*、一个签名 σ^* 和一个向量 $\boldsymbol{y}\in Z_N^n$。如果 $\text{Verify}(\text{pk}, \tau^*, \boldsymbol{y}^*, \sigma^*)=1$ 并且以下条件之一满足，则敌手获胜：

情况 1　对于任意 Q 中的 $(\boldsymbol{\tau}_i, \cdot)$，有 $\tau^*\neq\tau_i$ 且 $\boldsymbol{y}^*\neq\vec{0}$。

情况 2　对于 $k_i>0$，$(\boldsymbol{\tau}_i, \cdot)$ 在 Q 中有 $\tau^*=\tau_i$ 并且 $\boldsymbol{y}^*\notin V_i$，其中 V_i 表示由全部向量 $\boldsymbol{v}_1, \cdots, \boldsymbol{v}_{k_i}$ 表示的子空间(假设其是线性独立的)，其中 $j\in\{1, \cdots, k_i\}$，$(\tau^*, \boldsymbol{v}_j)$ 构成的实体出现在 Q 中。

敌手$\mathcal{A}$的优势定义为它成功的概率。

3.3　经典的云数据审计协议

3.3.1　PDP 静态方案

1. 概述

Ateniese 等人在其 PDP 方案的基础上提出了云数据完整性审计方案，即 PDP 静态方案。在不受信任的服务器上存储数据的客户端可以验证服务器是否拥有原始数据，而无须把数据下载到本地。该模型通过从服务器中随机抽取数据块的部分集合来生成数据拥有的概率性证明，从而大大降低了 I/O 成本。客户端只需要维护常数大小的元数据以验证证明。而且，挑战/响应协议仅需传输少量的、常数大小的数据，从而使网络通信成本最小化。该方案具有标志性意义，下面对其进行详细分析。

2. 系统模型

首先定义可证明的数据拥有方案和协议，然后刻画数据拥有属性的安全性定义。

定义 3. 3. 1　PDP 方案由四个多项式时间算法(KeyGen，TagBlock，GenProof，CheckProof)组成：

(1) KeyGen(1^k)→(pk，sk)由客户端运行来初始化方案的概率性密钥生成算法。它以安全参数 k 作为输入，并返回一对公私钥(pk，sk)。

(2) TagBlock(pk，sk，b)→T_b：客户端运行的(可能是概率性的)，用以生成验证元数据的算法。它以公钥 pk、私钥 sk 和文件块 b 作为输入，并返回验证元数据 T_b。

(3) GenProof(pk，F，chal，Σ)→V：由服务器运行以生成数据拥有证明的算法。它输入一个公钥 pk、块的有序集合 F、一个挑战 chal 和一个与 F 中块对应的验证元数据的有序集合 Σ。输出由挑战 chal 决定的 F 中块的数据拥有证明 V。

(4) CheckProof(pk，sk，chal，V)→{"success"，"failure"}：由客户端运行，以验证拥有证明的算法。它以一个公钥 pk、一个私钥 sk、一个挑战 chal 和一个拥有证明 V 作为输入。返回 V 是否是 chal 所确定块的正确证明。

基于上述定义的一个 PDP 方案可以构造一个 PDP 协议。该协议需要两个阶段：Setup 和 Challenge。

(1) Setup：客户 C 拥有文件 F，并运行 KeyGen(1^k)→(pk，sk)，然后对于所有 $1\leqslant i\leqslant f$，执行算法 TagBlock(pk，sk，b_i)→T_{b_i}。C 存储密钥对(pk，sk)，然后 C 发送 pk、F 和 $\Sigma=(T_{b_1}，\cdots，T_{b_f})$给 S 以进行存储，并可以在本地删除 F 和 Σ。

(2) Challeng：C 生成一个挑战 chal，其中包括 C 想要挑战拥有证明的特定块等其他信息。然后 C 把 chal 发送给 S，S 运行 GenProof(pk，F，chal，Σ)→V，并将拥有证明发送给 C。最后，C 可以通过运行 CheckProof(pk，sk，chal，V)→{"success"，"failure"}来验证证明 V 的有效性。

在 Setup 阶段，C 计算每个文件块的标签，并将它们与文件一起存储在 S 中。在 Challenge 阶段，C 请求对 F 中块的子集的拥有证明。这个阶段可以无限次执行，以确定 S 是否仍然拥有指定的块。注意到，GenProof 和 CheckProof 可能会收到不同的输入值，因为这些算法分别是由 S 和 C 运行的。

3. 安全性定义

下面通过刻画数据拥有属性的游戏来定义 PDP 协议的安全性。直观上，数据拥有游戏刻画了敌手若不拥有与给定挑战对应的所有块的情况下，则无法成功地构建有效的证明，除非它能够猜测出所有缺失的块。而从概率角度来说，这是不可能的。

PDP 游戏分为以下几个阶段：

(1) Setup：挑战者运行 KeyGen(1^k)→(pk，sk)，向敌手$\mathcal{A}$发送 pk 并保存 sk。

(2) Query：敌手$\mathcal{A}$会自适应地进行标签询问。它会选择一个块 b_1，并将其发送给挑战者。挑战者计算验证元数据 TagBlock(pk，sk，b_1)→T_{b_1}，并将其发送给敌手$\mathcal{A}$。敌手$\mathcal{A}$继续在其选择的块 b_2，…，b_f 上询问挑战者的验证元数据 T_{b_1}，…，T_{b_f}。同样，挑战者通过计算 TagBlock(pk，sk，b_j)→T_{b_j} 来生成 T_{b_j}。然后，敌手将所有块存储为有序集合 $F=$

$(b_1, \cdots, b_f)$，以及相应的验证元数据 $T_{b_1}, \cdots, T_{b_f}$。

(3) Challenge：挑战者产生挑战 chal，并要求敌手提供由 chal 确定的块 $b_{i_1}, \cdots, b_{i_c}$ 的拥有证明，其中 $1 \leqslant i_j \leqslant f$，$1 \leqslant j \leqslant c$，$1 \leqslant c \leqslant f$。

(4) Forge：敌手计算 chal 指示的块的拥有证明 V，并返回 V。

如果 CheckProof(pk, sk, chal, v)="success"，则敌手将赢得 PDP 游戏。

定义 3.3.2 如果对于任何(概率多项式时间)敌手$\mathcal{A}$在一组文件块上赢得 PDP 游戏的概率非常接近挑战者通过(概率多项式时间)知识提取器 ε 提取这些文件块的概率，则称基于 PDP 方案(KeyGen, TagBlock, GenProof, CheckProof)的 PDP 协议(Setup, Challenge)能够保证数据拥有。

在安全定义中，知识提取器的概念类似于在知识证明背景下引入的标准概念。如果敌手能够赢得数据拥有游戏，那么 ε 可以重复执行 GenProof，直到它提取出指定的块。另一方面，如果 ε 不能提取块，那么敌手就不能以不可忽略的概率赢得游戏。

4. 同态验证标签(Homomorphic Verification Tag, HVT)

PDP 静态方案定义了同态验证标签的概念，是其 PDP 方案构造的关键组件。给定消息 m(对应于文件块)，用 T_m 表示其 HVT。这些标签将与文件 F 一起存储在服务器上。HVT 作为文件块的验证元数据，除了单向性以外，HVT 还具有以下属性：

(1) 无数据块验证：服务器可以使用 HVT 构造一个证明，使得客户端即使没有实际文件块也能验证服务器是否拥有某些文件块。

(2) 同态性：给定两个标签 T_{m_i} 和 T_{m_j}，任何人都可以将它们组合成一个对应于消息 m_i+m_j 的标签 $T_{m_i+m_j}$。

在 PDP 静态方案的构造中，HVT 是一对值$(T_{i,m}, W_i)$，其中 W_i 是从索引 i 和 $T_{i,m}$ 获得的随机值，存储在服务器上。索引 i 可以被看作一个一次性索引，因为它不会被重复使用(为了确保每个标签使用不同的索引，对于每个 i，索引 i 使用一个全局计数器)。随机值 W_i 是通过将索引 i 连接一个秘密值来生成的，从而确保每次计算 HVT 时 W_i 是不同的和不可预测的。HVT 及其相应的证明具有固定的长度，并且比实际的文件块要小得多。事实上，客户端即使不拥有任何数据块，也能够验证特定文件块上的标签。

5. 方案细节

下面给出静态可证明数据拥有(S-PDP)方案的细节。

S-PDP 协议的各个算法描述如下：

(1) KeyGen(1^k)：生成 pk=(N, g)和 sk=(e, d, v)，满足 $ed \equiv 1 (\bmod\ \varphi(N))$，$e$ 是一个保密的大素数，满足 $e>\lambda$ 且 $d>\lambda$，g 是群 QR_N 的生成元，$v \xleftarrow{R} \{0, 1\}^k$。输出(pk, sk)。

(2) TagBlock(pk, sk, m, i)：

① 令(N, g)=pk 和(d, v)=sk。生成 $W_i = v \| i$。计算 $T_{i,m} = (h(W_i) \cdot g^m)^d \bmod N$。

② 输出$(T_{i,m}, W_i)$。

(3) GenProof(pk, $F=(m_1, \cdots, m_n)$, chal, $\Sigma=(T_1, m_1, \cdots, T_n, m_n)$)：

① 令(N, g)=pk(c, k_1, k_2, g_s)=chal，对于 $1 \leqslant j \leqslant c$，计算生成证明的块的索引 $i_j = \pi_{k_1}(j)$，计算系数 $a_j = f_{k_2}(j)$。

② 计算 $T = T_{i_1, m_{i_1}}^{a_1}, \cdots, T_{i_c, m_{i_c}}^{a_c} = (h(W_{i_1})^{a_1}, \cdots, h(W_{i_1})^{a_c} \cdot g^{a_1 m_{i_1} + \cdots + a_c m_{i_c}})^d \bmod N$

(注意，$T_{i_j, m_{i_j}}$ 是 Σ 中的第 i_j 个值)。

③ 计算 $\rho = H(g_s^{a_1 m_{i_1} + \cdots + a_c m_{i_c}} \bmod N)$。

④ 输出 $V=(T, \rho)$。

(4) CheckProof(pk, sk, chal, V)：

① 令$(N, g)=\text{pk}(e, v)=\text{sk}(c, k_1, k_2, s)=\text{chal}(T, \rho)=V$。

② 令 $\tau=T^e$，对于 $1 \leqslant j \leqslant c$，计算 $i_j=\pi_{k_1}(j)$，$W_{i_j}=v \| i_j$，$a_j=f_{k_2}(j)$，$\tau=\dfrac{\tau}{h(W_{i_j})^{a_j}} \bmod N$，因此得到 $\tau=g^{a_1 m_{i_1}+\cdots+a_c m_{i_c}} \bmod N$。

(3) 如果 $H(\tau^s \bmod N)=\rho$，则输出"success"，否则输出"failure"。

PDP 方案构造描述完毕。

基于 PDP 方案构造的 PDP 协议分为两个阶段：Setup 和 Challenge。

(1) Setup：客户端 C 运行 KeyGen$(1^k) \rightarrow$(pk, sk)，存储(pk, sk)并设置$(N, g)=\text{pk}$，$(e, d, v)=\text{sk}$。然后 C 对于所有 $1 \leqslant i \leqslant n$，运行$(T_{i, m_i}, W_i) \leftarrow$TagBlock(pk, (d, v), m_i, i)，并发送 pk，F 和 $\Sigma=(T_{1, m_1} \cdots, T_{n, m_n})$到 S 进行存储。最后，C 可以从其本地存储中删除 F 和 Σ。

(2) Challenge：对于文件 F 的不同的 c 块$(1 \leqslant c \leqslant n)$，$C$ 请求数据拥有以下证明。

① C 生成挑战 chal $=(c, k_1, k_2, g_s)$，其中 $k_1 \xleftarrow{R} \{0, 1\}^k$，$k_2 \xleftarrow{R} \{0, 1\}^k$，$g_s = g^s \bmod N$，$s \xleftarrow{R} Z_N^*$。$C$ 将 chal 发送给 S。

② S 运行 $V \leftarrow$GenProof(pk, F, chal, $\Sigma=(T_{1, m_1}, \cdots, T_{n, m_n})$)，接着将数据拥有证明 V 发送到 C。

③ C 设置 chal$=(c, k_1, k_2, s)$，并通过运行 CheckProof(pk, (e, v), chal, v)检查证明 V 的有效性。

6. 安全性证明

定理 3.3.1 在 RSA 假设和 KEA1－r 假设下，S－PDP 协议可以确保在随机谕言机模型下的数据可证明拥有。

证明细节略。

3.3.2 可扩展和高效的 PDP 方案

除了上节介绍的 PDP 静态方案，Ateniese 等人还提出了一种高效且可证明安全的 PDP 方案，即可扩展和高效的 PDP 方案。该方案完全基于对称密码原语，而且不需要任何批量加密。

1. 方案概述

可扩展和高效的 PDP 方案只依赖于高效的对称密码原语，而且比 Juels PoR 更高效，因为它不需要对外包数据进行批量加密。该方案可提供数据存储在服务器上未被篡改的概率性证明，方案的安全性在随机谕言机模型中得到了证明。

相对于静态的 PDP，该新方案支持对外包数据块进行安全和高效的动态操作，包括添加、删除和修改。

2. 具体方案

首先定义一些符号：

(1) 令 D 表示外包的数据。本节假设 D 表示一个具有相同大小块的连续文件：$D[1]$, …, $D[d]$。一个块的实际比特长度与方案无关。

(2) 令 OWN 表示数据所有者。

(3) 令 SRV 表示服务器，即代表数据所有者存储外包数据的实体。

(4) $H(\cdot)$代表密码学哈希函数。在实践中，可以使用标准的散列函数，如 SHA - 1、SHA - 2 等。

(5) $AE_{\text{key}}(\cdot)$代表一个认证加密方案，可同时提供隐私性和真实性的保护。在实践中，可通过首先加密消息，然后对结果计算消息验证码(MAC)来实现。

(6) $AE_{\text{key}}^{-1}(\cdot)$表示上述认证加密方案的解密运算。

(7) $f_{\text{key}}(\cdot)$表示一个带密钥的伪随机函数(PRF)。实践中，可以用一个分组加密方案如 AES 来实现 PRF，或者可以用 HMAC 来实现。

(8) $g_{\text{key}}(\cdot)$表示一个带密钥的伪随机置换(PRP)。实践中，AES 被认为是一个很好的 PRP。

该方案完全基于对称密码原语构造，主要设计思想为：在外包之前，OWN 预计算一定数量的短验证令牌，每个令牌对应一组数据块。然后将实际数据移交给 SRV。随后，当 OWN 想要获得数据拥有证明时，它会用一组随机的块索引来挑战 SRV。相应地，SRV 必须计算一个对指定块(与索引相对应)进行完整性检验的证明，并将其返回给 OWN。要使证明通过验证，证明必须与 OWN 预计算的验证令牌相匹配。在该方案中，OWN 可以选择将预计算出的令牌保留在本地，也可以将它们以加密的形式外包给 SRV。值得注意的是，在后一种情况下，无论外包数据的大小如何，OWN 的存储开销都是不变的。该方案在计算和带宽方面也是非常高效的。

该方案的两个阶段描述如下：

(1) Setup 阶段。

将一个数据库 D 分成 d 个块。假设能够挑战存储服务器 t 次。方案使用的伪随机函数 f 和伪随机置换 g 定义为

$$f: \{0, 1\}^c \times \{0, 1\}^k \rightarrow \{0, 1\}^L$$
$$g: \{0, 1\}^l \times \{0, 1\}^L \rightarrow \{0, 1\}^l$$

方案使用 g 来对索引进行置换，因此在本方案中令 $l=\text{lb}d$。f 的输出用于生成 g 的密钥，并且满足 $c=\text{lb}t$。注意到，f 和 g 都可以由标准的分组密码来实现，如 AES。在 $l=128$ 的情况下，方案使用 PRF f 和两个长度为 k 的主密钥 W 和 Z。密钥 W 用于生成置换密钥，而密钥 Z 用于生成挑战的随机数。

在初始化阶段，OWN 预先生成 t 个随机挑战和对应的答案。这些答案被称为令牌。

为生成第 i 个令牌，OWN 将按如下方式生成一组索引：

- 生成一个置换密钥 $k_i=f_W(i)$和一个挑战随机数，即 $c_i=f_Z(i)$；
- 计算索引集：$\{I_j\in[1, \cdots, d] \mid 1\leqslant j\leqslant r\}$，其中 $I_j=g_{k_i}(j)$；
- 计算令牌：$v_i=H(c_i, D[I_1], \cdots, D[I_r])$。

注意：当对随机选择的数据块 $D[I_1]$，…，$D[I_r]$进行挑战时，每个令牌 v_i 都是期望从存储服务器接收的答案。挑战随机数 c_i 用于防止存储服务器执行潜在的预计算。可以看出，每个令牌都是一个带密钥的哈希函数的输出，所以它的尺寸很小。

计算出所有令牌后，所有者使用认证加密方案加密每个令牌，并将整个令牌集合连同文件 D 外包给服务器。图 3.1 给出了初始化阶段算法的伪代码。

```
Algorithm 1: Setup phase
begin
    Choose parameters c, l, k, L and functions f, g;
    Choose the number t of tokens;
    Choose the number r of indices per
    verification;
    Generate randomly master keys
    W, Z, K ∈ {0,1}^k.
    for (i ← 1 to t) do
        begin Round i
1           Generate k_i = f_W(i) and c_i = f_Z(i)
2           Compute
            v_i = H( c_i , D[g_{k_i}(1)] , ··· , D[g_{k_i}(r)] )
3           Compute v'_i = AE_K( i , v_i )
        end
    Send to SRV : (D, {[i, v'_i] for 1 ≤ i ≤ t})
end
```

图 3.1　初始化阶段算法伪代码

（2）审计阶段。

为执行第 i 次数据拥有审计，OWN 首先按照图 3.2 算法的步骤 1 重新生成第 i 次令牌密钥 k_i。注意：OWN 只需要存储密钥 W、Z 和 K 以及当前令牌索引 i。也如上重新计算 c_i。OWN 发送 k_i 和 c_i 给 SRV（图 3.2 中算法步骤 2）。收到来自 OWN 的消息后，SRV 计算 $z=H(c_i, D[g_{k_i}(1)], \cdots, D[g_{k_i}(r)])$。然后 SRV 检索 v'_i，并将$[z, v'_i]$返回给 OWN，OWN 依次计算 $v=AE_K^{-1}(v'_i)$，并检查 $v=(i, z)$是否成立。如果检查成功，则 OWN 假定 SRV 以一定概率存储了所有的 D。

```
Algorithm 2: Verification phase
begin Challenge i
1   OWN computes k_i = f_W(i) and c_i = f_Z(i)
2   OWN sends {k_i, c_i} to SRV
3   SRV computes
    z = H( c_i , D[g_{k_i}(1)] , ··· , D[g_{k_i}(r)] )
4   SRV sends {z, v'_i} to OWN
5   OWN extracts v from v'_i. If decryption fails
    or v ≠ (i , z) then REJECT.
end
```

图 3.2　验证阶段算法伪代码

在该方案中，OWN 执行验证几乎没有计算和通信成本。它只需要通过调用两次 PRF 重新生成对应的[k_i, c_i]，并执行一次解密，以检查来自 SRV 的应答。此外，验证阶段通信开销为常数(图 3.2 中算法步骤 2 和步骤 4)。SRV 的计算开销虽然略高(r 次 PRF 运算加一次哈希运算)，但对于计算能力强大的服务器而言此计算开销是可以接受的。

3. 方案分析

1）检测概率

考虑 OWN 成功地完成了一次审计，而不实诚的 SRV 已经删除或篡改了 m 个数据块的概率。注意到，只有在第 i 个令牌验证过程中，涉及的所有 r 个数据块都未被删除或修改时，不实诚的 SRV 才不会被发现。因此，概率为

$$P_{\text{esc}}=\left(1-\frac{m}{d}\right)^r$$

如若删除或篡改的数据块的比例(m/d)为 1%，且 $r=512$，则不诚实的 SRV 漏检的概率低于 0.6%。

2）安全性分析

本方案遵循静态 PDP 中的安全定义。理论上，需要证明该协议是被询问块的知识的一种密码学证明，即如果敌手通过验证，则可提取被询问的块。

设有一个挑战者，他和敌手$\mathcal{A}$执行一个安全游戏。在初始化阶段，允许敌手$\mathcal{A}$选择对应 $1\leqslant i\leqslant d$ 的数据块 $D[i]$。在验证阶段，挑战者选择一个次数 n 和 r 个随机块索引，并将它们发送给敌手$\mathcal{A}$。然后敌手$\mathcal{A}$为挑战者询问的数据块生成数据拥有证明 P。

如果 P 通过了验证，那么敌手$\mathcal{A}$就赢得了游戏。我们说方案是一个可证明数据拥有方案，对于任何概率多项式时间敌手$\mathcal{A}$，$\mathcal{A}$在一组数据块上赢得 PDP 安全游戏的概率不可忽略地接近挑战者提取这些数据块的概率。在这种知识的证明中，“知识提取器”可以通过多个询问从$\mathcal{A}$中提取数据块，即使是通过重绕(不保持状态的)敌手$\mathcal{A}$。

本方案不需要将哈希函数建模为一个随机谕言机，只需要它的抗碰撞性。然而，因为需要提取受到挑战的块，PDP 的安全定义是一个提取类型的定义，所以安全性证明需要在随机谕言机模型下进行。证明只需要用到随机谕言机输入的能力，而不使用它的可编程性。证明过程中，需要查看随机谕言机的输入，以便提取所询问的数据块。由于只使用了一个随机谕言机，证明并不依赖于任何密码假设，因此是信息理论安全的。

定理 3.3.2 该方案在随机谕言机模型下，是一个安全的可证明数据拥有方案。

证明 假设 $AE_K(\cdot)$是一个安全的认证加密方案。这意味着，给定 $AE_K(X)$，敌手不能看到或改变 X，因此可以假设 X 是由挑战者直接存储的(也就是说，敌手没有必要将 X 发送给挑战者)。

形式化地，游戏执行过程如下：

(1) 一个模拟器 S 建立了一个 PDP 系统，并选择安全参数。

(2) 敌手$\mathcal{A}$选择值 x_1, …, x_n 并将其发送给模拟器 S。

(3) 敌手$\mathcal{A}$可以在任何时间点询问随机谕言机。对于随机谕言机的每个输入，模拟器用一个随机值响应，并将输入和相应的输出存储在一个表中。

(4) 在挑战阶段，模拟器对敌手$\mathcal{A}$在第 i 个值 x_i 进行挑战，并发送一个随机值 c_i 给

敌手$\mathcal{A}$。

(5) 敌手$\mathcal{A}$回复一个字符串 P。

注意：在原始游戏中，值 x_i 对应于在第 i 个挑战中被询问的 r 个块连接起来的有序序列。此外，对于任意 x_i，该模拟器只能询问一次。

显然，如果敌手以不可忽略的概率赢得了游戏($P=H(c_i, x_i)$)，那么就可以以不可忽略的概率提取 x_i。这是因为，敌手为阻止 x_i 的提取，只能猜测随机谕言机的输出或找到哈希碰撞。然而，这两类事件发生的概率是可忽略的。

证毕。

3.3.3　基于身份的方案

大多数传统的云数据完整性审计协议都面临着复杂的密钥管理问题，也就是说，协议依赖于开销较大的公钥基础设施(PKI)，而这阻碍了云数据完整性审计在实际应用中的部署。为此，一些基于身份的云数据完整性审计协议逐渐受到关注。本节将分析基于身份的云数据完整性审计协议中一个有代表性的方案。

Yu 等人提出了一种新的基于身份的云数据完整性审计协议构造，它利用密钥同态的密码学原语降低系统复杂性。它的设计思想来源于非对称群组密钥协商协议。他们对基于身份的云数据完整性审计及其安全模型进行了形式化定义，包括针对恶意云服务器的安全性和针对第三方审计者的零知识隐私，该协议在云数据完整性审计过程中不会将存储数据的任何信息泄露给审计者。

1. 系统模型

基于身份的云数据完整性审计系统涉及以下六个算法，其系统模型如图 3.3 所示。

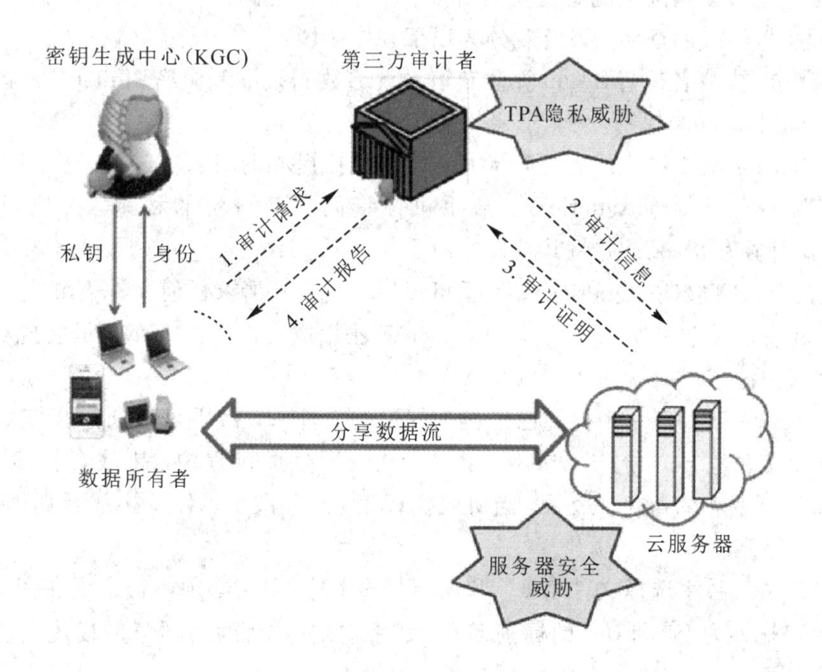

图 3.3　基于身份的云数据完整性审计系统模型

(1) Setup(1^k)：由密钥生成中心(KGC)运行的概率算法，它输入一个安全参数 k，然后输出系统参数 param 和主密钥 msk。

(2) Extract(param，msk，ID)：由 KGC 运行的概率算法，它以系统参数 param、主密钥 msk 和一个用户身份 ID$\in\{0, 1\}^*$ 作为输入，输出与身份对应的私钥 sk_{ID}。

(3) TagGen(param，F，sk_{ID})：一个由数据所有者以身份 ID 运行的概率算法，它以系统参数 param、用户的私钥 sk_{ID} 和要存储的文件 $F\in\{0, 1\}^*$ 作为输入，为每个文件块 m_i 输出标签 $\sigma=(\sigma_1, \cdots, \sigma_n)$，并和文件 F 一起存储在云服务器中。

(4) Challenge(param，F_n，ID)：TPA 运行的随机算法，它以系统参数 param、数据所有者的身份 ID 和一个全局唯一的文件名 F_n 作为输入，代表身份 ID 对应的用户为文件 F_n 输出一个挑战 chal。

(5) ProofGen(param，ID，chal，F，σ)：一个由云服务器运行的概率算法。它以系统参数 param、挑战 chal、数据所有者身份 ID、标签 σ、文件 F 及其名称 F_n 作为输入，输出挑战块的数据拥有证明 P。

(6) ProofCheck(param，ID，chal，P，F_n)：一个由 TPA 运行的确定性算法。它以系统参数 param、挑战 chal、数据所有者的身份 ID、文件名 F_n 和所谓的数据拥有证明 P 作为输入，输出 1 或 0 来表示文件 F 是否保持完整。

2. 安全性定义

下面将形式化描述基于身份的云数据完整性审计的安全性模型，其中主要涉及的敌手角色有：不受信任的云服务器敌手和代表数据所有者的挑战者。

1) 针对服务器敌手的安全性

下面描述用于刻画敌手能力的安全游戏。敌手除非猜测出所有被挑战的数据块，否则无法成功地生成有效的证明。该游戏分为以下几个阶段：

(1) Setup：挑战者运行 Setup 算法获取系统参数 param 和主密钥 msk，并将 param 转发给敌手，同时将 msk 保密。

(2) Queries：敌手对挑战者进行大量询问，包括提取询问和自适应标签询问。

① 提取询问(ExtractQueries)。敌手可以询问任何身份的私钥。挑战者通过运行 Extract 算法计算私钥 sk_i，并将其转发给敌手。

② 标签询问(TagGenQueries)。敌手可以以身份 ID_i 请求任何文件 F 的标签。挑战者运行 Extract 算法获取私钥 sk_i，运行 TagGen 算法生成文件 F 的标签。最后挑战者将这组标签返回给敌手。

(3) ProofGen：对于一个标签已经被询问过的文件 F，敌手可以通过指定数据所有者的身份 ID 和文件名 F_n 执行 ProofGen 算法。在证明生成过程中，挑战者扮演 TPA 的角色，敌手扮演证明者的角色。最后，当协议执行完成时，敌手可以从挑战者那里获得输出，即证明 P。

(4) Output：敌手选择文件名 F_n^* 和用户身份 ID^*。ID^* 必须不曾出现在密钥提取询问中，存在一个输入为 F^* 和 ID^* 的标签询问。敌手输出一个证明者 P^* 的描述，它是 ε-可接受的，定义如下：

我们说作弊的证明者 P^* 是 ε-可接受的，如果它令人信服地回答了完整性挑战占比为

ε 的部分，即 $\Pr[(V(\text{param}, \text{ID}^*, F_n^*) \rightleftarrows P^*)=1] \geqslant \varepsilon$。这里的概率来自验证者和证明者的随机数。如果敌手能成功地输出一个 ε-可接受的证明 P^*，则敌手在游戏中获胜。

定义 3.3.3　一个基于身份的云数据完整性审计协议被称为 ε-可靠的，如果存在一个提取算法 Extr，对于每一个敌手 $\mathcal{A}$，进行上述安全游戏后，对于身份 ID^* 输出一个 ε-可接受的作弊证明者 P^* 和文件名 F_n^*，Extr 算法能够从 P^* 中恢复出 F^*，即除可忽略的概率以外，有 $\text{Extr}(\text{param}, \text{ID}^*, F_n^*, P^*)=F$。

2) 针对 TPA 敌手的完美数据隐私保护

所谓"完美数据隐私保护"，是指 TPA 无法获得外包数据的任何信息，也就是说，无论 TPA 掌握了什么信息，TPA 都可以在不与云服务器进行任何交互的情况下自己得到。基于模拟范式将该模型形式化定义如下：

定义 3.3.4　一个基于身份的云数据完整性审计协议能够实现完美的数据隐私，如果对于每次审计作弊的 TPA^*，都存在一个多项式时间非交互式的模拟器 S，使得对每一个有效的公共输入 ID、chal、Tag 和私有输入 F，以下两个随机变量的计算是无法区分的：

(1) $\text{view}_{\text{TPA}^*}(\text{Server}_{R,\text{chal},F,\text{ID},\text{Tag},\text{TPA}^*})$，其中 R 表示协议使用的随机数集合。

(2) $S(\text{chal}, \text{ID})$。

也就是说，模拟器 S 只获取公共输入的信息，并且不与服务器进行交互，但仍然能够输出一个应答，且与 TPA^* 在交互过程中掌握的应答无法区分。

3. 具体方案

方案在密钥提取中，主要利用 BLS 短签名对用户的身份 $\text{ID} \in \{0, 1\}^*$ 进行签名，得到用户对应的私钥。在挑战阶段，TPA 通过选择一些块的索引和随机值挑战云服务器。在生成证明时，云服务器使用被挑战的数据块计算证明并作为应答发给 TPA。该方案的具体描述如下：

(1) Setup：初始化算法输入安全参数 sp，KGC 选择两个阶为素数 q 的乘法循环群 G_1、G_2，其中群 G_1 的生成元为 g。存在一个双线性映射满足 $e: G_1 \times G_1 \to G_2$。KGC 取一个随机 $\alpha \in Z_q^*$ 作为主密钥，并令 $P_{\text{pub}}=g^\alpha$。最后，KGC 选择三个哈希函数 $H_1, H_2: \{0, 1\}^* \to G_1$，$H_3: G_2 \to \{0, 1\}^l$，并公开系统参数 $(G_1, G_2, e, g, P_{\text{pub}}, H_1, H_2, H_3, l)$。

(2) Eetract：私钥提取算法输入主密钥 α 和用户身份 $\text{ID} \in \{0, 1\}^*$，算法输出该用户的私钥 $s=H_1(\text{ID})^\alpha$。

(3) TagGen：给定一个名为 F_n 的文件 M，数据所有者首先将其分成 n 个块 $m_1, \cdots, m_n$，其中 $m_i \in Z_q$，然后随机选取一个 $\eta \in Z_q^*$，计算 $r=g^\eta$。对于每个块 m_i，数据所有者计算 $\sigma_i = s^{m_i} H_2(F_n \| i)^\eta$，将 σ_i 作为 m_i 的标签。数据所有者将文件 M 和 $(r, \{\sigma_i\}, \text{IDS}(r \| F_n))$ 一起存储到云服务器，其中 $\text{IDS}(r \| F_n)$ 是一个数据所有者对值 $r \| F_n$ 进行的基于身份的签名。

(4) Challenge：为了审计 M 的完整性，验证者从集合 $[1, n]$ 中选择一个随机的包含 c 个元素的子集 I，并且对于每个 $i \in I$，选择一个随机元素 $v_i \in Z_q^*$。设 Q 为集合 $\{(i, v_i)\}$。进一步，为了生成一个挑战，验证者选择一个随机的 $\rho \in Z_q^*$，计算 $Z=e(H_1(\text{ID}), P_{\text{pub}})$，并执行以下操作：

① 计算 $c_1=g^\rho$，$c_3=Z^\rho$。

② 生成证明 pf＝POK$\{(\rho): c_1=g^{\rho} \wedge c_2=Z^{\rho}\}$，其中 POK 是知识的证明。

③ 验证者将挑战 chal＝$(c_1, c_2, Q, \mathrm{pf})$发送给服务器。

(5) GenProof：服务器收到 chal＝$(c_1, c_2, Q, \mathrm{pf})$后，首先计算 $Z=e(H_1(\mathrm{ID}), P_{\mathrm{pub}})$，然后验证证明 pf。如果无效，则审计中止；否则，服务器计算 $\mu=\sum_{i\in I} v_i m_i$，$\sigma=\prod_{i\in I}\sigma_i^{v_i}$ 和 $m'=H_3(e(\sigma, c_1)\cdot c_2^{-\mu})$并返回$(m', r, \mathrm{IDS}(r \parallel F_{\mathrm{n}}))$作为对审计者的响应。

(6) CheckProof：当接收到服务器发送的响应消息后，验证者先验证 $\mathrm{IDS}(r \parallel F_{\mathrm{n}})$是否是数据所有者对于消息 $r \parallel F_{\mathrm{n}}$ 的有效签名。如果不是，则证明无效；否则，验证者检查 $m'=H_3(\prod_{i\in I} e(H_2(F_{\mathrm{n}} \parallel i)^{v_i}, r^{\rho}))$。如果等式成立，则验证者将接受证明；否则证明无效。图 3.5 总结了基于身份的云数据完整性审计协议的交互过程。

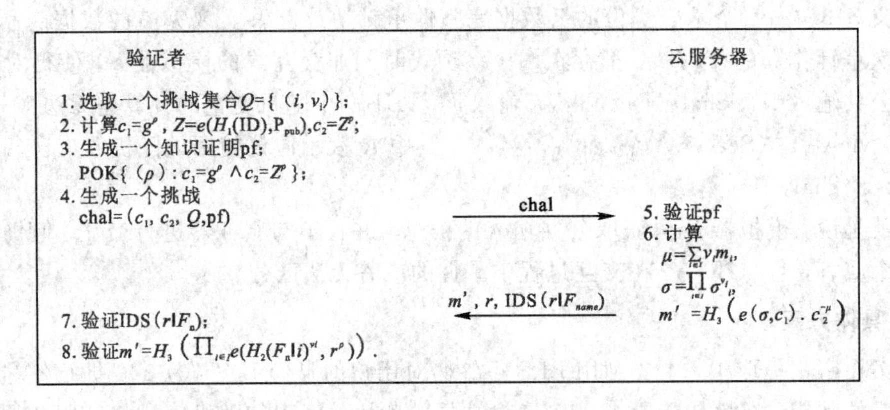

图 3.5　基于身份的云数据完整性审计协议交互过程

4. 安全性证明

该方案实现了完整性、可靠性和完美的数据隐私保护。完整性保证了协议的正确性，而可靠性则表明该协议针对不受信任的服务器是安全的。完美的数据隐私保护使得该协议不会将存储文件的任何信息泄露给 TPA。

1) 完整性

如果数据所有者和云服务器都是诚实的，则对于每个有效标签 σ_i 和随机挑战，云服务器始终可以通过验证。协议的完整性证明如下：

$$
\begin{aligned}
m' &= H_3(e(\sigma, c_1)\cdot c_2^{-\mu}) = H_3\left(\frac{e(\sigma, c_1)}{e(H(\mathrm{ID}), P_{\mathrm{pub}})^{\rho\sum_{i\in I} m_i v_i}}\right) \\
&= H_3\left(\frac{e(\prod_{i\in I}\sigma_i^{v_i}, c_1)}{e(s, g)^{\rho\sum_{i\in I} m_i v_i}}\right) = H_3\left(\frac{\prod_{i\in I} e(\sigma_i^{v_i}, c_1)}{\prod_{i\in I} e(s, c_1)^{m_i v_i}}\right) \\
&= H_3\left(\prod_{i\in I} e\left(\frac{\sigma_i}{s^{m_i}}, g^{\rho v_i}\right)\right) = H_3(\prod_{i\in I} e(H_2(F_{\mathrm{n}} \parallel i)^{\eta}, g^{\rho v_i})) \\
&= H_3(\prod_{i\in I} e(H_2(F_{\mathrm{n}} \parallel i)^{v_i}, g^{\rho\eta})) \\
&= H_3(\prod_{i\in I} e(H_2(F_{\mathrm{n}} \parallel i)^{v_i}, r^{\rho}))
\end{aligned}
$$

2）可靠性

设 p 为素数，对于 $i \in \{1, 2\}$，设 $\zeta_i : Z_p \to \{0, 1\}^{\lceil \mathrm{lb}\, p \rceil}$ 为独立的随机编码函数。范型群 G_i 表示为 $G_i = \{\zeta_i(x) | x \in Z_p\}$。由于范型算法无法利用群的结构，因此，给定元素 $\zeta_i(x) \in G_i$，除等式外，无法推断出该元素的其他信息。定义两个谕言机 $\mathcal{O}_i(i \in \{1, 2\})$ 用于模拟群操作：对于任何元素 $\zeta_i(a)$ 和 $\zeta_i(b)$，输入 $\zeta_i(a, b)$ 的谕言机询问 $\mathcal{O}_i$ 返回一个元素 $\zeta_i(a+b)$（用于相乘）或 $\zeta_i(a-b)$（用于相除）。另一个谕言机 $\mathcal{O}_E$ 用于表示双线性对操作：e：$G_1 \times G_1 \to G_2$。具体来说，在输入 $\zeta_1(a)$ 和 $\zeta_1(b)$ 上，谕言机 $\mathcal{O}_E$ 返回 $\zeta_2(a * b)$。

该方案的可靠性仅能在范型群模型（亦称一般群模型）下得以证明。冗长的证明过程略，读者可参考文献[10]。

3）完美的数据隐私保护

为了证明该方案可以保护数据隐私，接下来分析如何构造一个模拟器 S，该模拟器可以对验证者 V 进行黑盒访问，可以模拟云数据完整性审计协议，而无须掌握数据文件块 $\{m_i\}$ 或相应的 $\{\sigma_i\}$。

这里假设 IDS($r \| F_n$)、r、F_n 都给了模拟器 S。换句话说，该协议不保护文件名 F_n 和参数 r 的隐私性。由于 $r = e(g, g)^\eta$，因此说 r 不包含文件块的信息是合理的，其中 η 是数据所有者选择的随机值。下面将给出 S 如何回答验证者 V 提出的挑战。

在收到来自 V 的挑战 chal 后，S 将 chal 解析为（c_1，c_2，Q，pf）。接着，基于 pf 的可靠性，S 从 V 中提取值 ρ。由于模拟器 S 获得了 ρ 的值，即使得 $c_1 = g^\rho$ 且 $c_2 = e(H_1(\mathrm{ID}), P_{\mathrm{pub}})^\rho$ 成立。模拟器 S 将挑战元素 Q 解析为集合 $\{(i, v_i)\}$，并计算值 $m' = H_3(\prod_{i \in I} e(H_2(F_n \| i)^{v_i}), r^\rho)$。$S$ 输出（m'，r，IDS($r \| F_n$)）作为对此挑战的应答。对于每个挑战（c_1，c_2，Q，pf），都有一个唯一的值 m' 是有效的。

因此，上述模拟是完美的。

3.4 经典的可检索性证明协议

可检索性证明（Proof of Retrievability，PoR）可以使归档或备份云服务器（证明者）提供简洁的证明，证明用户（验证者）可以检索并恢复目标文件 F。换言之就是证明云服务器保存并可靠地传输文件数据足以使用户能够完整地恢复目标文件 F。

PoR 可以视为一种关于知识的密码学证明（Proof of Konwledge，PoK），但它是专门设计用来处理大文件（或比特串）的。而且，与 PoK 不同的是，在 PoR 中无论证明者还是验证者都不需要真正掌握关于目标文件 F 的知识。

随着研究的深入，一些重要的可检索性证明协议或方案相继被提出。本节将首先分析 Juels PoR 方案和 Shacham-Waters PoR 方案，然后分析支持多证明者和多副本的 PDP 协议。

3.4.1 Juels PoR 方案

Juels 等人在 CCS 09（2009 年的计算机与信息安全会议）上首次给出了 PoR 的形式化

定义和具体构造。该工作对于 PoR 的研究具有重要的意义。他们提出了一个基于哨兵的 PoR 方案，具有以下几个性质：

(1) PoR 与数据独立，数据可以被分解成很多小块，使得一个大的证明可以变得非常简洁；

(2) 该方案支持分层证明；

(3) 证明者和验证者的计算开销较小。

1. 知识的证明 PoK 概述

知识的证明首先由 Bellare 和 Goldreich 定义。该定义考虑一个二元关系 $R\subseteq\{0,1\}^*\times\{0,1\}^*$。一个语言 $L_R=\{x:\exists y \text{ s.t. } (x,y)\in R\}$被定义为导出有效关系的值 x 的集合。其中关于值 x 的集合 $R(x)=\{y:(x,y)\in R\}$定义了与给定 x 关联的证据。通常，我们感兴趣的关系是多项式的，这意味着任何证据的长度$|y|$是$|x|$的多项式。

知识的证明是一个包含证明者 P 和验证者 V 的两方协议。每个参与者都是一个概率性的、交互式的函数。定义假设 P 和 V 共享一个公共字符串 x。一次协议执行的脚本包含双方在给定交互中的输出序列。

该定义还依赖于一个函数，即一个提取算法 K，它也以 x 作为输入，并可以将 P 作为谕言机进行访问。此外，V 有一个与 x 相关联的错误函数 $\kappa(x)$，其本质是 V 接受由证明者 P 生成的脚本的概率，P 实际上不知道(或未使用)x 的证据。对于每个证明者 P，令 $p(x)$ 为在输入 x 上，证明者 P 输出一组 V 接受的脚本的概率。

简言之，如果以下条件成立，则一个多项式时间验证者 V 刻画了一个知识的证明：

存在多项式 $f(x)$，使得对于所有足够大的$|x|$，对于每个证明者 P，提取算法 K 能够在期望时间(时间以 $f(x)/(p(x)-\kappa(x))$为界)内输出一个证据 $y\in R(x)$。

定义还有一个非平凡的要求：必存在一个合法的证明者 P，即对于任意 $x\in L_R$，合法证明者 P 让验证者 V 接受证明的概率为 1。

直观上，PoK 的定义表明，如果证明者 P 能说服验证者相信 $x\in L_R$，那么 P 就“知道”一个证据 y。P 说服验证者的能力越强，从 P 中提取证据 y 的效率就越高。

2. 系统模型

一个 PoR 系统包括六个函数(KeyGen，encode，extract，challenge，repond，verify)。其中，函数 respond 是由证明者 P 执行的，其他所有函数都由验证者 V 执行。对于 PoR 系统中一个给定验证者的验证请求，其目的是让验证者执行的函数集共享并隐含修改某个持久状态的 α。换言之，α 表示在给定验证请求时 V 的状态。我们假设 α 初始为空。令 π 表示系统参数的完整集合。令$\perp$为函数输出的一个特殊符号，表示任意类型的系统故障，如一个无效的输入或函数执行失败。

上述六个函数定义如下：

(1) KeyGen$[\pi]\to\mathcal{K}$：KeyGen 函数生成一个秘密钥$\mathcal{K}$。若采用对称密码体制，则$\mathcal{K}$即为一个对称密钥；若采用公钥密码体制，则$\mathcal{K}$可能是一个公钥/私钥对。

(2) encode$(F;\mathcal{K},\alpha)[\pi]\to(\widetilde{F}_\eta,\eta)$：encode 函数生成一个文件句柄 η，该句柄对给定验证者的验证请求是唯一的。该函数还将 F 转换为文件 $\widetilde{F}_\eta$ 并输出$(\widetilde{F}_\eta,\eta)$。在未特殊说明

的情况下，对于给定验证者 V 的验证请求，令 F_η 表示(唯一)文件，其输入 encode 产生句柄 η。若验证者 V 对 encode 的调用没有产生句柄 η，则令 $F_\eta \stackrel{\text{def}}{=} \perp$。

(3) extract(η; $\mathcal{K}$, α)[π]→F：extract 函数是一个交互式的函数，它控制验证者 V 从证明者 P 中对文件进行提取。具体而言，extract 用于确定 V 向 P 发送的一系列挑战，并处理 P 返回的响应。如果提取成功，则函数恢复并输出 F_η。

(4) challenge(η; $\mathcal{K}$, α)→c：challenge 函数以密钥$\mathcal{K}$、句柄 η 和伴随状态 α 以及系统参数作为输入，为文件 η 输出一个挑战值 c。

(5) respond(c, η)→r：证明者 P 用 respond 函数生成对挑战 c 的响应。注意：在 PoR 系统中，挑战 c 来自 challenge 或 extract 函数。

(6) verify((r, η); $\mathcal{K}$, α)→$b\in\{0, 1\}$：verify 函数确定 r 是否代表对挑战 c 的有效响应。挑战 c 可以隐含在 η 和验证者状态 α 中，也可以直接作为一个输入。如果验证成功，则函数输出 1，否则输出 0。

3. 安全性定义

敌手$\mathcal{A}$由$\mathcal{A}$("setup")和$\mathcal{A}$("respond")两部分组成。$\mathcal{A}$("setup")的目的是在一个特殊的文件 F_{η^*} 上创建一个存档，该存档体现为敌手的第二个部分，即$\mathcal{A}$("respond")。它可以与验证者任意交互，可以创建文件，使验证者执行编码算法和提取算法。它也可能从验证者那里获得挑战。验证者与$\mathcal{A}$("respond")交互，执行 PoR 并尝试检索 F_η^*。

简言之，该方案的安全定义刻画了一个敌手$\mathcal{A}$试图"欺骗"一个验证者 V 的游戏。敌手$\mathcal{A}$试图创建一个环境，其中 V 相信它将能够以压倒性的概率检索一个给定的文件 F_η^*，但是这是无法做到的。因此，$\mathcal{A}$("setup")的目的是在$\mathcal{A}$("respond")中导出验证者状态 α 并创建状态(δ, η^*)，从而使得：

(1) V 高概率接受$\mathcal{A}$("respond")对挑战的响应；

(2) V 在调用 extract，从$\mathcal{A}$("respond")检索 F_η^* 时，以不可忽略的概率失败。

下面通过描述两个实验给出具体定义：

初始化实验：

$$
\begin{aligned}
&\mathrm{Exp}_{\mathcal{A},\,\mathrm{PoRSYS}}^{\mathrm{setup}}[\pi]\\
&\kappa \leftarrow \mathrm{KeyGen}(j);\ \alpha \leftarrow \phi;\\
&(\delta,\ \eta^*) \leftarrow \mathcal{A}^{\mathcal{O}}(''\mathrm{setup}'');\\
&\mathrm{output}(\alpha,\ \delta,\ \eta^*)
\end{aligned}
$$

挑战实验：

$$
\begin{aligned}
&\mathrm{Exp}_{\mathcal{A},\,\mathrm{PoRSYS}}^{\mathrm{chal}}(\alpha,\ \delta,\ \eta^*)[\pi]\\
&c^* \leftarrow \mathcal{O}_{\mathrm{challenge}}(\eta^*;\ \mathcal{K};\ \alpha);\\
&r^* \leftarrow \mathcal{A}(\delta,\ c^*)(''\mathrm{respond}'');\\
&\beta \leftarrow \mathcal{O}_{\mathrm{verify}}((r^*,\ \eta^*);\ \mathcal{K},\ \alpha);\\
&\mathrm{output}\beta
\end{aligned}
$$

我们定义 $\mathrm{Succ}_{\mathcal{A},\,\mathrm{PoRSYS}}^{\mathrm{chal}}(\alpha, \delta, \eta^*)[\pi] = \mathrm{pr}[\mathrm{Exp}_{\mathcal{A},\,\mathrm{PoRSYS}}^{\mathrm{chal}}(\alpha, \delta, \eta^*)[\pi]=1]$，即敌手让验证者接受并成功的概率。定义：

$$\mathrm{Succ}_{\mathcal{A},\ \mathrm{PoRSYS}}^{\mathrm{extract}}(\alpha,\ \delta,\ \eta^*)[\pi]=\mathrm{pr}[F=F_{\eta^*}\mid F\leftarrow \mathrm{extract}^{\mathcal{A}(\delta,\ \cdot)(\text{“respond”})}(\eta^*;\ \kappa,\ \alpha)[\pi]]$$

定义 3.4.1 如果对于所有多项式时间敌手$\mathcal{A}$，在安全参数 j 下的某个可忽略函数ς，有

$$\Pr\left[\begin{matrix}\mathrm{Succ}_{\mathcal{A},\ \mathrm{PoRSYS}}^{\mathrm{extract}}(\alpha,\ \delta,\ \eta^*)<1-\varsigma,\\ \mathrm{Succ}_{\mathcal{A},\ \mathrm{PoRSYS}}^{\mathrm{chal}}(\alpha,\ \delta,\ \eta^*)\geqslant\lambda\end{matrix}\ \middle|\ (\alpha,\ \delta,\ \eta^*)\leftarrow \mathrm{Exp}_{\mathcal{A},\ \mathrm{PoRSYS}}^{\mathrm{setup}}[\pi]\right]\leqslant\rho$$

则一个多项式时间 PoR 系统 PORSYS$[\pi]$是一个$(\rho,\ \lambda)$-有效的可检索性证明。

4. 方案细节

下面给出 Juels 的基于哨兵的 PoR 方案 Sentinel-PoRSYS$[\pi]$细节。

方案中采用 l bit 的块作为基本存储单元，对基本存储单元 l bit 的块先用纠错码编码。还采用了一个 l bit 长的分组密码算法和 l bit 长的哨兵。简便起见，还假设使用偶数 d 的高效$(n,\ k,\ d)$-纠错码，从而能够纠正至多 $d/2$ 的错误。

假设文件 F 包含 b 个块，即 $F[1]$，…，$F[b]$(假设 b 是编码参数 k 的倍数。在必要时，需要填充 F 以满足标准块大小)，还假设 F 包含一个消息认证码(MAC)值，该值允许验证者在检索期间确定它是否正确地恢复了 F。

encode 函数包含以下四个步骤：

(1) 纠正码编码。将文件 F 分为 k -分组的块，对每个块应用一个有限域 $\mathrm{GF}[2^l]$上的$(n,\ k,\ d)$-纠错码 C。这个运算将每个块扩张为 n 个分组，因此得到一个文件 $F'=F'[1]$，…，$F'[b']$，其中包含 $b'=bn/k$ 个块。

(2) 加密。将对称密码 E 应用于 F'，生成文件 F''。协议要求能够独立地解密数据块，因为其目标是在存档服务器删除或损坏数据块时恢复 F。因此，我们要求密码算法 E 在明文数据块上独立运算。如上所述 E 是一个 l bit 长的分组加密算法，且要求 E 具有选择明文攻击下的不可区分安全性，因为协议安全性要求敌手不能区分加密后的数据块。在实践中，密码算法 E 可以是可调分组密码(如 XEX)，也可以是流密码。

(3) 创建哨兵。令 f：$\{0,\ 1\}^j\times\{0,\ 1\}^*\rightarrow\{0,\ 1\}^l$ 为一个单向函数。用 f 计算 s 个哨兵的集合$\{a_w\}_{w=1}^s$，其中 $a_w=f(\kappa,\ w)$。追加这些哨兵到 F''后面，得到 F'''。

(4) 置换。令 g：$\{0,\ 1\}^j\times\{1,\ \cdots,\ b'+s\}\rightarrow\{1,\ \cdots,\ b'+s\}$为一个伪随机置换 PRP。应用 g 去置换 F'''的块，产生输出文件 $\tilde{F}$。特别地，令 $\tilde{F}[i]=F'''[g(\kappa,\ i)]$。

extract 函数尽可能多地请求 $\tilde{F}$ 的数据块。然后它执行解码操作。具体来说，它用 g^{-1} 置换密文块，剥离哨兵，再解密，然后按需纠错从而恢复原始文件 F。注意，如果编码 C 的码字由信息位后跟着纠错位组成，则当存档提供完整的文件时，就不需要纠错解码。

challenge 函数输入状态变量 σ 和初值为 1 的一个计数器。它通过观察 g 输出的第σ 个哨兵的位置，即 $p=g(b'+\sigma)$，然后递增 σ。重复这个过程 q 次，为 q 个哨兵生成位置。

respond 算法输入由 q 个位置组成的挑战，确定 q 个对应块(即哨兵)的值，并返回这些值。

verify 算法输入一个挑战对$(\sigma,\ d)$，并验证证明者是否返回了正确的对应哨兵值。

5. 安全性证明

定理 3.4.1 假定 $\gamma\geqslant 24(j\ln 2+\ln b')$。对于所有 $\varepsilon\in(0,\ 1)$，使得 $\mu<\mathrm{d}/2$，其中 $\mu=n\varepsilon(b'+s)/(b'-\varepsilon(b'+s))$，Sentinel-PORSYS$[\pi]$是一个$(\rho,\ \lambda)$-有效的 PoR，其中 $\rho\geqslant$

$Ce^{(d/2-\mu)}(d/2\mu)^{-d/2}$ 且 $\lambda \geqslant (1-\varepsilon/4)^q$。

证明略。

3.4.2 Shacham-Waters PoR 方案

Shacham 和 Waters 在 Juels PoR 给出的定义基础上，对 PoR 的安全性定义进行了修订，并给出了第一个抵抗任意敌手的 PoR 方案(仅支持私有审计)。进一步，基于 BLS 签名在随机谕言机模型下给出了一个支持公开审计的 PoR 方案。

1. 系统模型

与 JuelsPoR 定义的系统模型略有不同，Shacham 和 Waters 定义的一个 PoR 方案包含四个算法，即 Kg、St、P、V，它们的定义如下：

(1) Kg()：定义为一个随机化的密钥生成算法，输出一个公私钥对(pk，sk)。

(2) St(sk，M)：定义为一个随机化的存储算法，用于生成文件存储的必要信息。输入一个密钥 sk 和一个要存储的文件 $M \in \{0, 1\}^*$。该算法处理 M 并产生和输出 M^*，未来 M^* 以及一个标签 τ 将存储在服务器上。标签 τ 包含正在存储的文件的信息，还可以包含用秘密钥 sk 加密后的其他秘密信息。

(3) P、V：定义为一个协议，证明算法 P 和验证算法 V 交互执行该协议，完成可证明文件检索。在协议执行期间，P 和 V 都以 St 算法输出公钥的 pk 和文件标签 τ 作为输入。P 还以 St 算法输出的处理后的文件 M^* 作为输入，V 以密钥 sk 作为输入。在协议运行结束时，V 输出 0 或 1，其中 1 表示该文件正确存储在服务器上。该协议的一轮执行可以表示为

$$\{0, 1\} \xleftarrow{R} (V(\mathrm{pk}, \mathrm{sk}, \tau) \rightleftharpoons P(\mathrm{pk}, \tau, M^*))$$

2. 安全性定义

与 Juels 给出的安全定义相比，Shacham 和 Waters 给出的 PoR 安全性定义有如下不同：

(1) 在定义中去除了密钥生成算法和验证阶段算法中的伴随状态 α，他们认为可检索性证明方案中的验证者应该是无状态的。这一思路被后来的研究者广泛接受。

(2) 允许证明协议是任意的，而不局限于两步的挑战-响应。

(3) 为了刻画公开可验证性，密钥生成算法生成的是公私钥对。

该安全性定义包含两个安全属性：正确性和可靠性。

(1) 正确性：对于 Kg 算法输出的所有公私钥对(pk，sk)、所有文件 $M \in \{0, 1\}^*$，以及由 St(sk，M)输出的所有(M^*，τ)，当与有效证明者交互时，验证算法总是接受证明者的证明，即

$$(V(\mathrm{pk}, \mathrm{sk}, \tau) \rightleftharpoons P(\mathrm{pk}, \tau, M^*)) = 1$$

(2) 可靠性：可检索证明协议是可靠的，如果任意证明者说服验证算法，让验证算法相信其存储了一个文件 M。那么，必存在一个提取算法可以提取出文件 M，该提取算法使用可检索性证明协议与其进行交互。下面定义提取器算法的概念，给出可靠性的形式化定义。

一个提取器算法 Extr(pk，sk，τ，P')输入公钥和私钥、文件标签 τ，以及实现证明者在可检索证明协议中角色的机器的描述，如对一个交互式图灵机或适当规模电路的描述。该算法输出文件 $M \in \{0, 1\}^*$。需要注意的是，Extr 算法得到的是一个非黑盒访问的 P'，而且可以对 P'进行重绕。基于渐近复杂度模型，Extr 算法的运行时间也必须是安全参数 λ

的多项式。

定义敌手$\mathcal{A}$和环境之间的游戏 setup 如下：

(1) 环境通过运行 Kg()生成密钥对(pk, sk)，并将 pk 提供给敌手$\mathcal{A}$。

(2) 敌手$\mathcal{A}$可以与环境交互。它可以通过提交一些文件 M，对存储谕言机进行询问。环境计算$(M^*, \tau)\overset{R}{\leftarrow}\mathrm{St}(\mathrm{sk}, M)$，并返回 M^* 和 τ 给敌手$\mathcal{A}$。

(3) 对于任意敌手之前询问过的 M，敌手可以通过指定相应的标签 τ 来执行可检索性证明协议。在这些协议的执行过程中，环境扮演验证者的角色，敌手扮演证明者的角色，即 $V(\mathrm{pk}, \mathrm{sk}, \tau)\rightleftarrows\mathcal{A}$。当协议执行完成时，敌手将得到 V 的输出。敌手$\mathcal{A}$可以控制这些协议执行的先后顺序，也可以在其中穿插进行上述存储询问。

(4) 敌手$\mathcal{A}$输出从一个由存储询问返回的挑战标签 τ，以及对证明者 P'的描述。

如果恶意(作弊的)证明者 P'令人信服地回答验证挑战的 ε 部分，即 $\Pr[V(\mathrm{pk}, \mathrm{sk}, \tau)\rightleftarrows P')=1]\geqslant\varepsilon$ 成立，那么称之为 ε-可接受的，这里的概率来自验证者和证明者的随机性。令 M 为返回挑战标签 τ 的存储询问的输入文件(M^* 是存储算法处理后的版本)。

下面给出 ε-可靠性的形式化定义。

定义 3.4.2　一个 RoR 方案是 ε-可靠的，如果存在一个有效的提取算法 Extr 满足：对于每个敌手$\mathcal{A}$，无论何时与环境执行上述 setup 游戏，除可忽略的概率以外，必定能够对于一个文件 M 输出一个 ε-可接受的证明者 P'，即 $\mathrm{Extr}(\mathrm{pk}, \mathrm{sk}, \tau, P')=M$。

3. 具体方案

在上述系统模型和安全性定义之后，下面分析两个方案的细节，包括私有验证的 PoR 和可公开验证的 PoR。

方案构造在 Z_p 群中。当需要群支持双线性映射时，Z_p 就是双线性映射群 G 中元素的指数群，即 $\#G=p$。在挑战中，计算系数将来自集合 $B\subseteq Z_p$。例如，B 和 Z_p 相等，则挑战系数将从所有 Z_p 中的元素随机选择。

在对文件进行预处理后，文件被分割为块，每个块被分割为区。每个区都是 Z_p 中的一个元素，每个块都有多个区。如果处理的文件有 b 位长，则有 $n=\lceil b/s\lg p\rceil$个块。将每个文件区称为$\{m_{ij}\}$，其中 $1\leqslant i\leqslant n$，$1\leqslant j\leqslant s$。

下面分析询问和聚合的工作过程。

(1) 询问(Queries)。一个询问是一个 l 长元素集 $Q=\{(i, v_i)\}$。Q 中的每个项$(i, v_i)\in Q$，都满足 i 是$[1, n]$范围内的块索引，而 v_i 是来自集合 B 的一个系数。Q 的大小 l 是一个系统参数，且依赖于集合 B 的选择。

验证者会按如下方式选择一个随机挑战询问：首先，均匀随机地选择$[1, n]$中的 l 长元素子集 I；然后，对于每个元素 $i\in I$，均匀随机地选择一个元素 $v_i\overset{R}{\leftarrow}B$。需要注意的是，重复上述过程隐含着从 B 中选择 l 个元素然后替换上一次询问中的 v_i。而 I 中的 l 个元素其实仅仅是索引，是不需要替换的。

为了方便起见，在下面的分析中使用向量表示法。对索引集合 $I\subset[1, n]$上的询问 Q 用向量 $\boldsymbol{q}\in(Z_p)^n$ 表示，其中对于所有 $i\in I$，有$\boldsymbol{q}_i=v_i$；对于 $i\notin I$，$\boldsymbol{q}_i=0$。等价地，令$\boldsymbol{u}_1$，…，$\boldsymbol{u}_n$ 为$(Z_p)^n$ 的一组基，则有 $\boldsymbol{q}=\sum_{(i, v_i)\in Q} v_i\boldsymbol{u}_i$。

如果集合 B 不包含 0，那么一个满足上述过程的随机查询是$(Z_p)^n$ 中的随机权重 l 长向量，系数以 B 为单位。如果 B 确实包含 0，也可以得到类似的结论，但需要区分“$i \in I$ 且 $v_i = 0$”和“$i \notin I$”两种情况。

(2) 聚合(Aggregation)。为了对挑战进行响应，服务器通过如下计算得到询问 Q 的响应。对每个 $j(1 \leqslant j \leqslant s)$，计算：

$$\mu_j \leftarrow \sum_{(i,\,v_i) \in Q} v_i m_{ij}$$

也就是说，询问 Q 的响应可以通过将 Q 中指定的块按区乘以其乘数 v_i 再求和的方式聚合得到(上述计算的结果是在模 p 的意义下进行)，则响应即为$(\mu_1, \cdots, \mu_s) \in (Z_p)^s$。

假设我们将服务器上的消息块视为 $n \times s$ 的元素矩阵 $\boldsymbol{M} = (m_{ij})$，则使用上面给出的询问的向量表示法，服务器的响应由 $\boldsymbol{q}M$ 表示。

下面介绍仅支持私有验证的 PoR 和可公开验证的 PoR。

(1) 仅支持私有验证的 PoR。令 f：$\{0, 1\}^* \times \mathcal{K}_{\text{prf}} \longrightarrow Z_p$ 是一个 PRF，私有验证方案 Priv 的具体构造如下：

① Priv. Kg()选择一个随机的对称加密密钥 $k_{\text{enc}} \xleftarrow{R} \mathcal{K}_{\text{enc}}$ 和一个随机 MAC 密钥 $k_{\text{mac}} \xleftarrow{R} \mathcal{K}_{\text{mac}}$。秘密钥是 $\text{sk} = (k_{\text{enc}}, k_{\text{mac}})$，Priv 方案没有公钥。

② Priv. St(sk, M)给定文件 M，首先应用由 Reed - Solomon 编码派生出的擦除码(以下简称 R - S 擦除码)对 M 编码获得 M'；然后将 M'分成 n 个块(n 为块的个数)，每个块 s 个区，即$\{m_{ij}\}_{\substack{1 \leqslant i \leqslant n \\ 1 \leqslant j \leqslant s}}$。选择一个 PRF 密钥 $k_{\text{prf}} \xleftarrow{R} \mathcal{K}_{\text{prf}}$ 和 s 个随机数 $\alpha_1, \cdots, \alpha_s \xleftarrow{R} Z_p$。令 τ_0 为 $n \parallel \text{Enc}_{k_{\text{enc}}}(k_{\text{prf}} \parallel \alpha_1 \parallel \cdots \parallel \alpha_s \parallel)$。文件标签是 $\tau = \tau_0 \parallel \text{MAC}_{k_{\text{mac}}}(\tau_0)$。然后对每个 $i(1 \leqslant i \leqslant n)$，计算：

$$\sigma_i \leftarrow f_{k_{\text{prf}}(i)} + \sum_{j=1}^{s} \alpha_j m_{ij}$$

处理后的文件 M^* 由$\{m_{ij}\}$和$\{\sigma_i\}$构成，其中 $1 \leqslant i \leqslant n$，$1 \leqslant j \leqslant s$。

③ Priv. V(pk, sk, τ)解析 sk 为$(k_{\text{enc}}, k_{\text{mac}})$。使用 k_{mac} 验证 τ 的 MAC；如果 MAC 无效，则输出 0 并停止协议来拒绝通过验证；否则，解析 τ，并使用 k_{enc} 解密加密部分，恢复 n，k_{prf} 和 $\alpha_1, \cdots, \alpha_s$。接着，选择集合$[1, n]$的一个随机 l 长元素子集 I。对于每个 $i \in I$，选择一个随机元素 $v_i \xleftarrow{R} B$。

令 Q 为集合$\{(i, v_i)\}$，把 Q 发给证明者。

当收到证明者的响应后，解析证明者的响应，得到 Z_p 中的元素 $\mu_1, \cdots, \mu_s$ 和 σ。如果解析失败，则通过输出 0 并停止协议来拒绝通过验证。换言之，检查下列等式是否成立：

$$\sigma \stackrel{?}{=} \sum_{(i,\,v_i) \in Q} v_i f_{k_{\text{prf}}}(i) + \sum_{j=1}^{s} \alpha_j \mu_j$$

如果成立，则输出 1；否则输出 0。

④ Priv. P(pk, τ, M^*)将处理后的文件 M^* 解析为$\{m_{ij}\}$和$\{\sigma_i\}$，其中 $1 \leqslant i \leqslant n$，$1 \leqslant j \leqslant s$。将验证者发送的挑战消息解析为 Q，即一个 l 长元素集$\{(i, v_i)\}$，其中每个 i 是不同的，且 $i \in [1, n]$，每个 $v_i \in B$。计算：

$$\mu_j \leftarrow \sum_{(i,\,v_i) \in Q} v_i m_{ij}, 1 \leqslant j \leqslant s, \sigma \leftarrow \sum_{(i,\,v_i) \in Q} v_i \sigma_i$$

将 μ_1，…，μ_s 和 σ 作为响应发送给证明者。

方案描述完毕。

正确性证明和安全性证明略。

(2) 可公开验证的 PoR。令 $e: G\times G\longrightarrow G_T$ 为一个双线性映射，g 是 G 的生成元，令 $H: \{0, 1\}^*\longrightarrow G$ 是 BLS 哈希，建模为随机谕言机。可公开验证的 PoR 方案 Pub 的具体细节如下：

① Pub. Kg()生成随机签名密钥对(spk，ssk)$\stackrel{R}{\leftarrow}$SKg。选择一个随机的 $\alpha\stackrel{R}{\leftarrow}Z_p$ 并计算 $v\leftarrow g^\alpha$。算法输出秘密钥为 sk=(α，ssk)，公钥为 pk=(v，spk)。

② Pub. St(sk, M)给定文件 M，首先应用 $R-S$ 擦除码对 M 编码得到 M'；然后将 M' 分成 n 个块(n 为块的个数)，每个块 s 个区，即 $\{m_{ij}\}_{\substack{1\leqslant i\leqslant n\\1\leqslant j\leqslant s}}$。将 sk 解析为($\alpha$，ssk)。从足够大的群(如 Z_p)中选择随机文件名 name。选择随机的元素 u_1，…，$u_s\stackrel{R}{\leftarrow}G$，令 τ_0 为 name $\|$ n $\|$ u_1 $\|$ … $\|$ u_s $\|$。文件标签 τ 是由 τ_0 以及在 τ_0 的在私钥 ssk 下的签名 $\tau\leftarrow\tau_0\|\mathrm{SSig}_{\mathrm{ssk}}(\tau_0)$构成。对于每个 $i(1\leqslant i\leqslant n)$，计算：

$$\sigma_i\leftarrow\left(H(\mathrm{name}\|i)\cdot\prod_{j=1}^{s}u_j^{m_{ij}}\right)^\alpha$$

处理后的文件 M^* 由$\{m_{ij}\}$和$\{\sigma_i\}$构成，其中 $1\leqslant j\leqslant n$，$1\leqslant j\leqslant s$。

③ Pub. V(pk, sk, τ)解析 pk 为(v, spk)。使用 spk 验证 τ 上的签名；如果签名无效，则输出 0 并停止协议来拒绝通过验证；否则，解析 τ，恢复 name、n 和 u_1，…，u_s。接着，选择一个随机 l 长集合[1, n]的元素子集 I，对于每个 $i\in I$，一个随机元素 $V_i\stackrel{R}{\leftarrow}B$，令 Q 为集合 $\{(i, v_i)\}$。把 Q 送到证明者上。解析证明者的响应以获得(μ_1，…，μ_s)$\in(Z_p)^s$ 和 $\sigma\in G$。如果解析失败，则输出 0 并停止协议来拒绝通过验证。换句话说，检查下式是否成立：

$$e(\sigma, g)\stackrel{?}{=}e\left(\prod_{(i,v_i)\in Q}H(\mathrm{name}\|i)^{v_i}\cdot\prod_{j=1}^{s}u_j^{\mu_j}, v\right)$$

如果是，则输出 1；否则输出 0。

④ Pub. P(pk, τ, M^*)将处理后存储的文件 M^* 解析为$\{m_{ij}\}$和$\{\sigma_i\}$，其中 $1\leqslant i\leqslant n$，$1\leqslant j\leqslant s$。解析验证者发送的消息为 Q，即$\{(i, v_i)\}_{i=1}^l$，对于每个不同的 i，每个 $i\in[1, n]$，每个 $v_i\in B$。计算：

$$\mu_j\leftarrow\sum_{(i,v_i)\in Q}v_im_{ij}\in Z_p, 1\leqslant j\leqslant s, \sigma\leftarrow\prod_{(i,v_i)\in Q}\sigma_i^{v_i}\in G$$

将 μ_1，…，μ_s 和 σ 作为响应发送给验证者。

方案描述完毕。

正确性证明和安全性证明略。

3.4.3　多证明者的 PoR——MPoR

现实的应用场景中，客户为了提高数据的冗余可靠性，极有可能将自己的数据存储在多个云存储服务器上。为此，Paterson 等人提出了一种多证明者的 PoR，简称 MPoR。他们在方案中给出了最坏情况和平均情况安全的系统定义。MPoR 的优势之一是它提供了跨服务器的数据冗余证明。

1. 系统模型

MPoR 的系统模型是单服务器 PoR 系统的自然推广，该模型与 PoR 系统模型仅有如下不同：

(1) 系统包含 ρ 个证明者，且验证者可能会在每个证明者上存储不同的消息。

(2) 在审计阶段，验证者可以选择证明者的子集进行审计。

(3) 提取器可以(黑盒或非黑盒地)访问与验证者选择要审计的证明者对应的验证算法的子集。

2. 安全模型

令 Prover_1，…，Prover_ρ 是 ρ 个证明者，并令 Verifier 为验证者。Verifier 有一个来自消息空间 M 的消息 $m \in M$，Verifier 冗余地编码 m 得到 ρ 个副本 M_1，…，M_ρ。

在密钥初始化过程中，Verifier 选择 ρ 个不同的密钥(K_1，…，K_ρ)，每个密钥对应一个证明者。

Verifier 将 M_i 发送给 Prover。在带密钥的方案中，Prover_i 也可能得到一个使用密钥 K_i、M_i 生成的附加标签 S_i。

Verifier 保存某种信息(例如编码后消息的指纹)，使他能够验证证明者所做的响应。

在接收到编码的消息 M_i 时，Prover_i 生成一个证明算法 P_i，用来在审计阶段生成响应。

在任意时刻，Verifier 选择一个索引 i，其中 $1 \leqslant i \leqslant l$，然后开始和 Prover_i 进行挑战响应协议。在挑战响应协议的一次执行中，Verifier 选择一个挑战 c 并将其给 Prover_i，证明者以 ψ 作为响应。然后 Verifier 基于其保存的数据指纹验证响应的正确性。

P_i 成功的概率 $\text{succ}(P_i)$是基于所有挑战计算的，即 Verifier 接受 Prover_i 发送的所有响应。

提取算法 Extractor 得到证明算法 P_1，…，P_ρ 的一个子集 S(在带密钥的方案中，密钥的相应子集$\{K_i : i \in S\}$也随同证明算法一起给 Extractor)，并输出一个消息 $\hat{m}$。如果 $\hat{m}=m$，则提取成功。

上述框架并不限制任何证明者在收到编码消息时与其他证明者进行交互。然而，我们假设它们在生成了一个证明算法后就不能交互了。如果不做这个限制，那么就不可能设计出符合安全需求的协议。这是因为，如果证明者之间可以在收到编码消息后进行交互，那么只需要一个证明者存储整个消息，而其他的证明者在受到挑战后，只需将挑战转发给该证明者，然后把该证明者的响应回复给验证者。因此，假设证明者在生成一个证明算法后不能交互是合理的。

与单证明者的 PoR 不同的是，MPoR 有两种安全性定义。

定义 3.4.3(最坏情况的 MPoR)　如果存在一个提取器算法 Extractor，满足当被给定任意 τ 个证明算法 P_{i_1}，…，P_{i_τ} 后，成功的概率至少是 v(其中，对于所有 $j \in I$，有 $\text{succ}(P_j)=\eta$，此处，$I=\{i_1, \cdots, i_\tau\}$)，则一个 ρ-证明者的 MPoR 方案是(η, v, τ, ρ)-门限安全的。

我们发现，如果 $\rho=\tau=1$，则上述定义就退化为一个单服务器的 PoR。

下面给出平均情况的 MPoR 安全性定义。

定义 3.4.4(平均情况的 MPoR)　一个 ρ-证明者的 MPoR 方案是(η, v, ρ)-平均安全的，如果存在一个提取器算法 Extractor，满足成功的概率至少是 v。其中：

$$\frac{1}{\rho}\sum_{i=1}^{\rho}\text{succ}(P_i)\geqslant\eta$$

我们发现，如果 $\rho=\tau=1$，则上述定义也退化为一个单服务器的 PoR。

下面给出 MPoR 的 t -隐私安全性的定义。

定义 3.4.5 一个 MPoR 系统称为 t -隐私的，如果不存在恶意证明者的、大小至多为 t 的子集 A 能够掌握关于 Verifier 存储消息的任何信息，一个 MPoR 系统称为 t -隐私的。

注意到，如果 $t=0$，则意味着 MPoR 系统不提供任何对存储消息的隐私保护。上述定义刻画了这样的一个隐私安全性：即使有 t 个证明者合谋，他们也不能获得关于存储消息的任何信息。

3. 方案细节

1) Ramp 方案

首先我们给出一个基础方案，该方案使用了一个与秘密共享方案相关的原语，称为 Ramp。一个秘密共享方案允许可信的秘密分发者在 n 个参与者之间共享一个秘密，这样某些参与者的子集就可以从他们持有的份额中恢复秘密。

众所周知，每个参与者在一个秘密共享方案中所分享的份额的大小必须至少是这个秘密的大小。如果要分享的秘密很大，那么这个约束可能会非常受到限制。

下面给出 Ramp 方案的具体描述。

令 τ_1、τ_2 和 n 是正整数，满足 $\tau_1+\tau_2\leqslant n$。一个(τ_1, τ_2, n)- ramp 方案定义为一组算法(ShareGen, Reconstruct)，满足在输入秘密 S 时，ShareGen(S)产生 n 个分享，n 个参与者每个人都具备以下两个属性：

(1) 重构。τ_2 的任何子集或更多的参与者都可以将他们的份额聚集在一起，并使用 REconstruct 从他们共同持有的份额中计算得到秘密 S。

(2) 保密。τ_1 的任何子集或更少的参与者都不能确定关于秘密 S 的任何信息。

2) 基于 Ramp 的最坏情况 MPoR 方案

下面给出最坏情况的 MPoR 构造。其思路是结合单服务器- PoR 系统和(τ_1, τ_2, ρ)- ramp 方案。在这种组合下，底层的 PoR 系统和 Ramp 方案提供可检索性保证，Ramp 方案提供机密性保证。

令 Π 是一个$(\eta, 0, 1, 1)$-门限安全的 MPoR，其响应代码的汉明距离为 $\tilde{d}$，挑战空间大小为 γ。令 Ramp=(ShareGen, Reconstruct)为一个(τ_1, τ_2, ρ)- Ramp 方案，则 Ramp-MPoR 是一个具有如下属性的 MPoR 系统。

(1) 隐私性。Ramp-MPoR 是 τ_1 -隐私的。

(2) 安全性。Ramp-MPoR 是$(\eta, 0, \tau_2, \rho)$-门限安全的，其中 $\eta=1-\tilde{d}/2\gamma$。

Ramp-MPoR 方案构造如下：

(1) 输入：Verifier 得到消息 m 作为输入，令 Prover_1, …, Prover_ρ 是 ρ 个证明者的集合。

(2) 初始化阶段：Verifier 执行如下步骤来存储消息(即文件)。

① Verifier 选择一个单服务器 PoR 系统 Π 和一个(τ_1, τ_2, ρ)- Ramp 方案 Ramp=(ShareGen, Reconstruct)。

② Verifier 通过调用 Ramp 方案的 ShareGen 算法计算消息的 ρ 个份额，$(m_1, \cdots, m_\rho) \leftarrow$ ShareGen(m)。

③ Verifier 运行 ρ 个 Π 的独立副本，然后对应每个 $1 \leqslant i \leqslant \rho$ 生成编码后的份额 $M_i = e(m_j) \in M$。

④ Verifier 将 M_i 存储在 Prover_i 上。

(3) 挑战阶段：Verifier 挑选一个证明者 Prover_i，并与其执行 Π 的挑战-响应协议。

上述属性分析如下：

(1) 隐私性：Ramp-MPoR 的隐私可以直接规约到底层 Ramp 方案的隐私属性上。

(2) 安全性：对于安全性，需要证明至少有 t 个证明者以至少 $\eta = 1 - \tilde{d}/2\gamma$ 的概率让提取算法 Extractor 成功输出一个消息 $\hat{m} = m$。Extractor 的描述如下：

① Extractor 选择 τ_2 个证明者并在每个证明者上运行底层单服务器 PoR 的提取算法。最后，对应于证明者 Prover_{i_j}，输出 $\hat{M}_{i_j}$。定义集合 $S = \{\hat{M}_{i_j}, \cdots, \hat{M}_{i_{\tau_2}}\}$。

② Extractor 基于 S 调用底层 Ramp 方案的 Reconstruct 算法，并输出重构结果。

注意：Verifier 独立地与每个 Π 交互。我们从底层单服务器 PoR 方案的安全性知道，只要 $\text{succ}(P_j) \geqslant \eta$ 成立，则必有一个提取器总是输出编码的消息。因此，如果所有选择的 τ_2 个证明算法至少以 η 概率成功，那么集合 S 就有至少 τ_2 个正确的份额。基于 Reconstruct 算法的正确性可以看出，Extractor 最后的输出将是消息 m。

3) 平均情况的安全 MPoR 方案

一般来说，不可能确定地验证证明算法的成功概率是否高于某个阈值。因此，在这种情况下，不清楚 Extractor 如何知道将使用哪些证明算法进行提取。下面分析基于副本代码的方案，即 Rep-MPoR 的平均情况安全属性。

令 Π 是一个单服务器 PoR，其响应代码的汉明距离为 $\tilde{d}$，挑战空间大小为 γ。Rep-MPoR 定义如下：

(1) 输入：Verifier 获取消息 m 作为输入，令 $\text{Prover}_1, \cdots, \text{prover}_\rho$ 是 ρ 个证明者的集合。

(2) 初始化阶段：Verifier 将执行以下步骤来存储消息。

① Verifier 选择一个单服务器 PoR 系统 Π。

② 使用 Π 的编码方案，Verifier 为 $1 \leqslant i \leqslant n$ 生成编码消息 $M = e(m) \in M$。

③ 对于 $1 \leqslant i \leqslant n$，Verifier 将消息 M 存储在所有的 Prover_i 上。

(3) 挑战阶段：Verifier 在每台服务器上独立运行 Π 的挑战-响应协议。

Rep-MPoR 是一个具有以下属性的 MPoR 系统：

(1) 隐私性：Rep-MPoR 是 0-隐私的。

(2) 安全性：Rep-MPoR 是 $(1 - \tilde{d}/2\gamma, 0, \rho)$-平均安全的。

证明： 由于消息全部存储在每个服务器上，因此没有隐私性。

为了保证安全性，我们需要证明存在一个提取算法 Extractor，如果其平均成功概率至少为 $\eta = 1 - \tilde{d}/2\gamma$，则输出消息 $\tilde{m} = m$。

Extractor 描述如下：

(1) 对于所有的 $1 \leqslant i \leqslant n$，使用 P_i 计算向量 $\boldsymbol{R}_i=(r_c^{(i)}: c \in \Gamma)$，其中，对于所有 $c \in \Gamma$，$r_c^{(i)}=P_i(c)$ 成立(即对于每个 c，$r_c^{(i)}$ 是 P_i 在给予挑战 c 时计算出的响应)。

(2) 计算 R 作为 $R_1, \cdots, R_\rho$ 的连接，找到 $\hat{M}:=(\hat{M}_1, \cdots, \hat{M}_\rho)$ 满足 $\operatorname{dist}(R, r^{\hat{M}})$ 最小。

(3) 计算 $m=e^{-1}(\hat{M})$。

注意到，Verifier 独立地与每个 Prover_i 交互，Extractor 基于独立的挑战运行挑战响应协议。令 $\eta_1, \cdots, \eta_\rho$ 为 ρ 个证明算法成功的概率。令 $\bar{\eta}$ 为在所有服务器和挑战之上的平均成功概率。因此，$\bar{\eta}=\rho^{-1}\sum_{i=1}^{\rho}\eta_i$。

在方案构造中的响应代码形式如下：

$$\left\{\underbrace{(r, r, \cdots, r)}_{\rho}: r \in R\right\}$$

不难看出响应代码的距离为 $\rho\tilde{d}$，一个挑战的长度是 $\rho\gamma$。从提取算法的定义可知，提取成功的条件是：

$$\frac{\eta_1+\cdots+\eta_\rho}{\rho}=\bar{\eta} \geqslant 1-\frac{\tilde{d}}{2\gamma}$$

证毕。

3.4.4　多副本的 PDP——MR-PDP

许多存储系统依靠多副本来提高不受信任存储系统上数据的可用性和持久性。然而，目前这种存储系统并没有提供有力的证据证明它们真实地存储着数据的多个副本。存储服务器可以相互串通，使其看起来像是在存储数据的多个副本，而实际上它们只存储了一个副本。一些研究通过可证明多副本数据拥有(MR-PDP)来解决这个问题。

Curtmola 等人提出的 MR-PDP 是一个可证明安全的多副本 PDP 方案，允许客户端在云存储系统中存储文件的 t 个副本，并通过挑战-响应协议来验证：

(1) 在挑战时，云存储可以生成数据唯一副本。

(2) 云存储系统使用了存储单个副本所需的 t 倍存储空间。

MR-PDP 不是简单地重复 t 个单副本的 PDP。MR-PDP 还有一个优点，即当某些副本出现损坏时，它可以以很低的成本按需生成新的副本。

1. 方案概述

MR-PDP 方案允许客户端安全地存储多个唯一的副本，为任意数量的副本使用常数大小的元数据，并且可以动态创建新的副本，而无须重新处理原始文件。此外，可以同时检查多个副本，检查 t 个副本的成本要远远小于检查单个副本成本的 t 倍。

2. 系统模型

MR-PDP 方案包括五个算法和三个阶段。

1) 五个算法

五个算法包括(KeyGen，ReplicaGen，TagBlock，GenProff，CheckProof)。KeyGen 是由客户端运行以初始化方案的密钥生成算法。客户端使用 ReplicaGen 来生成文件 F 的副本。TagBlock 由客户端运行以生成文件块的验证标签。GenProof 由服务器运行，而 CheckProof 由客户端运行，以便分别生成和验证数据拥有证明。

2）三个阶段

（1）Setup 阶段：客户端通过执行 KeyGen 算法生成密钥，使用 ReplicaGen 算法来生成文件 F 的 t 个副本，并通过使用 TagBlock 算法来生成这些副本的验证标签，从而预处理文件。然后，客户端将副本和验证标签存储在服务器上，仅保存将在 Challenge 阶段要使用的少量不变的信息。最后，客户端可以从其本地存储中删除该文件、文件副本和验证标签。

（2）Challenge 阶段：客户可以执行单个挑战或完整挑战。对于单个挑战，客户端与特定的服务器 S_u 交互，并确定 S_u 在挑战时是否拥有副本 F_u。一个完整的挑战包括 t 个单个挑战。可以并行执行，即对于 $1 \leqslant u \leqslant t$，客户端挑战服务器 S_u 证明其拥有副本 F_u。客户端运行挑战协议的次数没有限制。

（3）Replicate 阶段：允许客户端执行副本维护，即客户端可以使用副本生成算法动态创建新的副本，每当检测到副本损坏（某些服务器无法证明拥有副本）时，可使用 ReplicaGen 以维护所需的副本个数。

3. 具体方案

客户端 C 有一个文件 F，被视为 n 个块的有限有序集合，即 $F=(f_1, f_2, \cdots, f_n)$，其中每个文件块都有 βbit。客户端希望生成和存储文件 $F_1, \cdots, F_t$ 的 t 个副本，并且分配到 t 个服务器 $S_1, \cdots, S_t$。

MR-PDP 方案设计如下：

在 Setup 阶段，客户端会预处理要存储的文件。客户端首先将原始文件 F 加密为 $\widetilde{F}$，然后使用 $\widetilde{F}$ 生成一组验证标签（每个文件块有一个标签）。客户端使用加密文件 $\widetilde{F}$ 也生成 t 个不同的文件副本，其中每个副本 F_u 是通过用随机值 R_u（特别为该副本生成）掩盖 $\widetilde{F}$ 块来获得的。然后，客户端在每个服务器 S_u 上存储一个副本 F_u 和一组验证标签。注意，客户端会生成一组验证标签，独立于 Setup 期间或之后 Replicate 期间最初创建的副本数。

在 Challenge 阶段，客户挑战 S_u 去证明拥有副本的子集。通过对每个挑战中的随机子集进行采样，客户端可以确保：

（1）服务器不能重用以前挑战生成的证明。

（2）服务器的开销依赖于采样的块数（通常是一个小数目）。

（3）数据拥有证明保留整个副本 F_u。服务器 S_u 根据客户的挑战计算拥有证明，存储复制品 F_u，以及验证标签的集合。客户根据随机值 R_u（使用其密钥重新计算）、挑战拥有证明，检查从 S_u 处收到的证明的有效性。

在 Replicate 阶段，客户端以在 Setup 阶段创建副本的方式创建新副本 F_j，即它用随机值 R_j 掩码加密的文件 $\widetilde{F}$。

4. 安全性分析

如果客户端返回的拥有证明 $V==(T, \rho)$ 已经被正确地计算出来，那么 T 和 ρ 应该满足：$T=(h_{i_1}, \cdots, h_{i_c} \cdot g^{b_{\text{chal}}})^d$，$\rho=g^{m_{\text{chal}}}$。客户通过检查 T 和 ρ 之间的关系是否成立，即

$\left(\frac{T^c}{h_{i_1}, \cdots, h_{i_c}} \cdot g^{r_{\text{chal}}}\right)^s$ 是否等于 ρ 来验证证明的有效性。这种检查的正确性来自 $(g^{m}_{\text{chal}})^s$ 和 $(g^s)^{m_{\text{chal}}}$ 中指数的可交换性。此检查直观上是客户端可以“重新生成”随机值 $r_{u,i}$(用于从加密文件 $\widetilde{F}$ 生成副本 F_u)，然后将它们与指数中的加密文件 $\widetilde{F}$ 块组合，以便验证它们是否与副本块匹配(服务器用于计算证明中的值 ρ)。该方案构造的代数属性允许客户端不从服务器中检索副本块的情况下执行此检查。

本章参考文献

[1] WANG C，WANG Q，REN K，et al. Privacy-preserving Public Auditing for Data Storage Security in Cloud Computing [C]. In Proc. of the 29th IEEE Conference on Computer Communications(INFOCOM'10)，San Diego，California，USA，2010：525－533.

[2] XU C X，HE X H，ABRAHA-WELDEMARIAM D. Cryptoanalysis of Wang's Auditing Protocol for Data Storage Security in Cloud Computing [C]. In Proc. of the 3rd International Conference on Information Computing and Applications (ICICA'12)，Part Ⅱ，Chengde，China，CCIS，2012，308：422－428.

[3] WANG Q，WANG C，REN K，et al. Enabling Public Auditability and Data Dynamics for Storage Security in Cloud Computing[J]. IEEE Transactions on Parallel and Distributed Systems，2011，22(5)：847－859.

[4] WANG C，CHOW SHERMAN S M，WANG Q，et al. Privacy-preserving Public Auditing for Secure Cloud Storage[J]. IEEE Transactions on Computers，2013，62(2)：362－375.

[5] ZHU Y，HU H X，AHNGAIL J，et al. Cooperative Provable Data Possession for Integrity Verification in Multicloud Storage[J]. IEEE Transactions on Parallel and Distributed Systems，2012，23(12)：2231－2244.

[6] YANG K，JIA X H. An Efficient and Secure Dynamic Auditing Protocol for Data Storage in Cloud Computing[J]. IEEE Transactions on Parallel and Distributed Systems，2013，24(9)：1717－1726.

[7] HE K，HUANG C H，WANG J H，et al. An Efficient Public Batch Auditing Protocol for Data Security in Multi-Cloud Storage[C]. In Proc. of the 2013 8th ChinaGrid Annual Conference(ChinaGrid'13)，Changchun，China，2013：51－56.

[8] WEI L F，ZHU H J，CAO Z F，et al. Security and Privacy for Storage and Computation in Cloud Computing[J]. Information Sciences，2014，258：371－386.

[9] YU Y，ZHANG Y F，MU Y，et al. Provably Secure Identity Based Provable Data Possession：proceeding of International Conference on Provable Security，Kanazawa，Japan，November 24－26，2015[C]// ProvSec 2015：Provable Security. Cham：Springer，2015：310－325.

[10] YU Y, MAN H A, ATENIESE G, et al. Identity-Based Remote Data Integrity Checking With Perfect Data Privacy Preserving for Cloud Storage[J]. IEEE Transactions on Information Forensics and Security, 2017, 12(4): 767 - 778.

[11] ATENIESE G, BURNS R, CURTMOLA R, et al. Remote Data Checking Using Provable Data Possession [J]. ACM Transactions on Information and System Security, 2011, 14(1): 1 - 34.

[12] ATENEIESE G, DI PIETROR, MANCINIL V, et al. Scalable and Efficient Provable Data Possession: proceedings of the 4th International Conference On Security on Privacy for communication Networks, Istanbul, Turkey, September 22 - 25, 2008[C]. New York: ACM, 2008: 1 - 10.

[13] JUELS A, KALISKI B S. PORS: Proofs of Retrievability for Large Files: proceedings of the 14th ACM Conference on Computer and Communications Security, New York, USA, October 29 - November 2, 2007[C]. New York: ACM 2007: 584 - 597. https://doi.org101145/1315245.1315317.

[14] SHACHAN H, WATERS B. Compact Proofs of Retrievability[J]. Journal of Cryptology, 2013, 26(3): 442 - 483. https://doi.org/10.1007/s00145 - 012 - 9129 - 2.

[15] PATERSON M B, STINSON D R, UPADHYAY J. Multi-prover proof of retrievability [J]. Journal of Mathematical Cryptology, 2018, 12(4): 203 - 220. https://doi.org/10.1515/jmc - 2018 - 0012.

[16] CURTMOLA R, KHAN O, BURNS R, et al. MR-PDP: Multiple-Replica Provable Data Possession[C]//IEEE. 2008 The 28th International Conference on Distributed Computing Systems. [S.I.]: IEEE, 2008: 411 - 420.

第 4 章　标准模型安全的云数据审计协议

4.1　研 究 背 景

云数据审计协议具有重要的应用价值，该类型协议允许在不下载所有存储数据的情况下保证审计数据的完整性。现有的研究提出了大量有意义的审计方案，涵盖了包括支持动态更新、针对诚实但好奇验证者的隐私保护、多副本、去重、可公开审计等在内的一系列有意义的属性，还拓展到了如多云存储、多证明者、基于身份的 PDP、密钥更新、可证明的数据传输和删除等不同的场景。

本章将给出标准模型安全的云数据审计协议的完整性审计协议方案，并分析其安全性和效率。

4.1.1　研究动机

Erway 等人在 2009 年 CCS 会议上的论文中首次提出了支持数据动态更新、标准模型下的两种 PDP 方案，即 DPDP Ⅰ 和 DPDP Ⅱ。但是这些协议不满足可公开验证属性，也不能提供紧的可恢复性证明。据我们所知，在支持可公开验证和数据动态更新的背景下，所有已知的可恢复性证明(PoR)要么依赖于随机谕言机，要么构造在需要非标准假设的标准模型上。考虑到这一点，本章的研究动机在于同时实现上述所有这些需求，即构造仅依赖于标准假设的、标准模型下的、支持公开验证和数据更新的可恢复性证明协议。

4.1.2　研究技术路线

本节将从随机谕言机到标准模型的改造、线性同态签名、线性同态签名的不足、可验证数据结构以及如何实现数据的动态更新等五个方面概述本章所提方案的技术路线，并总结本章提出方案的主要贡献。

1. 从随机谕言机到标准模型的改造

为了在标准假设、标准模型下实现 PoR 的构造，我们首先仔细研究了 Shacham 和 Waters 提出的经典 PoR 协议。其中，对于每个文件块 i，同态认证子(Homomorphic Authenticator)构造为 $\sigma_i = H(\text{name} \| i)\prod_{j=1}^{s} u_i^{ij}$，其中 $\prod_{j=1}^{s} u_i^{ij}$ 是一种同态哈希。同态认证子中的 $H(\text{name} \| i)$ 用以将证明者生成的证明与文件块进行绑定。为了安全证明考虑，H 建模为输出可编程的随机谕言机。直观上，如果我们想要在标准模型下构造一个 PoR，就需要在不使用随机谕言机的情况下对文件块进行哈希，并将文件块与哈希值绑定去生成一个满足同态属性的认证子。此外，Shacham 和 Waters 的 PoR 也满足另外一个重要要求，即验证者是无状态的，验证者不保存关于文件的任何信息。为了实现这一点，PoR 利用了一

个签名方案来验证证明者存储的文件标签。因此，在我们提出的方案中，还需要使用一个在标准模型中构造的、安全性已被证明的签名方案。

2. 线性同态签名

Ateniese 等人提出了一种利用满足特定同态属性的任意身份鉴别协议构造公钥同态线性认证子(HLA)的一般方法。类似地，我们找到了另一种方法来构造支持公开验证的 PoR。其关键思想是采用了一类密码学原语——线性同态签名(Linear Homomorphic Signatures，LHS)，此类密码学原语支持对可验证数据进行公开计算。在 TCC 2012 中，Ahn 等人首先定义了同态签名的框架和安全概念。对于一个谓词 P，给定在消息集合 M 上的签名，一个 P -同态的签名可以公开地派生出任意消息 m' 的一个签名，并满足 $P(M, m')=1$。我们发现，利用 Attrapadung 等人提出的弱上下文隐藏版本的线性同态签名方案，可以在标准模型下为 PoR 构造一个 HLA。

3. 线性同态签名的不足

为了用 LHS 方案构造 PoR 中的 HLA，可以将 LHS 的消息作为 PoR 中的文件块，将 LHS 消息的标签作为 PoR 中的文件标识符。在这种情况下，可以使用消息 m' 上生成的签名作为证明者的证明，因为消息 m' 等于被挑战文件块的线性组合(将文件块编码为向量)。但是，为了使签名在文件中的不同消息上兼容，Attrapadung 给出的 LHS 方案需要为文件中的每个消息使用相同文件标识符的哈希值 H_G(Fname)。这使得在为 PoR 构造 HLA 时，直接使用这种 LHS 是达不到要求的。由于 H_G(Fname)不包含文件块的编号，因此我们无法验证证明者是否使用了那些应该被证明者使用的文件块。如果这样的话，证明者就可以容易地执行替换攻击(Substitution Attacks)，也就是说，证明者可以只保留几个文件块并删除其余的文件块，同时只保留签名。显然，使用这些文件块和所有的签名，证明者可以欺骗验证者。LHS 的这种不足使得我们不得不利用某种可验证数据结构(Authenticated Data Structures，ADS)来进一步达到设计要求，这种结构可以将生成的文件块和证明实际使用的文件块进行绑定。

4. 可验证数据结构

可验证数据结构(Authenticated Data Structure，ADS)是一种计算模型，在此模型中，不可信的响应者回答来自用户关于数据结构的询问，并提供对于回答的正确性证明。几种不同的 ADS 包括默克尔哈希树(MHT)，可验证跳表(Authenticated Skip Lists)等，用以实现 PoR 的动态数据更新。我们采用了 Wang 等人提出的顺序默克尔哈希树，其目的有两个。第一个目的是弥补 LHS 在构造 HLA 时的不足，即需要该 MHT 审计证明中计算所涉及的文件块是否被正确使用。直观上，在可公开验证场景下使用 MHT 时，验证者需要利用文件块本身以及 MHT 的辅助身份验证信息(Auxiliary Authentication Information，AAI)来验证数据结构。这与 PoR 的基本要求是相矛盾的，因为 PoR 要求验证者必须是无状态的，并且不能访问原始数据文件。因此，我们的方案需要同时满足两个需求：

(1) 证明要绑定的文件块。

(2) 不访问(即下载)文件本身。

满足这两个需求的关键思想是我们使用 MHT 来验证用于生成第 i 个文件块签名的随机数 r_i 是否合法。事实上，当用户生成文件块 i 的签名时，随机数 r_i 恰好绑定了该文件块，这使得我们可以用最低的计算和通信成本来实现目标。

5. 数据的动态更新

使用顺序默克尔哈希树的另一个目的在于，我们可以在不修改方案构造的情况下支持动态数据更新。顺序默克尔哈希树将叶子节点视为从左到右的有序序列，所以任何叶子节点都可以通过遍历这个序列和计算 MHT 根节点的方式唯一确定。因此我们的方案支持可证明的数据修改、插入和删除。

6. 本章提出方案的贡献

基于上述研究动机和研究技术路线，本章提出了首个在标准模型中构造的、标准假设下的可恢复性证明方案。这里用 SPoR 代表我们提出的方案。方案的构造基于线性同态签名和顺序默克尔哈希树。总结如下：

(1) 据我们所知，这是第一个满足可公开验证并支持数据更新的 PoR 构造，其安全性在标准模型、标准假设下得到证明。

(2) 我们的研究本质上给出了一种关于 PoR 协议，利用线性同态签名和默克尔哈希树构造同态线性认证子的新方法。若使用其他类似的可验证数据结构替代默克尔哈希树，我们的方法同样可以成立。

4.2 定义和安全模型

4.2.1 系统模型

一个典型的支持公开验证的可恢复性证明协议主要包含三个实体：用户、云存储服务器(CSS)和第三方审计者(Third-Party Auditor，TPA)。如图 4.1 所示，用户是个人消费者或者组织，都是在云服务器中存储大量数据文件的实体；云存储服务器拥有巨大的存储空间和强大的计算资源，可提供存储服务，并根据规定向云用户收取存储费用；第三方审计者拥有用户所不具备的专业知识和能力，并且可以根据要求代表用户审计云数据的完整性。

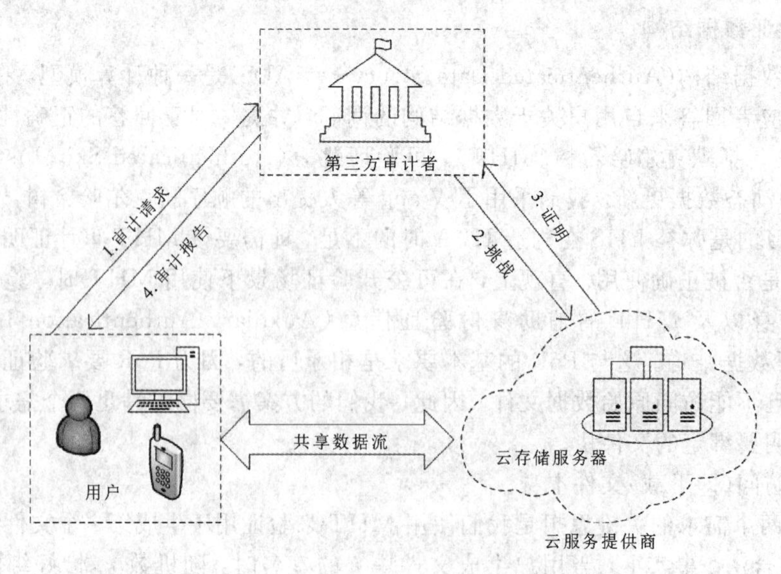

图 4.1 公开验证可恢复性证明协议系统模型

在数据外包应用范式中，用户的计算和存储资源比 CSS 少。用户喜欢将大文件上传到 CSS 并删除文件的本地副本以节省本地资源。CSS 由云服务提供商管理。然而，为了自己的权益，云服务提供商完全有动机全部或部分地删除用户的文件，并试图欺骗审计者。由于用户不在本地存储文件，因此有必要使用某种机制来检验保存在 CSS 中文件的完整性。用户将审计任务委托给 TPA，然后 TPA 向用户返回审计报告。本章我们假设 TPA 是可信的，可以根据请求代表用户审计 CSS 的服务。然而在现实中，TPA 可能会对用户文件的信息感到好奇。在此我们强调，本章不考虑 TPA 侵犯数据隐私。我们假设，基于法规和利益动机，CSS 没有向 TPA 泄露托管数据隐私的动机。

4.2.2　系统组件

一个可公开验证的 SPoR 协议由以下四个算法组成：SPoR. Setup、SPoR. Store、SPoR. $\mathcal{V}$ 以及 SPoR. $\mathcal{P}$，这些算法定义如下：

SPoR. Setup(λ, s)是一个随机化算法，输入为一个安全参数 $\lambda \in \mathbf{N}$ 和一个整数 $s \in \text{poly}(\lambda)$，$s$ 是文件块分区的个数。该算法输出一个公私密钥对(pk，sk)。

SPoR. Store(sk，F)是一个由用户调用的、执行文件存储操作的随机化算法。输入一个私钥 sk 和一个需要存储的文件 $F \in \{0, 1\}^*$ 后，该算法处理 F 以产生需要存储在服务器上的文件 F'，输出一个包含被存储文件名和其他文件信息的标签 τ。这个算法还输出在私钥 sk 下加密的其他附加保密信息。

SPoR. $\mathcal{V}$和 SPoR. $\mathcal{P}$这两个随机化算法将进行交互，用以在验证者$\mathcal{V}$和 CSS 即证明者$\mathcal{P}$之间执行一个证明协议。在协议的开始，两种算法都输入公钥 pk 和由 SPoR. Store 生成的文件标识 τ，证明者执行 SPoR. $\mathcal{P}$，同时输入由 SPoR. Store 生成的被处理过的文件 F'。验证算法 SPoR. $\mathcal{V}$输入私钥 sk。协议完成后验证程序 SPoR. $\mathcal{V}$输出 1 或 0，其中 1 代表文件被 CSS 正确存储。我们将运行算法的两台机器表示为$\{0, 1\} \leftarrow (\text{SPoR}. \mathcal{V}(\text{pk}, \text{sk}, \tau) \leftrightarrows \text{SPoR}. \mathcal{P}(\text{pk}, F', \tau))$。

4.2.3　安全模型

一个支持公开验证的 SPoR 协议需要满足正确性需求。正确性意味着对于所有的密钥对(pk，sk)$\leftarrow$SPoR. Setup，对于任意的文件 $F \in \{0, 1\}^*$ 和所有的$(F', \tau) \leftarrow$SPoR. Store(sk，F)，验证者的结果是可以被接受的，且当验证者与合法的证明者交互时满足：

$$(\text{SPoR}. \mathcal{V}(\text{pk}, \text{sk}, \tau) \leftrightarrows \text{SPoR}. \mathcal{P}(\text{pk}, F', \tau)) = 1 \tag{4.1}$$

在数据外包的应用场景下，有几个因素可能导致数据丢失或损坏，如频繁地访问数据导致磁盘的损坏，管理员操作失误导致数据意外删除，以及外部对手的非法访问和破坏数据。然而，最强大和最主动的对手正是云服务提供商自己。可公开验证的 SPoR 协议应该是可靠的。我们遵循 Shacham 和 Waters 的研究思想，定义如下敌手$\mathcal{A}$和外部环境之间的游戏，用来刻画协议的可靠性。

(1) Setup(初始化)环境。运行 Setup 算法生成公私钥对(pk，sk)，将 pk 转发给敌手，将 sk 保密。

(2) Store queries(存储询问)。敌手可以与外部环境进行交互，它可以询问存储谕言机。每次询问，它提交一个文件 F；外部环境计算$(F', \tau) \leftarrow$Store(pk，sk，F)，然后将 F'

和 τ 返回给敌手$\mathcal{A}$。

(3) Prove(证明)。对于每一个文件 F，执行一次存储询问，并指定文件标签为 τ。在协议执行过程中，环境建立者扮演验证者，敌手$\mathcal{A}$则是证明者，也就是$\mathcal{V}(\mathrm{pk}, \mathrm{sk}, \tau) \leftrightarrows \mathcal{A}$。当协议执行完成时，敌手$\mathcal{A}$可以得到$\mathcal{V}$的输出。

(4) Output(输出)。最终，敌手输出一个通过存储询问得到的挑战标签 τ 和一个关于证明者$\mathcal{P}'$的描述。

如果正确回答的验证挑战占比为 ε，即如果 $\Pr[(\mathcal{V}(\mathrm{pk}, \mathrm{sk}, \tau) \leftrightarrows \mathcal{P}') = 1] \geqslant \varepsilon$，则我们说，欺骗证明者$\mathcal{P}'$是 ε - admissible 的。这里的概率依赖于验证者和证明者所使用的随机数。令文件 F 是存储询问的输入，返回的文件标签是 τ(连同 F 的处理后版本 F')。

定义 4.2.1 对于一个可恢复性证明协议，如果存在一个提取算法 Extr，满足如下条件：对于所有敌手$\mathcal{A}$，$\mathcal{A}$执行可靠性游戏并且最终能够输出一个关于文件标签 τ' 的、ε - admissible 的欺骗证明者$\mathcal{P}'$，则称该可恢复性证明协议是 ε -可靠的。Extr 除可忽略的概率外，可利用$\mathcal{P}'$恢复文件 F，即 $\mathrm{Extr}(\mathrm{pk}, \tau, \mathcal{P}') = F$。

4.3 预备知识

4.3.1 密码学假设

1. 双线性映射

双线性映射是指一个映射：$\hat{e}: G \times G \to G_T$，其中 G 是一个 Gap Diffie-Hellman(GDH)群，G_T 是阶为素数 p 的循环乘法群，有如下性质：

可计算性：对于计算 $\hat{e}$，存在有效的计算算法。

双线性：对于所有的 $g_1, g_2 \in G$，$a, b \in Z_p$，有 $\hat{e}(g_1^a, g_2^b) = \hat{e}(g_1, g_2)^{ab}$。

非退化性：$\hat{e}(g, g) \neq 1$ 成立，其中 g 是 G 的一个生成元。

2. CDH 问题

在标准模型中，PoR 方案的安全性将规约到计算性 Diffie-Hellman 问题(CDH 问题)上。

定义 4.3.1 计算性 Diffie-Hellman 问题。

给定一个素数 p 阶群 G，其中生成元为 g，给定群元素 g^a，$g^b \in G$，此处 a 和 b 从 Z_p^* 中随机均匀地选择。群 G 中的 CDH 问题是计算 g^{ab}。

4.3.2 Waters 签名

令 G 为一个阶为素数 p 的群，存在一个有效可计算的、目标为 G_T 的双线性映射。另外，使用 $\hat{e}: G \times G \to G_T$ 表示双线性映射，g 是 G 的生成元。使用一个抗碰撞哈希函数 $H: \{0, 1\}^* \to \{0, 1\}^L$ 支持为任意长度的消息进行签名。Waters 签名 SSig 定义如下：

SSig. Setup(λ)：输出一个公钥 pk，包含一个向量$(g_0, g_1, \cdots, g_L) \in G^{L+1}$ 和群元素$(g, g^\alpha, v) \in G^3$。输出私钥 $\mathrm{sk} = \alpha \leftarrow Z_p$。

SSig. Sign(M, sk)：M 是一个 L - bit 的待签名消息串，M_i 是 M 中的第 i 个比特，$\mathcal{M}\subseteq\{1, \cdots, L\}$是所有 $M_i=1$ 的 i 的集合。随机选择一个整数 $r\overset{R}{\leftarrow}Z_p$，$M$ 的一个签名计算如下：

$$\sigma=\left(v^{\alpha}\left(g_0\prod_{i\in\mathcal{M}}g_i\right)^r,\ g^r\right) \tag{4.2}$$

SSig. Verfify(M, pk, σ)：假设我们要验证 $\sigma=(\sigma_1, \sigma_2)$是否是 M 的一个合法签名，则需要验证如下等式是否成立：

$$\frac{\hat{e}(\sigma_1,\ g)}{\hat{e}\left(\sigma_2,\ g_0\prod_{i\in\mathcal{M}}g_i\right)}=\hat{e}(g^{\alpha},\ v) \tag{4.3}$$

4.3.3 默克尔哈希树

默克尔哈希树(MHT)是一个可验证的满二叉树，数据存储在叶子节点而非内部节点中。MHT 拥有很好的属性，它可以高效、安全地证明一组元素是未损坏且未被修改的。如图 4.2 所示，在顺序默克尔哈希树中，为了验证 $X_1\sim X_8$ 的存储情况，证明者维护了一个MHT，并将其叶子节点赋值为 X_i，h_i，$i=1,\cdots, 8$，其中 $h_i=h(X_i)$，h 是一个抗碰撞哈希函数。每个内部节点被赋值一个由它的两个子节点哈希的哈希值，如 $h_c=h(h_1\parallel h_2)$，$h_a=h(h_c\parallel h_d)$。自下而上，根节点最终计算为 $R=h(h_a\parallel h_b)$。同时，验证者只需要维护一个根的摘要(在我们的构造中是根的一个签名)即可。

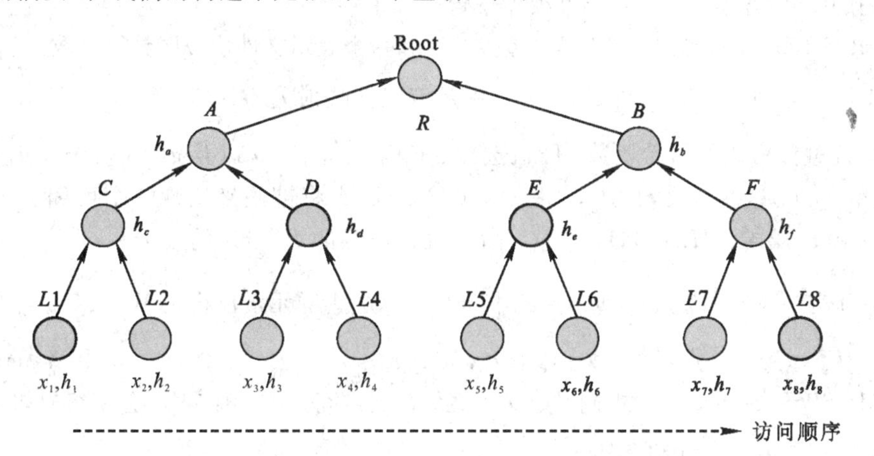

图 4.2　顺序默克尔哈希树的结构

当验证者发起一个询问，如$\{X_2, X_7\}$来获取数据时，证明者会生成一个证明去让验证者相信整个数据是存储完好的。为此，证明者提供数据 X_2 和 X_7 以及辅助验证信息(Auxiliary Authentication Information, AAI)$\Omega_2=\langle h_1, h_d\rangle$和 $\Omega_7\langle h_8, h_e\rangle$。证明者可以验证 X_2 和 X_7，通过验证：$h_2=h(X_2)$、$h_7=h(X_7)$、$h_c=h(h_1\parallel h_2)$、$h_f=h(h_7\parallel h_8)$、$h_a=h(h_c\parallel h_d)$、$h_b=h(h_e\parallel h_f)$，并且最终验证重构的根节点 R 是否可信。因为 MHT 有这样的性质，所以我们使用它来验证文件块的部分签名，这样可以将 CSS 声称的文件块与其用于生成证明的文件块成功绑定。

4.4　方案构造

4.4.1　关键思路

在本节中，我们将给出在标准模型下的 PoR 的构造。从宏观上看，我们所提出的 PoR 与 Shacham 和 Waters 提出的经典 PoR 方案类似。我们同样假设用户使用 Reed-Solomon 编码将原始文件 F 编码为 F'，然后将 F' 分成 n 块，每个块又划分为 s 个区。我们利用了线性同态签名，该方案在 Attrapadung 等人提出的标准模型中被证明是安全的。我们将它应用在 SPoR. Store 中，对文件块的分区进行签名。为了在标准模型中实现我们的方案，每个签名被扩展为一个三元组，包含两个群元素和一个标量。在协议的后半部分，云存储服务器将使用这些签名调用 SPoR. $\mathcal{P}$算法去计算一个派生签名以证明验证者发起的挑战的文件块是完好无损的。该底层签名方案的线性同态属性是我们构造 PoR 的关键。验证者将会验证证明在挑战集 Q 上是否能够通过。我们也需要使用默克尔哈希树来绑定验证者在生成证明时所挑战的文件块。为此，用户需要为签名维护一个哈希值的 MHT，并且验证者也需要做一些额外的工作来保证云存储服务器维护着一个同样的 MHT。

4.4.2　方案描述

我们的 PoR 方案 SPoR 在标准模型中定义如下：

SPoR. Setup(λ, s)给定一个安全参数 $\lambda \in \mathbf{N}$ 和一个表示文件块分区数的整数 $s \in \text{poly}(\lambda)$。选择两个阶为素数 $p > 2^{\lambda}$ 的群 G 和 G_T，满足双线性映射 $\hat{e}: G \times G \to G_T$。$H$ 是构建默克尔哈希树的抗碰撞密码学哈希函数。随机选择 $\alpha \xleftarrow{R} Z_p$、$g$，$\nu \xleftarrow{R} G$ 以及 g_0，g_1，…，$g_L \xleftarrow{R} G$，其中 $L \in \text{poly}(\lambda)$。这些群元素($g_0$，$g_1$，…，$g_L$)$\in G^{L+1}$ 将被用来实现一个可编程的哈希函数，即 Waters 哈希：$H_G: \{0,1\}^L \to G$，满足对于任意的 L-bit 的串 $m = m[1] \cdots m[L] \in \{0,1\}^L$，都有一个哈希值 $H_G(m) = g_0 \prod_{i=1}^{L} g_i^{m[i]}$。这些群元素也将在 Waters 签名方案 SSig 中使用，为了做到这一点，令 spk=(g，g^{α}，v，$\{g_i\}_{i=0}^{L}$)为公钥，令 ssk$=\alpha$ 为 Waters 签名方案的私钥。SPoR. Setup(λ, s)也同时定义了文件命名空间$\mathcal{F}:=\{0, 1\}^L$。公钥组成如下：

$$\text{pk} := (G, G_T, \hat{e}, g, g^{\alpha}, v, H, \{g_i\}_{i=0}^{L}) \tag{4.4}$$

私钥是 sk$:=\alpha$。

备注：因为我们的构造基于线性同态签名方案，而线性同态签名方案又是基于 Waters 签名方案构造的，所以通过用 Waters 签名对文件标签进行签名，我们的构造可以让 Waters 签名和 SPoR 方案共享密钥对，从而减少公钥的长度。

当用户想要将文件 F 存储在云上时，SPoR. Store(sk，F)需要执行以下步骤：

· 给定一个文件 F，首先执行 R-S 编码将其转化为 F'。

· 将文件 F'分为 n 个块，每个块分为 s 个分区。文件可形式化描述为：$F' = \{m_{ij}\}$，其中 $1 \leqslant i \leqslant n$，$1 \leqslant j \leqslant s$。

· 通过执行 Fname$\xrightarrow{R}\mathcal{F}$为 F'指定一个文件名为 Fname，然后随机选择 s 个群元素

$u_i \xrightarrow{R} G$，其中 $i=1$，…，s。

· 令 $\tau_0=\text{Fname} \parallel n \parallel u_1 \parallel \cdots \parallel u_s$，并将其视为一个消息，然后通过调用 SSig. Sign 算法用 ssk 签名，生成它的签名 $\text{SSig}_{\text{ssk}}(\tau_0)$。令 $\tau=\tau_0 \parallel \text{SSig}_{\text{ssk}}(\tau_0)$为文件标签。

· 对于每个文件块 i，$1 \leqslant i \leqslant n$，算法随机选择 r_i，$t_i \xleftarrow{R} Z_p$，并使用私钥 α 去计算一个签名 $\sigma_i=(\sigma_{i,1}, \sigma_{i,2}, t_i) \in G^2 \times Z_p$，其中：

$$\sigma_{i,1}=H_G(\text{Fname})^{r_i} \cdot \left(v^{t_i} \cdot \prod_{j=1}^{s} u_j^{m_{ij}}\right)^{\alpha} \tag{4.5}$$

$$\sigma_{i,2}=g^{r_t} \tag{4.6}$$

且令 $\sigma=\{\sigma_i\}, 1 \leqslant i \leqslant n$。

· 构造一个默克尔哈希树，其根节点为 R 且每个叶子节点 i 对应一个文件块，存储 $\sigma_{i,2}$ 的哈希值，也就是 $H(\sigma_{i,2})$①。接着，使用 ssk 对树根 R 进行签名并得到一个签名 $\text{SSig}_{\text{ssk}}(R)$。

· 将$(F', \tau, \sigma, \text{SSig}_{ssk}(R))$存储在云服务器中，然后删除本地文件。

如图 4.3 所示为$\mathcal{P}$和$\mathcal{V}$之间进行的交互式证明协议。

SPoR. $\mathcal{V}(\text{pk}, \tau)$验证者$\mathcal{V}$和证明者$\mathcal{P}$进行交互时，云存储服务器将输出一个证明，步骤如下：

· 算法将 τ 解析为 $\tau_0 \parallel \text{SSig}_{\text{ssk}}(\tau_0)$，然后通过调用 SSig. Verify$(\tau_0, \text{Sig}_{\text{ID}}(\tau_0))$验证签名 τ_0。如果签名无效则输出一个 0，表示拒绝并退出协议。否则算法解析 τ_0，恢复 Fname，n 和 u_1，…，u_s，然后执行后续步骤。

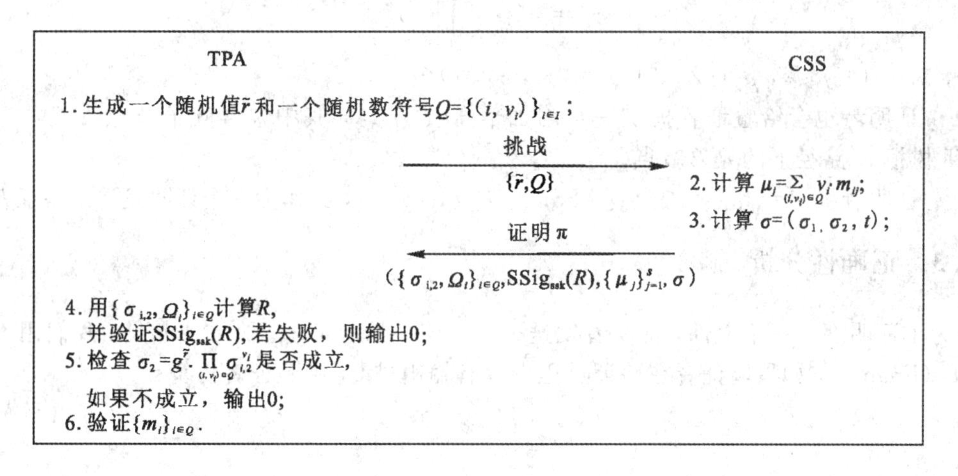

图 4.3　$\mathcal{P}$和$\mathcal{V}$执行的交互式证明协议

· 算法随机选择一个整数 $\tilde{r} \leftarrow Z_p$，同时从集合$[1, n]$的子集 I 中随机选择 l 个元素；对每个 $i \in I$，随机选择一个元素 $v_i \xleftarrow{R} B$；接着验证者$\mathcal{V}$发送一个挑战消息给证明者$\mathcal{P}$，该挑战消息包含一个集合 $Q=\{(i, v_i)\}$和随机数 $\tilde{r}$。

---

①　$\sigma_{i,2}$ 包含在 σ 中，同样也存储在 CSS 中。

· 当验证者$\mathcal{V}$收到一个证明者$\mathcal{P}$发送的 π 时，验证者$\mathcal{V}$将 π 解析为$(\{\sigma_{i,2}, \Omega_i\}_{i\in Q}$，$\mathrm{SSig}_{ssk}(R)$，$\{\mu_j\}_{j=1}^{s}$，$\sigma)$并得到$\{\mu_1, \cdots, \mu_s\}\in Z_p^s$ 和 σ，其中 $\sigma=(\sigma_1, \sigma_2, t)$。如果解析失败，就输出 0 并退出协议。

· 验证者$\mathcal{V}$验证 $\sigma_2 = g^{\tilde{r}} \cdot \prod_{(i,v_i)\in Q} \sigma_{i,2}^{v_i}$ 是否成立。如果不成立，验证者输出 0，并退出协议。否则，验证者$\mathcal{V}$利用$\{\sigma_{i,2}, \Omega_i\}_{i\in Q}$ 重新构造 MHT 的根 R，然后利用公钥 spk 验证证明者发送的签名 $\mathrm{SSig}_{ssk}(R)$。如果签名非法，则输出 0，并退出协议。最后验证下式是否成立：

$$\hat{e}(\sigma_1, g) = \hat{e}\left(v^t \cdot \prod_{j=1}^{s} u_j^{\mu_j}, g^{\alpha}\right) \cdot \hat{e}(H_G(\mathrm{Fname}), \sigma_2) \tag{4.7}$$

若成立，则返回 1，否则返回 0。

SPoR. $\mathcal{P}(\mathrm{pk}, \tau, F')$证明者$\mathcal{P}$按如下方式执行协议：

· 证明者$\mathcal{P}$解析处理过的文件 F' 即$\{\mathrm{m}_{ij}\}$，$1\leqslant i\leqslant n$，$1\leqslant j\leqslant s$,，并得到 $\sigma=\{\sigma_i\}$，$1\leqslant i\leqslant n$。

· 解析验证者发送的挑战消息$\tilde{r}$ 和集合 Q，Q 是包含 l 个元素的集合$\{(i, v_i)\}$；对于每个不同的 $i\in[1,n]$，每个 $v_i\in B$，计算：

$$\mu_j = \sum_{(i,v_i)\in Q} v_i \cdot m_{ij} \, (1\leqslant j\leqslant s) \tag{4.8}$$

$$t = \sum_{(i,v_i)\in Q} v_i \cdot t_i \tag{4.9}$$

$$\sigma_1 = H_G(\mathrm{Fname})^{\tilde{r}} \cdot \prod_{(i,v_i)\in Q} \sigma_{i,1}^{v_i} \tag{4.10}$$

$$\sigma_2 = g^{\tilde{r}} \cdot \prod_{(i,v_i)\in Q} \sigma_{i,2}^{v_i} \tag{4.11}$$

其中，对于 $1\leqslant j\leqslant s$，$\mu_j\in Z_p$，且 $\sigma=(\sigma_1, \sigma_2, t)\in G^2\times Z_p$。

· 证明者也会给验证者提供一个附加信息$\{\Omega_i\}_{i\in Q}$，其中包含叶子节点$\{\Omega_{i,2}\}_{i\in Q}$ 到 MHT 树根 R 路径上的兄弟节点。

· 证明者将 $\pi=(\{\sigma_{i,2}, \Omega_i\}_{i\in Q}$，$\mathrm{SSig}_{ssk}(R)$，$\{\mu_j\}_{j=1}^{s}$，$\sigma)$作为一个证明发送给验证者。

4.4.3 正确性分析

为了证明拥有一个文件，证明者发送一个证明 π 给验证者。为方便起见，我们用 $\tilde{H}$ 表示 $H_G(\mathrm{Fname})$。如果验证者在验证过程中没有输出过 0，则验证者计算：

$$\begin{aligned}\hat{e}(g, \sigma_1) &= \hat{e}\left(g, \tilde{H}^{\tilde{r}} \cdot \prod_{(i,v_i)\in Q} \sigma_{i,1}^{v_i}\right) \\ &= \hat{e}(g, \tilde{H}^{\tilde{r}}) \cdot \hat{e}\left(g, \prod_{(i,v_i)\in Q} \left(\tilde{H}^{r_i} \cdot \left(v^{t_i} \cdot \prod_{j=1}^{s} u_j^{m_{ij}}\right)^{\alpha}\right)^{v_i}\right) \qquad (1)\end{aligned}$$

令$(1)_R$ 表示$\hat{e}\left(g, \prod_{(i,v_i)\in Q} \left(\tilde{H}^{r_i} \cdot \left(v^{t_i} \cdot \prod_{j=1}^{s} u_j^{m_{ij}}\right)^{\alpha}\right)^{v_i}\right)$，则

$$\begin{aligned}(1)_R &= \hat{e}\left(g, \prod_{(i,v_i)\in Q} \tilde{H}^{r_i t_i} \cdot \prod_{(i,v_i)\in Q} v^{\alpha r_i t_i} \cdot \prod_{(i,v_i)\in Q} \left(\prod_{j=1}^{s} u_i^{m_{ij}}\right)^{\alpha v_i}\right) \\ &= \hat{e}\left(g, \prod_{(i,v_i)\in Q} \tilde{H}^{r_i t_i}\right) \cdot \hat{e}\left(g, \prod_{(i,v_i)\in Q} v^{\alpha r_i t_i}\right) \cdot \hat{e}\left(g, \prod_{(i,v_i)\in Q} \left(\prod_{j=1}^{s} u_i^{m_{ij}}\right)^{\alpha v_i}\right)\end{aligned}$$

则

$$(1)=\hat{e}\Big(\widetilde{H},\prod_{(i,v_i)\in Q}g^{r_it_i}\Big)\cdot\hat{e}(g,v^{\alpha t})\cdot\hat{e}\Big(g,\prod_{j=1}^{s}u_j^{\mu_j}\Big)^{\alpha}$$

$$=\hat{e}\Big(\widetilde{H},g^{\widetilde{r}}\cdot\prod_{(i,v_i)\in Q}\sigma_{i,2}^{v_i}\Big)\cdot\hat{e}\Big(v^t\cdot\prod_{j=1}^{s}u_j^{\mu_j},g^{\alpha}\Big)$$

$$=\hat{e}(\widetilde{H},\sigma_2)\cdot\hat{e}\Big(v^t\cdot\prod_{j=1}^{s}u_j^{\mu_j},g^{\alpha}\Big)$$

因此，验证等式成立。

4.5 安全性证明

本节将对我们提出的方案提供形式化的安全证明。直观上，我们的构造基于 MHT，MHT 的安全性依赖于抗碰撞哈希函数的安全性，同时方案也基于计算性 CDH 问题的线性同态签名的安全性。我们的安全性证明还借鉴了 Shacham 和 Waters 为具有公开可验证属性的经典 PoR 方案提供的安全证明的第 2 和第 3 部分。

定理 4.5.1　如果计算性 Diffie-Hellman 问题在双线性群中是困难的，那么在标准模型下，除可忽略的概率外，没有敌手可以攻破 SPoR 方案，使得验证者在可恢复性证明协议中以不可忽略的概率接受敌手伪造的证明。

证明　本证明结合了 Shacham 和 Waters 为 PoR 提供的证明思路和 Attrapadung 等人的线性同态签名方案的证明思路。证明从一个以 Game_0 起始的游戏序列开始，该游戏是一个敌手$\mathcal{A}$和一个在 4.2.3 节中定义的外部环境之间的真实游戏。

Game_1 和 Game_0 类似，不同的是，Game_1 中的挑战者维护着一个列表，记录作为存储协议询问中的一部分的带有签名的标签。当敌手提交一个标签 τ 时，无论是发起一个可检索性证明协议还是将其作为一个挑战标签，若该标签 τ 是一个从未被挑战的签名，但敌手生成了该标签在 ssk 下的一个合法签名，那么挑战者失败，并立即退出游戏。

显然，如果敌手$\mathcal{A}$能够成功地使挑战者在 Game_1 中以不可忽略的概率失败并退出，我们可以利用该敌手以不可忽略的概率伪造 Waters 签名。进而，存在一个算法$\mathcal{B}$可以解决 CDH 问题。因此，如果没有敌手能够让挑战终止，敌手在 Game_0 和 Game_1 中的视图一定是一致的。所以验证算法和提取算法永远也不会在一个标签中去利用 $u_1,\cdots,u_s$ 的值，但那些挑战者生成标签的除外。

Game_2 与 Game_1 类似，不同的是 Game_2 中的挑战者维护着一个记录针对由敌手发起的存储询问而进行响应的列表 T。T 维护元组$(h,(\tau,m_i,\sigma_i))$中的 h 是检索询问的句柄，τ 是某个文件的标签，m_i 是被 τ 标识的某个文件的文件块，σ_i 是文件块 m_i 的签名。挑战者观察在 4.2.3 节安全模型中定义的 Prove 协议的每个实例。如果在上述任一实例中敌手成功(即$\mathcal{V}$输出 1)，而同时，敌手$\mathcal{A}$的挑战集合 Q 的聚合签名σ_1 不等于 $H_G(\text{Fname})^{\widetilde{r}}\cdot\prod_{(i,v_i)\in Q}\sigma_{t_i}^{v_i}$，并且(或者)$\sigma_2$ 不等于 $g^{\widetilde{r}}\cdot\prod_{(i,v_i)\in Q}\sigma_{i,2}^{v_i}$ 且(或者)t 不等于 $\sum_{(i,v_i)\in Q}v_i\cdot t_i$，所有参与计算的元组都在 T 中被记录，挑战者宣布失败，然后退出。

令 $\pi=(\{\sigma_{i,2},\Omega_i\}_{i\in Q}$, $\mathrm{SSig}_{ssk}(R)$, $\{\mu_j\}_{j=1}^{s}$, $\sigma)$为希望从诚实的证明者那里获得的响应。挑战者可以使用$\{\sigma_{i,2}, \Omega_i\}_{i\in Q}$ 和 $\mathrm{SSig}_{ssk}(R)$验证$\{\sigma_{i,2}\}_{i\in Q}$ 的正确性。验证可以基于等式 $\hat{e}(\sigma_1, g)=\hat{e}(v^t \cdot \prod_{j=1}^{s} u_j^{\mu_j}, g^\alpha)\cdot\hat{e}(H_G(\mathrm{Fname}), \sigma_2)$ 进行。假设敌手返回的证明是 π^*，显然，在 π^* 中，因为依赖于 MHT 的认证，$\{\sigma_{i,2}, \Omega_i\}_{i\in Q}$ 和 $\mathrm{SSig}_{ssk}(R)$一定和 π 中的对应元素相同，所以，如果 $\pi^*\neq\pi$，则一定是$\{\mu_j\}_{j=1}^{s}$ 并且(或者)σ 有所不同。我们令 $\pi^*=(\{\sigma_{i,2}, \Omega_i\}_{i\in Q}$, $\mathrm{SSig}_{ssk}(R)$, $\{\mu_j^*\}_{j=1}^{s}$, $\sigma^*)$作为敌手的响应。对应的验证方程是 $\hat{e}(\sigma_1^*, g)=\hat{e}(v^{t^*}\cdot\prod_{j=1}^{s} u_j^{\mu_j^*}, g^\alpha)\cdot\hat{e}(H_G(\mathrm{Fname}), \sigma_2^*)$。令 $\mu^*=\{\mu_j^*\}_{j=1}^{s}$，这意味着当挑战者退出时，我们找到对于某个 τ^*，(μ^*, σ^*)是一个线性同态签名方案的Ⅱ类伪造，从而可以进一步构造一个算法$\mathcal{B}$解决 CDH 问题。

接下来，我们将展示如何构造一个算法$\mathcal{B}$来解决一个 CDH 问题的实例(g, g^a, g^b)。$\mathcal{B}$如同在 Waters 签名中的证明一样选择$\{g_i\}_{i=0}^{L}\in G^{L+1}$。为方便起见，我们用 ξ 来代表文件名 Fname。对于一个 ξ，我们令 $\chi\subseteq\{1, \cdots, n\}$为所有 $\xi[i]=1$ 的 i 的集合。我们定义两个函数：$J, K:\{0,1\}^L\rightarrow Z_p$。通过选择 $y_0, y_1, \cdots, y_L \stackrel{R}{\leftarrow} Z_p$ 和 $x_0, x_1, \cdots, x_L \stackrel{R}{\leftarrow} Z_p$，令 $J(\xi)=y_0+\sum_{i\in\chi} y_i$，并且：

$$K(\xi)=\begin{cases}0, & x_0+\sum_{i\in\chi} x_i\equiv 0 \bmod \rho \\ 1, & 其他\end{cases} \tag{4.12}$$

对于任意不同的 $\xi, \xi_1, \cdots, \xi_q$，对于每个 $i\in\{1, \cdots, q\}$，都有不可忽略的概率 $\delta=1/[8q(L+1)]$，使得 $J(\xi)=0 \bmod \rho$ 并且 $J(\xi_i)\neq 0 \bmod \rho$ 成立。这样对于任意的 $\xi\in\{0, 1\}^L$, $H_G(\xi)=g_0\prod_{i=1}^{L} g_i^{\xi[i]}$ 可以被写成 $H_G(\xi)=(g^a)^{J(\xi)}\cdot g^{K(\xi)}$。挑战者设置其他的公钥组成为：$g^\alpha=g^a$、$v=g^b$，并且选择 $\gamma_i, \rho_i \stackrel{R}{\leftarrow} Z_p$ 计算 $u_i=(g^b)^{\gamma_i}\cdot g^{\rho_i}$，$i=1, \cdots, n$。

假设敌手$\mathcal{A}$产生了一个伪造$(\tau^*, \mu^*, \sigma^*)$，使得挑战者退出。标签 τ^* 出现在之前的一个存储询问中，且满足 $\mu^*\notin\mathrm{span}(m_1, \cdots, m_{n-1})$，其中 $m_1, \cdots, m_{n-1}$ 是关于 τ^* 询问的文件块。假设敌手$\mathcal{A}$在游戏中对于至多 q 个不同的文件进行存储询问。当设置完环境之后，$\mathcal{B}$选择一个随机的下标 $j^* \stackrel{R}{\leftarrow} \{1, \cdots, q\}$，希望敌手$\mathcal{A}$选择第 j^* 个文件 τ^* 去产生一个伪造。因为 j^* 的选择是独立于$\mathcal{A}$的视图的，所以$\mathcal{B}$的推测有 $1/q$ 的概率成功。挑战者将按如下方式响应敌手$\mathcal{A}$的存储询问：

在每一次询问中，对于每个涉及第 l_1 个独立标签 τ_{l_1} 的(τ_{l_i}, m_i)(其中 m_i 是一个由 s 个分区 m_{ij} 组成的矢量)：

(1) 假设 $l_1\neq j^*$，$\mathcal{B}$计算函数 $J(\xi_{l_1})$的值，如果 $J(\xi_{l_1})=0 \bmod \rho$ 就退出。否则，$\mathcal{B}$选择 $r_i, t_i \stackrel{R}{\leftarrow} Z_p$，并计算：

$$\sigma_{i,1}=H_G(\xi_{l_1})^{r_i}\cdot(g^b)^{\frac{K(\xi_{l_1})}{J(\xi_{l_1})}\cdot(\langle\gamma_i, m_i\rangle+t_i)}\cdot(g^a)^{\langle\rho_i, m_i\rangle} \tag{4.13}$$

$$\sigma_{i,2}=g^{r_i}\cdot(g^b)^{\frac{\langle\gamma_i, m_i\rangle+t_i}{J(\xi_{l_1})}} \tag{4.14}$$

如果令 $\widetilde{r}_i = r_i - \dfrac{b(\langle \gamma_i, m_i \rangle + t_i)}{J(\xi_{l_1})}$，则得到

$$(\sigma_{i,1}, \sigma_{i,2}) = \left(H_G(\xi_{l_1})^{\widetilde{r}_i} \cdot \left(v^{t_i} \cdot \prod_{j=1}^{s} u_j^{m_{ij}}\right)^a, g^{\widetilde{r}_i}\right) \tag{4.15}$$

显然，元组$(\sigma_{i,1}, \sigma_{i,2}, t_i)$构成了文件块 m_i 的一个合法签名。这个签名并不直接返回给敌手$\mathcal{A}$，而是为其分配一个新的句柄 h，并且插入列表 T 的一个记录$(h, (\tau_{l_1}, m_i), \sigma_i)$中。

(2) 假设 $l_1 = j^*$，$\mathcal{B}$设置 $t_i = -\langle \gamma_i, m_i \rangle$，选择一个句柄 h 并且将$(h, m_i, (\cdot, \cdot, t_i))$存储在列表 T 中。

最终敌手$\mathcal{A}$输出一个伪造$(\tau^*, \mu^*, \sigma^*)$，其中 $\mu^* = (\mu_1^*, \cdots, \mu_s^*)$，$\sigma^* = (\sigma_1^*, \sigma_2^*, t^*) \in G^2 \times Z_p$，满足验证等式。此时，如果 $\tau^* \neq \tau_{l_1}$，则$\mathcal{A}$宣告失败。同样，如果 $J(\xi^*) \neq 0$，则$\mathcal{A}$也宣告失败。以 $1/q$ 的概率，$\tau^* = \tau_{l_1}$，且以$(1/(8q(L+1)))$的概率，对于每个 $l_1 \in \{1, \cdots, q\}$，有 $J(\xi^*) = 0$，$J(\xi_{l_1}) \neq 0$。在整个游戏中，$\mathcal{B}$不失败的概率至少是 $1/[8q^2(L+1)]$。

如果$\mathcal{B}$没有退出，则有 $H_G(\xi^*) = g^{K(\xi^*)}$，满足$\mathcal{B}$可以计算：

$$\eta^* := \frac{\sigma_1^*}{\sigma_2^{*K(\xi^*)}} = \left(\prod_{i=1}^{s} u_i^{\mu_i^*} \cdot v^{t^*}\right)^a = [(g^b)^{\langle \gamma, \mu^* \rangle + t^*} \cdot g^{\langle \gamma, \mu^* \rangle}]^a \tag{4.16}$$

接着，如果 $t^* \neq -\langle \gamma, \mu^* \rangle$，$\mathcal{B}$可以计算 $g^{ab} = [\eta^* / (g^a)^{\langle \gamma, \mu^* \rangle}]^{1/(\langle \gamma, \mu^* \rangle + t^*)}$。因为 $\mu^* \notin \mathrm{span}(m_1, \cdots, m_{n-1})$且敌手$\mathcal{A}$获得至多 $n-1$ 个值$\{\langle \gamma, m_{l_2} \rangle\}_{l_2=1}^{n-1}$，所以$\langle \gamma, \mu^* \rangle$的分布完全独立于$\mathcal{A}$的视图。由于只有 $1/p$ 的概率使得 $t^* = -\langle \gamma, \mu^* \rangle$成立，因此，区分 Game_2 和 Game_1 两个安全游戏的概率可以忽略。

如上面所分析的，区分这些游戏的概率可忽略。

证毕。

定理 4.5.2　假设一个恶意的证明者在一个具有 n 个块的文件 F 上如上述协议描述的那样执行，那该证明者就是 ε - admissible 的。令 $\omega = 1/\# B + (\rho n)^l / (n-c+1)^c$。那么，给定 $\varepsilon - \omega$ 是正数，且是不可忽略的，恶意证明者在 $O\left(\dfrac{n}{\varepsilon - \rho}\right)$的交互中和 $O\left(\dfrac{n^2 + (1+\varepsilon n^2)}{\varepsilon - \omega}\right)$的时间内恢复编码文件块所占比例为 ρ。其中 $\# B$ 指的是系数集合 B 的大小。

证明　显然，我们的方案 SPoR 与经典的 PoR 方案相比，文件块的签名类型不同。但是这两种签名类型都有着相同的目的，这意味着对于经典 PoR 方案，我们的改变不会影响算法的可恢复性证明。我们还可以证明对诚实执行协议的恶意证明者，提取总是成功的，概率分析类似于 Shacham 和 Waters 的分析。

证毕。

定理 4.5.3　给定一个编码文件 F' 的 n 个块的比例为 ρ 部分，有可能除了可忽略的概率外，可以恢复整个原始文件 F。

证明　与参考文献[3]的第 3 部分证明相同，对于 rate - ρ 的 Reed-Solomon 编码，正确性是显然的。因为，任意 ρ 部分的编码文件块足够成功解码。

证毕。

4.6 数据更新

我们采用了 Wang 等人提出的在 PoR 构造中使用 MHT 来支持数据更新的思想。与 Wang 等人使用的顺序 MHT 相同，如图 4.2 所示，我们也将叶子节点视为从左到右的序列，任何节点都可以通过遍历该序列和计算 MHT 根的方法来唯一确定。因此，通过使用这个顺序 MHT，我们可以验证 $\sigma_{i,2}$ 和文件块的位置。假设文件 F' 和签名 σ 已经生成并妥善存储在 CSS 中，那么顺序 MHT 的根 R 已经被用户签名并存储在了 CSS 中，因此，任何有用户公钥的人都可以挑战数据存储的正确性。

4.6.1 删除数据

如果用户想要删除一个文件块 m_i，可证明数据删除协议如图 4.4 所示。首先，用户生成删除请求 DQ＝Fname $\|$ n' $\|$ i $\|$ SSig_{ssk}(Fname $\|$ n' $\|$ i)，其中 n' 是文件包含文件块的新的数目，i 是需要被删除的文件块下标。接着，将 DQ 发送给 CSS。收到 DQ 之后，CSS 首先会验证签名。如果签名合法，CSS 就从它的存储空间中删掉 m_i，删除 MHT 树中的叶子节点 $H(\sigma_{i,2})$ 并生成一个新的根 R'（如图 4.5 的例子）。然后 CSS 发送一个删除证明（$\{\sigma_{i,2}, \Omega_i\}_{i\in Q}$，$\mathrm{SSig}_{ssk}(R)$，$R'$）给用户，其中 R' 是更新后 MHT 的新根节点。在收到删除证明后，用户首先利用 $\{\sigma_{i,2}, \Omega_i\}_{i\in Q}$ 计算 R，验证 $\mathrm{SSig}_{ssk}(R)$，如果失败则输出 0，成功则使用 $\{\sigma'_{i,2}, \Omega_i\}_{i\in Q}$ 计算 R^*。通过检测 $R^* \overset{?}{=} R'$ 来验证删除操作是否合法执行，如果失败则输出 0。否则，它对 R' 进行签名，生成一个新的文件标签 τ'（因为文件块数量已经发生了变化）并发送 $\mathrm{SSig}_{ssk}(R')$ 和 τ' 给 CSS；CSS 也更新 R 的签名，并将文件标签 τ 更新为新的标签 τ'。

注意：CSS 在删除证明中只发送 AAI 中的一个集合 $\{\Omega_i\}_{i\in Q}$ 给用户。通过研究图 4.5、图 4.6 和图 4.7 中的例子，可以验证辅助信息是否足以重新构建 R 和 R^*。数据修改和数据插入场景中的情况与此类似。

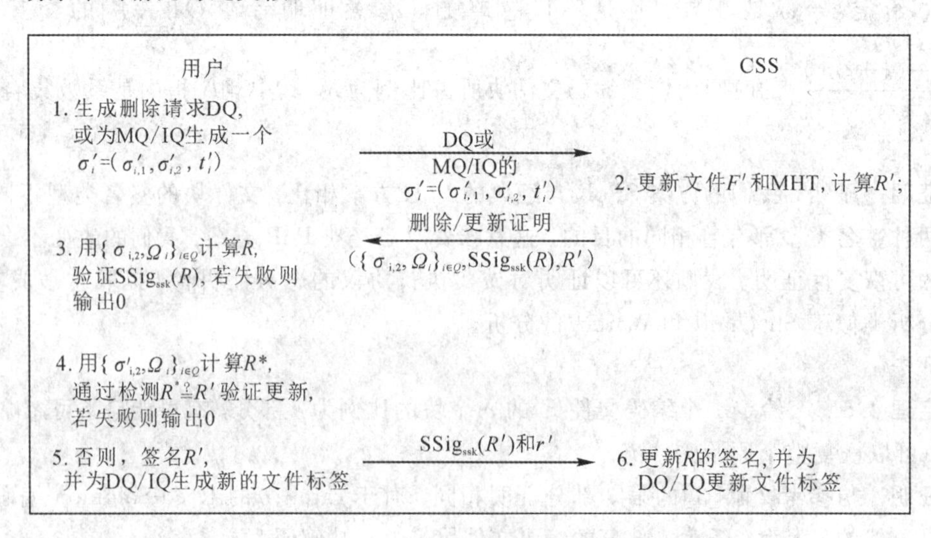

图 4.4 可证明数据更新协议（删除、修改和插入）

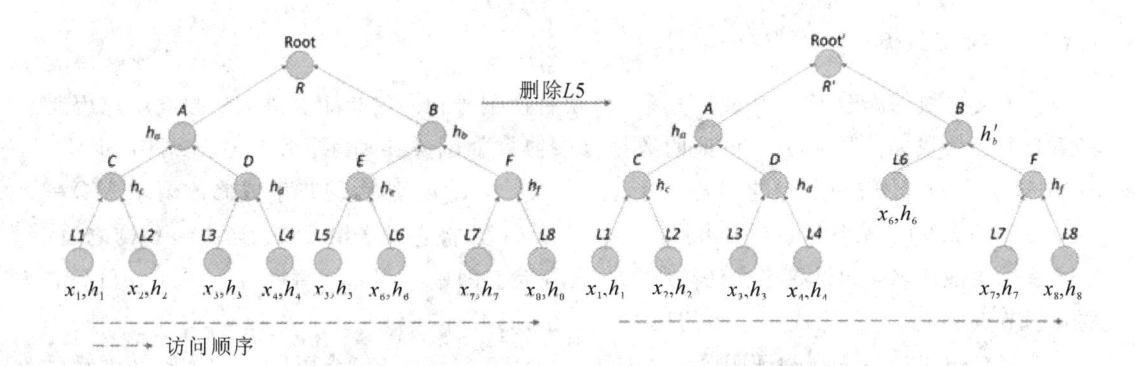

图 4.5　删除数据块时 MHT 的变化情况

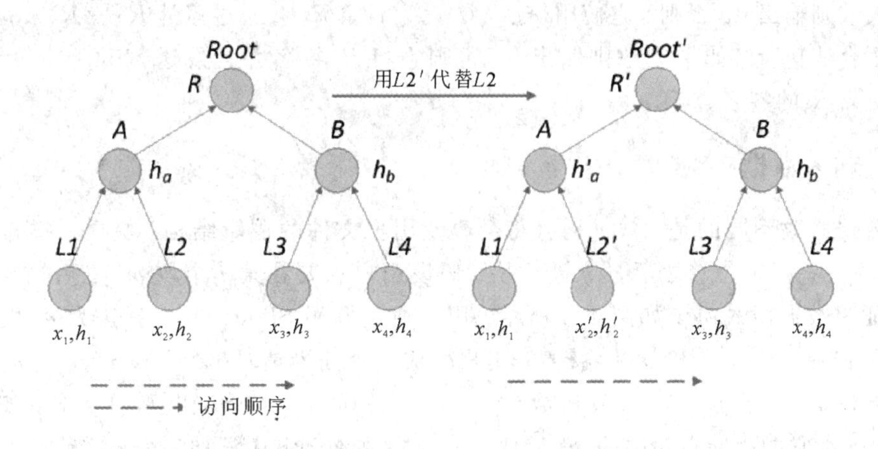

图 4.6　修改数据块时 MHT 的变化情况

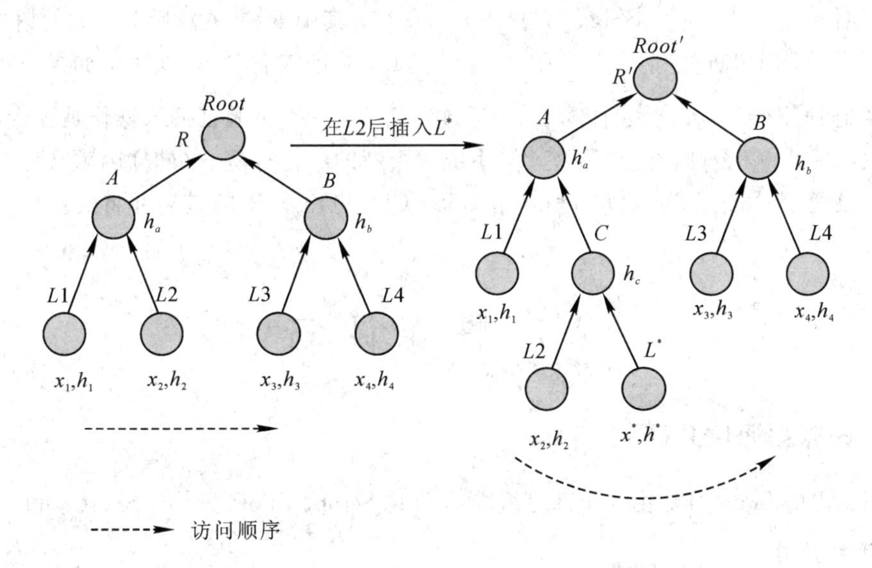

图 4.7　插入数据块时 MHT 的变化情况

4.6.2 修改数据

单个文件块的修改操作指的是用新文件块替换编号相同的指定文件块。假设用户想要将第 i 个文件块 m_i 改为 m_i'，可证明数据修改协议如图 4.4 所示。用户通过调用 SPoR. Store 算法为 m_i 生成一个新的签名 $\sigma'_i=(\sigma'_{i,1}, \sigma'_{i,2}, t'_i)$，然后用户生成修改请求 MQ$=$ Fname $\| i \| m_i' \| \sigma_i' \|$ $\mathrm{SSig}_{ssk}(\mathrm{Fname} \| i \| m_i' \| \sigma_i')$，并将它发送给 CSS。当收到 MQ 之后，CSS 首先验证签名，如果签名合法，则 CSS 在存储空间中使用 m'_i 替换 m_i，更新 MHT 中的叶子节点 $H(\sigma'_{i,2})$并生成一个新的根 R'(如图 4.6 所示实例)。

接着 CSS 发送一个修改证明($\{\sigma_{i,2}, \Omega_i\}_{i\in Q}$, $\mathrm{SSig}_{ssk}(R)$, R')给用户，其中 R'是更新后 MHT 的树根。在收到更新证明后，用户首先利用$\{\sigma_{i,2}, \Omega_i\}_{i\in Q}$ 计算 R，验证 $\mathrm{SSig}_{ssk}(R)$，如果执行失败则输出 0。否则，它使用$\{\sigma'_{i,2}, \Omega_i\}_{i\in Q}$ 计算 R^*，通过审计 $R^* \stackrel{?}{=} R'$来验证修改操作是否合法执行，如果失败则输出 0，否则它将 R'签名并且发送 $\mathrm{SSig}_{ssk}(R')$给 CSS，CSS 也更新 R 的签名。

4.6.3 插入数据

与数据修改不同的是，数据插入将会改变用户文件的逻辑结构。块插入操作是指在文件 F'的一些指定位置之后插入新的块。假设用户想要在第 i 个块 m_i 之后插入块 m'，那么可证明数据插入协议如图 4.4 所示。用户通过调用 SPoR. Store 算法为 m'生成一个新的签名 $\sigma_i'=(\sigma'_{i,1}, \sigma'_{i,2}, t'_i)$。接着，用户生成一个插入请求 IQ$=$Fname $\| i \| m' \| \sigma_i' \|$ $\mathrm{SSig}_{ssk}(\mathrm{Fname} \| i \| m' \| \sigma_i')$并发送给 CSS。当收到 IQ 后，CSS 首先验证签名，如果签名合法，CSS 在它的存储空间中的 m_i 后插入 m_i'，并在 MHT 中添加一个新的节点 $H(\sigma'_{i,2})$，它对应 MHT 中的内部节点，并生成一个新的根 R'(如图 4.7 所示实例)。之后 CSS 发送一个更新证明($\{\sigma_{i,2}, \Omega_i\}_{i\in Q}$, $\mathrm{SSig}_{ssk}(R)$, R')给用户，其中 R'是更新后 MHT 的树根。在收到更新证明后，用户首先利用$\{\sigma_{i,2}, \Omega_i\}_{i\in Q}$ 计算R，验证签名 $\mathrm{SSig}_{ssk}(R)$，如果失败则输出 0。否则，它使用$\{\sigma_{i,2}, \Omega_i\}_{i\in Q}$ 计算 R^*，通过判断 $R^* \stackrel{?}{=} R'$来验证插入操作是否合法执行。如果失败则输出 0。否则，它将 R'签名，生成一个新的文件标签 τ'(同样因为文件块的数量已经发生改变)并发送 $\mathrm{SSig}_{ssk}(R')$和 τ'给 CSS；CSS 也更新 R 的签名并将文件标签 τ 改为新的 τ'。

4.7 性能评估

4.7.1 计算和通信开销

本书提出的 SPoR 算法由 4 个部分组成：SPoR. Setup、SPoR. Store、SPoR. $\mathcal{V}$和 SPoR. $\mathcal{P}$。

1. 密钥尺寸

与经典的 PoR 方案相比，为了在标准模型中证明方案的安全性，SPoR 需要更长的公钥。它比 Shacham - Waters 方案多 $L+2$ 个群元素，但是它不需要底层签名方案的 spk，因为 SPoR 和底层的 Waters 签名方案共享了一个公钥。而且，SPoR 和 Shacham - Waters 方案相比，有着相同长度的私钥。

2. 计算开销

方便起见，我们使用 MUL 和 EXP 分别表示 G 群中一次乘法运算的复杂度和一次指数运算的复杂度，用 P 表示一次双线性运算，用 WH 和 WS 分别表示 Waters 哈希运算和 Waters 签名运算。显然在最坏情况下，一个 WH 的运算复杂度等于 $L\cdot \text{EXP}+(L+1)\cdot \text{MUL}$，一个 WS 等于 $3\cdot \text{EXP}+(L+1)\cdot \text{MUL}+1\cdot P$，其中 L 是消息的长度。

为了在 CSS 中存储文件，用户需要离线执行 SPoR. Store 算法。特别地，对每个文件，用户需要 $n\cdot[(s+4)\cdot \text{EXP}+(s+2)\cdot \text{MUL}+1\cdot \text{WH}]$的运算开销去生成整个文件的签名 σ，其中 n 是文件块个数，s 是每个块的分区数。此外，用户需要 $2n$ 个 WH 的哈希运算生成 MHT 的根，并且需要额外 $2\cdot$ WS 的运算开销：其中一个 WS 用于计算 τ_0，另一个 WS 用于计算 MHT 的根 R。

为了生成证明，CSS 需要在线执行 SPoR. P 算法。在收到 TPA 的挑战之后，CSS 需要 $(2l+2)\cdot \text{EXP}+(2l+2)\cdot \text{MUL}+1\cdot \text{WH}$ 的运算开销，以及一些计算开销较小的标量运算去计算 μ_j 和 t，其中 l 是挑战的文件块数。

每当一个用户发起审计请求时，TPA 需要在线执行 SPoR. $\mathcal{V}$算法。首先，TPA 需要验证从 CSS 收到的文件标签的 Waters 签名。这个验证工作需要花费 $3\cdot P+(L+1)\cdot \text{MUL}$ 的运算开销。此外，通过选择固定数量的随机数，以极小的代价生成挑战消息。为了验证从 CSS 收到的证明 π，TPA 需要 $2n$ 个 WH 的哈希运算去重新构造 MHT 的根节点，需要 $3\cdot P+(L+1)\cdot \text{MUL}$ 的运算开销去验证 R 的签名，还需要 $3\cdot P+(s+1)\cdot \text{EXP}+(s+1)\cdot \text{MUL}+1\cdot \text{WH}$ 运算开销去计算验证等式。

3. 通信开销

为了上传文件，从用户到 CSS 的通信开销依赖于文件大小，并且我们提出的方案 SPoR 与经典的 PoR 方案相比，需要多两个群元素和一个标量，其中一个群元素是 $\sigma_{i,2}$，另一个群元素是 $\text{SSig}_{ssk}(R)$。在证明阶段，TPA 发送给 CSS 的挑战信息只包含 $l+2$ 个标量，它比经典的 PoR 方案多一个标量。与经典 PoR 方案相比，CSS 发送给 TPA 的证明 π 只包含 l 个 AIIs，l 个群元素用于生成 $\sigma_{i,2}$，另一个群元素用于 $\text{SSig}_{ssk}(R)$。

4.7.2 实现结果

本章对于各个算法的实现使用了基于对运算的密码学库 pbc-0. 5. 14 和 pbc wrapper-0. 8. 0，实现的 PC 包含 2. 8 GHz Intel，i7-4700M CPU 和 4 GB 内存。在我们的实现中，利用了参数 a. param，这是 pbc 库的一个标准参数。算法实现的时间开销由以下两部分组成：

首先，我们观察挑战块的数量对时间成本的影响。我们将文件分区大小固定为 160 bit，原因在于阶 q 是一个 160 位的数字。如图 4. 8 所示，我们可以看到，随着每个文件块尺寸的增加，时间开销总体趋势是减小的(有一些波动)，因为指数运算比乘法运算慢，而且块数越少，需要生成的签名就越少。当文件块尺寸大于 64 KB 时，存储算法的时间开销收敛到大约 300 s。显然，用户的时间成本比那些基于随机谕言机模型的方案要高。但是存储算法只需要执行一次且可以离线执行，所以对于大多数应用场景而言，用户的时间开销是可以接受的。

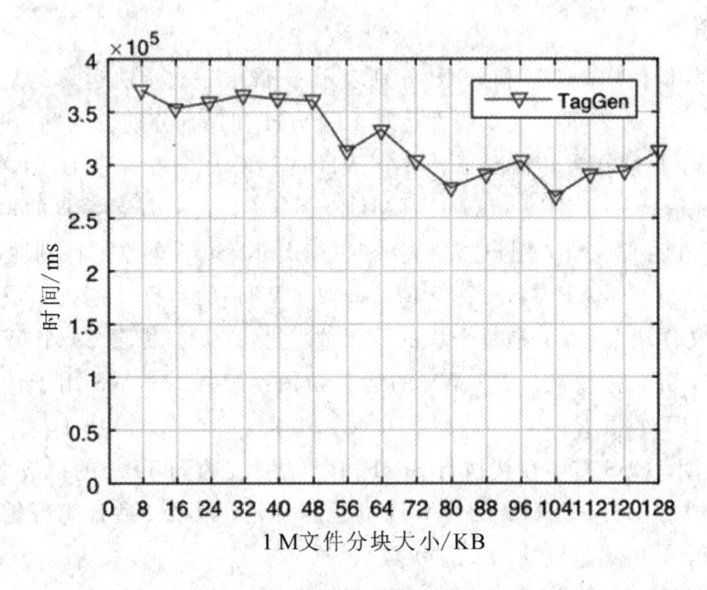

图 4.8 关于文件块大小的证明协议时间开销

另一方面，我们将每个块的大小固定为 128 KB。如图 4.9 所示，我们可以看到，当挑战块的数量从 25 个增加到 1000 个(增量为 25)时，TPA 审计文件完整性的时间成本约为 800 ms，这是非常高效的。同时，CSS 生成证明的时间开销超过了 TPA。从计算开销分析中可以看出，如果挑战的文件块数是固定的，证明生成的时间复杂度 $O(1)$ 就是一个常量。CSS 具有强大的计算能力和资源，因此在实际应用中其时间开销应该是可以接受的。

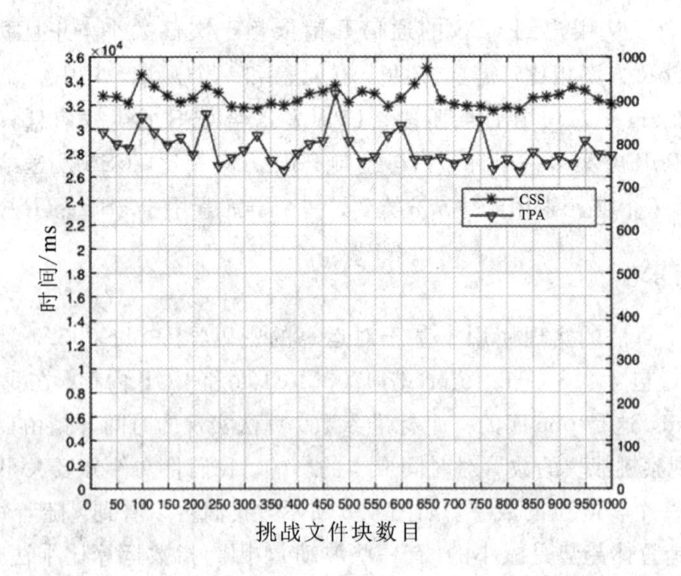

图 4.9 关于挑战文件块数目的证明协议时间开销

本章参考文献

[1] WANG T, YANG B, LIU H Y, et al. An alternative approach to public cloud data auditing supporting data dynamics[J]. Soft Computing, 2019, 23(13): 4939-4953. https://doi.org/10.1007/s00500-018-3155-4.

[2] ERWAY C, KUPCU A, PAPAMANTHOU C, et al. Dynamic Provable Data Possession [C]//Proceedings of the 16th ACM Conference on Computer and Communications Security. New York: ACM, 2009: 213-222.

[3] SHACHAM H, WATERS B. Compact Proofs of Retrievability[J]. Journal of Cryptology, 2013, 26(3): 442-483.

[4] AHN J H, BONEH D, CAMENISCH J, et al. Computing on Authenticated Data [C]//Springer. Proceedings of the 9th International Conference on Theory of Cryptography. Berlin: Springer, 2012: 1-20.

[5] TAMASSIA R. Authenticated Data Structures[C]//Algorithms-ESA 2003. Berlin: Springer, 2003: 2-5.

[6] WANG Q, WANG C, LI J, et al. Enabling Public Verifiability and Data Dynamics for Storage Security in Cloud Computing[C]//Computer Security ESORICS 2009. Berlin: Springer, 2003: 355-370.

[7] WATERS B. Efficient Identity-based Encryption without Random Oracles[C]// Proceedings of the 24th Annual International Conference on Theory and Applications of Cryptographic Techniques. Berlin: Springer, 2005: 22-26.

[8] LYNN B. The Pairing-based Cryptography Library (0.5.14)[EB/OL]. (2013-07-05)[2021-06-07]. https://crypto.stanford.edu/pbc/.

第5章 可搜索对称加密

Dawn Song在2000年提出可搜索加密技术的概念后，可搜索加密技术迅速得到研究领域和工业界的重视。而其中利用对称原语构造的可搜索对称加密(Searchable Symmetric Encryption，SSE)因其高效、简洁、实用等特性获得了大规模应用。

本章我们系统性地介绍可搜索对称加密的概念、定义和关键技术，并且分析一些经典的可搜索对称加密方案，最后分析可搜索对称加密中的隐私保护问题。

5.1 可搜索对称加密概述

5.1.1 系统模型

广义的可搜索加密包含两个实体：用户和服务器。用户与服务器进行通信，将数据外包到服务器存储，未来还要查询数据。服务器存储、搜索或检索用户的数据。通常认为服务器的计算能力比用户强。两个实体的角色和特征是：

(1) 用户的角色和特征。

用户分为两种，即数据所有者和查询信息的用户。数据所有者是指通过使用SSE方案将数据加密后外包加密数据(包括消息和元数据)给存储服务器的用户。数据所有者以外的用户通常只允许执行查询。当然，数据所有者也可以查询信息。在大多数情况下，当数据所有者是唯一的用户时，数据所有者是完全可信的。如果有多个用户，那么除数据所有者之外的其他用户可能被认为是不可信的。数据所有者可能会试图猜测他人的搜索条件，而其他用户可能会试图了解更多他们不被允许搜索的信息。

(2) 服务器的角色和特征。

服务器分为两种类型，即存储服务器和查询服务器。存储服务器存储的是加密的消息，而查询服务器存储的是元数据(如辅助器或索引)。除了一些允许泄露的信息外，服务器不应该从存储的数据中获取到任何信息。在大多数SSE方案中，存储服务器同时提供存储设施和查询功能。这些服务器都被认为是诚实但好奇的，因为它们可能试图从存储的加密数据或元数据中了解尽可能多的信息，但同时会忠实地执行SSE协议。这里对于服务器好奇行为的假设是非常合理的，因为服务器可能希望得到用户的数字画像，以便有针对性地投放广告，但又可能希望保护用户的信息不被破坏或修改。当然，这样的概念可以扩展到恶意服务器，因为恶意服务器也能够修改存储的加密内容。

下面给出基于索引的SSE方案的正式定义。单用户SSE方案的参与者包括一个客户端，该客户端希望将一个私有文档集合$D=(D_1, \cdots, D_n)$存储在一个诚实但好奇的服务器上，这样做的目的是：

(1) 服务器不会得知该集合的任何有用信息；

(2) 服务器可以被赋予在文档集合中搜索的能力，并将合适的(加密的)文件返回给客户端。

此处为方便起见，我们假设搜索是在文件上进行的，但是下面给出的 SSE 定义适用于任意文件的集合(如图像或音频文件)，只要这些文件可以用关键词来标记就可以。

定义 5.1.1(可搜索对称加密，SSE)　基于索引的 SSE 方案在字典 Δ 上定义为五个多项式时间算法的集合，即 SSE=(Gen，Enc，Trpdr，Search，Dec)。

(1) $K\leftarrow \mathrm{Gen}(1^k)$：一个概率性的密钥生成算法，由用户运行来初始化方案。它以一个安全参数 k 作为输入，并输出一个秘密钥 K。

(2) $(I, c)\leftarrow \mathrm{Enc}(K, D)$：由用户运行的概率算法，用于对文档集合进行加密。它以一个秘密钥 K 和一个文档集合 $D=(D_1, \cdots, D_n)$作为输入，并输出一个安全索引 I 和一个密文序列 $c=(c_1, \cdots, c_n)$。有时可将其写成$(I, c)\leftarrow \mathrm{Enc}_K(D)$。

(3) $t\leftarrow \mathrm{Trpdr}(K, w)$：由用户运行的确定性算法，用于为给定关键词生成一个陷门。它以一个秘密钥 K 和一个关键词 w 作为输入，并输出一个陷门 t，有时将其写成 $t\leftarrow \mathrm{Trpdr}_K(w)$。

(4) $X\leftarrow \mathrm{Search}(I, t)$：由服务器运行的确定性算法，用于搜索 D 中包含关键词 w 的文档。它将一个数据集合 D 的加密索引 I 和陷门 t 作为输入，并输出一组(按字典序排序的)文档标识符 X。

(5) $D_i\leftarrow \mathrm{Dec}(K, c_i)$：由用户运行的确定性算法，用于恢复文档。它以一个秘密钥 K 和密文 c_i 作为输入，并输出文档 D_i。有时将其写成 $D_i\leftarrow \mathrm{Dec}_K(c_i)$。

正确性定义：

如果对于所有的 $k\in \mathbf{N}$，所有的由 $\mathrm{Gen}(1^k)$输出的 K，所有的 $D\in 2^{\Delta}$，所有由 $\mathrm{Enc}_K(D)$输出的(I, c)，以及所有的 $w\in\Delta$，均有下式成立：

$$\mathrm{Search}(I, \mathrm{Trpdr}_K(w))=D(w)\wedge \mathrm{Dec}_K(c_i)=D_i, \quad 1\leqslant i\leqslant n$$

则称这个基于索引的 SSE 方案是正确的。

5.1.2　安全性定义

1. SSE 的适应性不可区分安全性定义

令 SSE=(Gen，Enc，Trpdr，Search，Dec)为一个基于索引的 SSE 方案，$k\in\mathbf{N}$ 为安全参数，令$\mathcal{A}=(\mathcal{A}_0, \cdots, \mathcal{A}_{q+1})$，其中 $q\in\mathbf{N}$，考虑以下概率实验：

$\mathrm{Ind}^*_{\mathcal{A},\mathrm{SSE}}(k)$
$K\leftarrow \mathrm{Gen}(1^k)$
$b\xleftarrow{\$}\{0,1\}$
$(\mathrm{st}_{\mathcal{A}}, D_0, D_1)\leftarrow \mathcal{A}_0(1^k)$
$(I_b, c_b)\leftarrow \mathrm{Enc}_K(D_b)$
$(\mathrm{st}_{\mathcal{A}}, w_{0,1}, w_{1,1})\leftarrow \mathcal{A}_1(\mathrm{st}_{\mathcal{A}}, I_b)$
$t_{b,1}\leftarrow \mathrm{Trpdr}_K(w_{b,1})$
对于 $2\leqslant i\leqslant q$：
$(\mathrm{st}_{\mathcal{A}}, w_{0,i}, w_{1,i})\leftarrow \mathcal{A}_i(\mathrm{st}_{\mathcal{A}}, I_b, c_b, t_{b,1}, \cdots, t_{b,i-1})$
$t_{b,i}\leftarrow \mathrm{Trpdr}_K(w_{b,i})$
令 $t_b=(t_{b,1}, \cdots, t_{b,q})$
$b'\leftarrow \mathcal{A}_{q+1}(\mathrm{st}_{\mathcal{A}}, I_b, c_b, t_b)$
如果 $b'=b$，则输出 1，否则输出 0

其中 $st_{\mathcal{A}}$ 是用来刻画敌手 $\mathcal{A}$ 的状态的字符串。如果对于所有多项式大小的敌手 $\mathcal{A}=(\mathcal{A}_0, \cdots, \mathcal{A}_{q+1})$，其中 $q=\text{poly}(k)$，有

$$\text{pr}[\text{Ind}^*_{\mathcal{A},\text{SSE}}(k)=1]\leqslant\frac{1}{2}+\text{negl}(k)$$

那么称 SSE 在适应性不可区分的意义上是安全的。这里的概率来自 b 的选择，以及 Gen 和 Enc 的随机数。

2. SSE 的语义安全性定义

令 SSE＝(Gen，Enc，Trpdr，Search，Dec)为一个基于索引的 SSE 方案，$k\in\mathbf{N}$ 为安全参数，$\mathcal{A}=(\mathcal{A}_0, \cdots, \mathcal{A}_{q+1})$，其中 $q\in\mathbf{N}$，$\mathcal{S}=(\mathcal{S}_0, \cdots, \mathcal{S}_q)$ 为模拟器，考虑以下概率实验：

$\text{Real}^*_{\text{SSE},\mathcal{A}}(k)$	$\text{Sim}^*_{\text{SSE},\mathcal{A}}(k)$
$K\leftarrow\text{Gen}(1^k)$	$(D, st_{\mathcal{A}})\leftarrow\mathcal{A}_0(1^k)$
$(D, st_{\mathcal{A}})\leftarrow\mathcal{A}_0(1^k)$	$(I, c, st_{\mathcal{S}})\leftarrow\mathcal{S}_0(\tau(D))$
$(I, c)\leftarrow\text{Enc}_K(D_b)$	$(w_1, st_{\mathcal{A}})\leftarrow\mathcal{A}_1(st_{\mathcal{A}}, I, c)$
$(w_1, st_{\mathcal{A}})\leftarrow\mathcal{A}_1(st_{\mathcal{A}}, I, c)$	$(t_1, st_{\mathcal{S}})\leftarrow\mathcal{S}_1(st_{\mathcal{S}}, \tau(D, w_1))$
$t_1\leftarrow\text{Trpdr}_K(w_{b,1})$	对于 $2\leqslant i\leqslant q$：
对于 $2\leqslant i\leqslant q$：	$(w_i, st_{\mathcal{A}})\leftarrow\mathcal{A}_i(st_{\mathcal{A}}, I, c, t_1, \cdots, t_{i-1})$
$(w_i, st_{\mathcal{A}})\leftarrow\mathcal{A}_i(st_{\mathcal{A}}, I, c, t_1, \cdots, t_{i-1})$	$(t_i, st_{\mathcal{S}})\leftarrow\mathcal{S}_i(st_{\mathcal{S}}, \tau, (D, w_1, \cdots, w_i))$
$t_i\leftarrow\text{Trpdr}_K(w_i)$	令 $t=(t_1, \cdots, t_q)$
令 $t=(t_1, \cdots, t_q)$	输出 $V=(I, c, t)$ 以及 $st_{\mathcal{A}}$
输出 $V=(I, c, t)$ 以及 $st_{\mathcal{A}}$	

如果对于所有多项式大小的敌手 $\mathcal{A}=(\mathcal{A}_0, \cdots, \mathcal{A}_{q+1})$，其中 $q=\text{poly}(k)$，存在一个非均匀多项式大小的模拟器 $\mathcal{S}=(\mathcal{S}_0, \cdots, \mathcal{S}_q)$，使得对于所有多项式大小的 $\mathcal{D}$，有

$$|\Pr[\mathcal{D}(V, st_{\mathcal{A}})=1:(V, st_{\mathcal{A}})\leftarrow\text{Real}^*_{\text{SSE},\mathcal{A}}(k)]-\Pr[\mathcal{D}(V, st_{\mathcal{A}})=1:(V, st_{\mathcal{A}})\leftarrow\text{Sim}^*_{\text{SSE},\mathcal{A}}(k)]|\leqslant\text{neal}(k)$$

那么称 SSE 是适应性语义安全的，这里的概率来自 Gen 和 Enc 中的随机数。

5.1.3　攻击威胁

SSE 方案中的攻击威胁，主要是指外包存储信息以及搜索过程中的信息泄露，是根据 SSE 方案中的访问和查询模式来定义的。这些泄露在真实/理想、UC 或其他特定安全模型下都是允许的。Islam 等人在进行推理攻击之前，还没有对基于这些泄露的潜在攻击进行实际分析。他们提供了关于访问模式的经验分析，并提出了通过注入随机噪声抑制威胁的措施。

Islam 等人研究成果的优势是泄露攻击成功率与查询次数无关。然而，他们工作的一个主要缺点是不具有可扩展性。如 Cash 等人对此进行了实验分析，对于一组大于 2500 个的关键词，Islam 等人的攻击的表现很差。此外，Islam 等人声称，他们的攻击只需要服务器掌握基于关键词共现概率的消息分布。然而 Cash 等人却指出，为了使攻击成功，服务器需要掌握所有原始消息的内容。

Cash 等人提出了更有效的泄露滥用攻击。其中一种攻击被称为计数攻击，用于查询恢复。计数攻击比较简单，不需要像 Islam 等人提出的机制那样进行数值优化。计数攻击假设服务器掌握关键词的共现模式，也掌握索引中与每个关键词匹配的消息数量。

Cash 等人还提出了一个综合攻击模型。它由泄露等级、攻击模式、先验知识和攻击目标组成。图 5.1 显示了 Cash 等人的泄露及攻击模型。这为定义和分析基于泄露的攻击引入了一种系统化的方法。

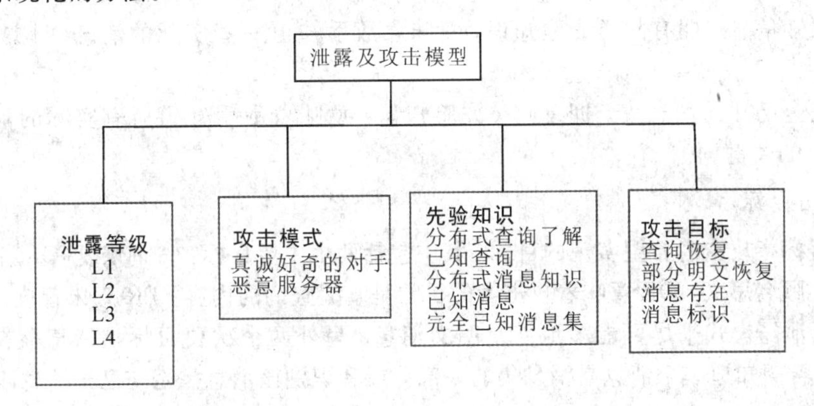

图 5.1　Cash 等人给出的一个泄露及攻击模型

1. 泄露等级

表 5.1 列出了 Cash 等人提出的四种泄露等级。L4 定义了最严重的泄露，L1 定义了最轻微的泄露。在 L4 中，服务器掌握消息中关键词的位置模式，它还掌握关键词的出现频率。正如 Cash 等人所述，在 Skyhigh Networks 和 Cipher Cloud 的 SSE 方案中存在 L4 泄露。对于 L3，关键词的出现频率不会泄露，但仍会泄露关键词的出现模式，同时这些关键词的顺序也被泄露。L2 与 L3 类似，只是关键词的顺序被隐藏起来。这可以通过关键词的组合来实现。L1 与 L2 类似，表示泄露仅发生在已被查询的关键词上。综上所述，现有的大多数方案都类似 Curtmola 等的模型，造成了 L1 的泄露。

表 5.1　泄 露 等 级

等　级	描　　述
L4	确定性关键词替换密码下的完全明文
L3	完全泄露出现模式，含关键词顺序
L2	完全泄露出现模式
L1	基于查询泄露出现模式

2. 攻击模式

攻击模式是指服务器的假设，包括诚实但好奇的服务器或恶意服务器。然而，除了修改消息，恶意服务器还可能发起选择消息或选择查询攻击，这意味着攻击者可以要求用户提供其选择的消息或查询。Cash 等人和 Zhang 等人已经证明选择消息攻击是有效的。

3. 先验知识

先验知识指敌手拥有的关键词和消息的背景知识，它是攻击成功的主要因素(或假设)。先验知识分为五类：

(1) 分布式查询知识。拥有此类先验知识，意味着敌手对于正在执行的查询有一定的了解。

(2) 已知的查询。拥有此类先验知识，意味着敌手知道用户搜索的一些实际关键词。

(3) 分布式消息知识。拥有此类先验知识，意味着敌手知道消息的基础范围(或域)，如健康数据、电子邮件等。

(4) 已知信息。拥有此类先验知识，意味着敌手知道一些实际的消息(明文)或消息的重要信息。

(5) 完全已知的消息集。拥有此类先验知识，意味着敌手知道所有实际的消息(明文)和部分实际的关键词。

4. 攻击目标

攻击目标指攻击者希望实现的目标。其中包括两个主要目标：查询恢复(QR)和部分明文恢复(PR)。顾名思义，QR 意味着攻击者的目的是掌握查询的内容；PR 意味着攻击者的目的是通过分析泄露模式来尽可能多地恢复明文消息。另外两个次要目标是消息存在和消息识别，攻击者希望知道一个消息是消息集的一部分或者识别该消息是否与已知消息匹配。

5.1.4 安全性需求

基于现有研究，我们总结出如下 SSE 方案的安全性需求：

(1) 服务器无法了解到任何关于给定密文的信息。这通常通过使用对称加密方案对消息或消息块进行加密来实现。

(2) 除了搜索结果外，服务器无法了解到更多的明文信息。这是在 SSE 方案中出现的一种信息泄露，被称为访问模式(Access Pattern)。

(3) 未经用户授权，服务器不能搜索任何关键词。这是通过用户拥有的唯一秘密钥保证的，目的是使用 PRF(或 PRP)生成关键词令牌。没有这个秘密钥，服务器将无法生成有效的令牌。

(4) 服务器无法从用户提供的查询令牌中得知保密的查询关键词。与上面类似，这个安全性需求通常通过使用秘密钥生成令牌来保证。然而，服务器拥有令牌并且在大多数情况下令牌是确定的，因此服务器可以知道一个查询何时重复出现。这也是信息泄露的一种类型，称为查询模式(Search Pattern)。

(5) 服务器掌握存储数据的关键词-信息对的数量。这是另一种类型的信息泄露，即所谓的尺寸模式(Size Pattern)。一些 SSE 方案还可能泄露消息总数或关键词总数。

(6) 假设服务器是恶意的，除了上述要求之外，服务器应该不能伪造存储的加密数据和相关的元数据。

(7) 在多用户的情况下，未经数据拥有者授权，恶意用户应该无法使用任意关键词进行查询。恶意用户不应该能够从用户提交的查询中获取额外的信息。

简言之，SSE 方案的安全性是指除了查询序列的结果和模式之外不应该泄露任何东西。所谓模式，是指给定的泄露形式，如尺寸模式、查询模式和访问模式。假设泄露模式是允许的并且假设底层原语(如 PRF、PRP)是安全的，则认为 SSE 方案是安全的。

Stefanov 等还提出了动态方案中更新操作的前向和后向隐私概念。如果服务器不知道一个新添加的消息中包含之前被搜索过的关键词，那么就可以说这个动态方案实现了前向隐私。前向隐私也是动态方案中最重要的功能之一。后向隐私是指不能对删除的消息进行查询。

5.1.5　索引结构

设计 SSE 方案的一个关键工作就是设计关联关键词与文档关系的数据结构，通常称为索引。设计索引的要点首先是对索引结构进行隐私保护，防止泄露关键词及文档的信息，其次要考虑索引结构自身的存储开销，最后尽可能地提高搜索效率。SSE 所涉及的索引结构通常包含四种：无索引、直接索引、倒排索引和树形索引。下面介绍和分析这些索引结构。

1. 无索引结构

无索引结构是在 Dawn Song 等人的 SSE 开创性工作中介绍的。通过对消息进行特殊的加密使得在不需要单独的元数据的情况下就可以进行搜索。图 5.2 给出了 Dawn Song 方案Ⅳ的一个实例。

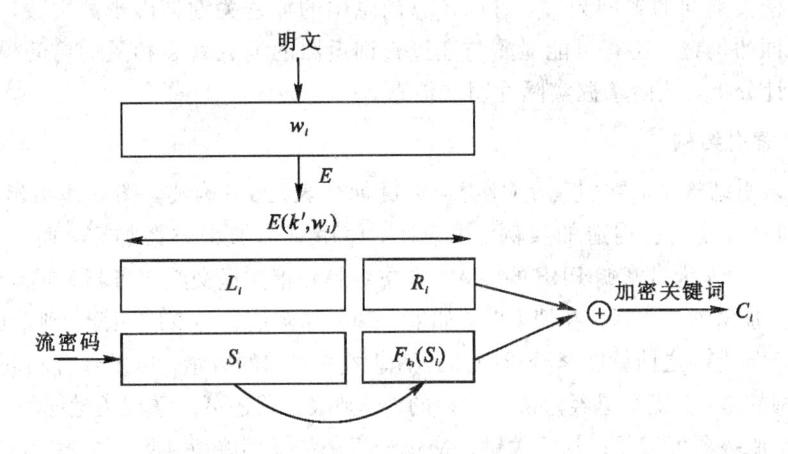

图 5.2　Dawn Song 方案Ⅳ的一个实例

该方案的思想是将明文消息(即文档)分成关键词列表 w_i，然后使用对称加密方案和密钥 k' 对每个关键词进行加密，以得到 $E(k', w_i)$，之后 $E(k', w_i)$ 被分成左半部分 L_i 和右半部分 R_i；使用流密码(可以由 PRF 生成)生成大小为 L_i 的伪随机比特流 S_i。为了创建可搜索的加密关键词，该方案生成 $F_{k_i}(S_i)$，其中 F 是带密钥的 PRF，$k_i=F_k(L_i)$，k 是用户选择的密钥。加密关键词被创建为 $C_i=(L_i, R_i)\oplus(S_i, F_{k_i}(S_i))$，其中异或 $(S_i, F_{k_i}(S))$ 的目的是使加密关键词 (L_i, R_i) 随机化。这是为了隐藏查询前的关键词分布，因为在同一个文件的不同位置，或者不同文件里同一个关键词加密后的密文相同。加密的关键词被分成两半 (L_i, R_i)，因此用户可以不存储消息的所有加密关键词解密消息，否则就违背了安全的设计目标。具体而言，如果 k_i 直接由 $F_k(E(k', w_i))$ 生成，而不是由 $F_{k_i}(L_i)$ 生成，则为了解密，用户必须知道消息的所有加密关键词 $E(k', w_i)$。

为了搜索关键词 w_q，用户将 $E(k', w_q)$ 和 $k_q=F_k(L_q)$ 发送给服务器。基于这些信息，服务器对消息中的每个加密关键词计算 $E(k',w_q)\oplus C_i$，并检查结果是否为 $(S_q, F_{k_q}(S_q))$。如果是，则匹配成功。这里假设服务器可以访问 F 并且可以生成 S_q。通过这一过程，服务器扫描所有消息中的每个加密关键词以找到匹配的消息。

基于上述分析，我们可以发现无索引的 SSE 方案的设计要点是：首先对消息中的关键词进行加密；然后对这些加密后的关键词进行随机化掩盖，以避免对消息中的关键词的统计学习攻击。需要随机化掩盖的原因在于，对关键词的加密是确定性的，如果不进行随机化掩盖，相同的关键词会导致加密后的结果完全一致，从而不满足安全性需求。

无索引的 SSE 具有如下性能特征和属性：

(1) 构造方法：直接对单词或消息执行加密和搜索，不需要索引。

(2) 存储开销：不需要任何额外的存储空间，因此仅需要与存储明文消息相同的存储空间。

(3) 搜索复杂度：搜索时间与关键词/消息的总数呈线性关系，因为必须检查每个关键词/消息以找到匹配的消息。

(4) 特征(静态或动态)：这种结构下的 SSE 方案本质上是动态的，因为它直接支持添加/删除消息。

(5) 安全性(泄露)：使用此方法的现有 SSE 方案会泄露消息中关键词的分布。例如，可能泄露加密关键词的查询频率，可以计算消息中的加密关键词出现的次数，并且暴露这些加密关键词的位置，还有可能泄露与通过查询返回的消息列表相关的访问模式。这些泄露可用于统计分析，从而掌握实际的明文消息。

2. 直接索引结构

在直接索引结构中，索引基于(消息，关键词列表)元组构建。图 5.3 给出了一个单个消息-关键词对直接索引构造的实例。消息 D_i 使用对称加密方案加密，而消息的关键词 $(w_{i,1}, \cdots, w_{i,t})$作为带密钥 PRF 的输入。在将令牌和密文提交给服务器之前，将 PRF 生成的令牌追加到加密消息之后。在搜索时，如果令牌与加密消息的令牌匹配，则返回加密消息。但服务器在任何查询之前就能够分析附加到消息的关键词的数量，以及包含相同关键词的消息。需要强调的是，关键词是经过随机置换的，否则服务器还可以掌握关键词的顺序。对于多关键词搜索，服务器可以通过执行关键词交集分析来掌握哪些消息集与关键词匹配。

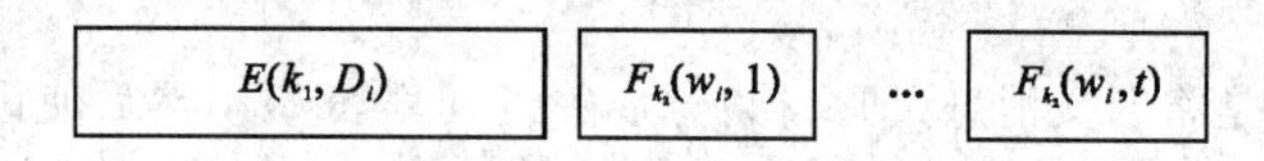

图 5.3 单个消息-关键词对直接索引构造实例

另一种方法是独立于消息-关键词对创建索引。与上述方法相比，这种方法能够减少泄露，可以掩盖索引从而防止在查询之前泄露信息。这种索引通常是(key，value)结构的字典。key 由链接到消息的消息标识符组成。对应的 value 由关键词列表组成。索引将消息中出现的关键词映射在一起。表 5.2 中给出了一个直接索引的示例。如给定 D_1 作为 key，索引返回关键词 $w_2, w_5, \cdots, w_m$，它们是消息 D_1 中的关键词。

表 5.2 一个直接索引的示例(给定 n 条消息 D 和 m 个关键词 w)

key	value
D_1	$w_2, w_5, \cdots, w_m$
D_2	$w_1, w_7, \cdots, w_{30}$
⋮	⋮
D_n	$w_2, w_3, \cdots, w_{10}$

因此，直接索引方法使用消息标识符作为 key，将匹配的关键词作为 value。标识符和关键词都被随机化掩盖以保护索引的隐私。

接下来分析直接索引的性能和属性。

(1) 构造方法。直接索引的形式为(key，value)，其中 key 是一个标识消息的元素(例如加密后的消息标识符)，value 是表示与消息匹配的关键词集合的元素列表。

(2) 存储开销。此结构下的 SSE 方案除了存储加密消息外，还需要存储元数据，例如被掩盖的索引或附加到加密消息的关键词令牌列表。与无索引结构的 SSE 方案相比，具有直接索引结构的 SSE 方案多出了需要用于存储元数据的额外空间。

(3) 搜索复杂度。搜索时间复杂度与消息总数呈线性关系，因为直接索引方法要搜索包含关键词的消息，所以必须扫描所有消息。但是，其搜索效率优于无索引结构的 SSE 方案，因为无索引结构的 SSE 方案需要搜索消息中的所有关键词。

(4) 特征(静态或动态)。在这种结构下有静态和动态两种情况，但通常来说静态情况可以直接扩展到动态情况，这是因为可以通过直接向索引添加新的(key，value)条目来实现添加消息。同样，删除消息也会涉及搜索和删除索引中的(key，value)条目。

(5) 安全性(泄露)。直接索引还会泄露关键词分布和访问模式。使用消息-关键词方法的构造甚至在执行任何查询之前都会泄露这类信息。根据随机掩盖索引的创建方式，直接索引也有可能泄露关键词的数量。但是与无索引结构方案相比，此方案至少不会泄露关键词的位置。

3. 倒排索引结构

倒排索引结构的构造方法与直接索引结构类似，也使用(key，value)形式，但此时 key 是关键词，value 由与关键词关联的消息标识符列表组成。Curtmola 等人提出这种方法后，许多 SSE 方案都采用了这种索引构造方法。倒排索引被广泛使用的主要原因是：与其他两种方法相比，它很容易实现次线性搜索时间，但其缺点是更新实现起来并不很直接。表 5.3 给出了一个倒排索引的示例。其中，对于 w_1，倒排索引将其映射到包含关键词 w_1 的消息 D_1，D_4，…，D_{15} 中。

表 5.3　一个倒排索引的示例(给定 n 条消息 D 和 m 个关键词 w)

key	value
w_1	D_1，D_4，…，D_{15}
w_2	D_1，D_3，…，D_{22}
⋮	⋮
w_m	D_2，D_3，…，D_n

Curtmola 等人给出的倒排索引形式如表 5.4 所示。它的构造过程如下。对于每个关键词 w 及其匹配的消息列表，用户使用带密钥的伪随机函数 F 为每个匹配的消息生成索引的 key 条目。假设有一个关键词 w_1 出现在四个消息(D_1，D_2，D_3，D_4)中，如表 5.4 所示，w_1 的第一个 key 值是 D_1 的 $F_k(w_1, 1)$，最后一个条目是 D_4 的 $F_k(w_1, 4)$，其中 1 到 4 表示四个消息的计数值，而 k 是用户安全持有的秘密钥。因此，第一个 key 值 $F_k(w_1, 1)$与包含 w_1 的第一个消息的标识符 id(D_1)配对。当然，直观上更简单的方法是将 $F_k(w_1, 1)$直接

与所有四个消息标识符 id(D_1)，…，id(D_4)配对而不使用计数器，但是这样会暴露关键词的总数，并使方案不满足适应性安全性。为了搜索 w_1 的索引，用户生成 key 条目列表($F_k(w_1, 1)$，…，$F_k(w_1, \text{MAX})$)，其中 MAX 表示用户定义的与关键词匹配的最大消息数。使用此列表，服务器通过迭代计算 $F_k(w_1, i)$来搜索索引，以检索匹配的消息 id，其中 $i=1, 2, \cdots, \text{MAX}$。

表 5.4 Curtmola 等人的方案中关于关键词w_1 的索引形式（假定四个消息(D_1，D_2，D_3，D_4)包含 w_1）

key	value(id of D)
$F_k(w_1, 1)$	id(D_1)
$F_k(w_1, 2)$	id(D_2)
$F_k(w_1, 3)$	id(D_3)
$F_k(w_1, 4)$	id(D_4)

Cash 等人的方案 Π_{bas} 也使用了类似的倒排索引结构。表 5.5 给出了一个示例，与表 5.4 中假设的数据相同，有一个关键词 w_1 和四个消息。带密钥的伪随机函数 F 用于为 w_1 生成两个密钥，这里表示为 $k_1 \| k_2 \leftarrow F_K(w_1)$，其中 K 是用户选择和存储的秘密钥。如表 5.5 所示，生成 $F_{k_1}(0)$，…，$F_{k_1}(3)$用以链接四个消息标识符。同时，使用 k_2 加密消息标识符 id(D_1)，…，id(D_n)。为了搜索关键词 w_1，用户生成 $k_1 \| k_2 \leftarrow F_K(w_1)$并将 k_1 和 k_2 发送给服务器。由于令牌是根据从 0 开始递增的计数器值生成的，所以服务器可以直接使用 k_1 和伪随机函数 F 生成令牌 $F_{k_1}(0)$到 $F_{k_1}(3)$。如给定令牌 $F_{k_1}(0)$，索引返回 $E(k_2, \text{id}(D_1))$，则服务器使用 k_2 解密并且回复标识符 id(D_1)。对后续令牌执行类似的操作，直到不再匹配。索引中的关键词和消息标识符被掩盖，从而保护索引隐私。因此，在 Π_{bas} 方案中，使用一个伪随机函数掩盖关键词，使用一个对称加密方案掩盖 id(D)，而在 Curtomola 等的方案中 id(D)是一个随机字符串。

表 5.5 Π_{bas} 方案索引示例（假定四个消息(D_1,D_2,D_3,D_4)包含 w_1，$k_1 \| k_2 \leftarrow F_K(w_1)$）

l	d
$F_{k_1}(0)$	$E(k_2, \text{id}(D_1))$
$F_{k_1}(1)$	$E(k_2, \text{id}(D_3))$
$F_{k_1}(2)$	$E(k_2, \text{id}(D_5))$
$F_{k_1}(3)$	$E(k_2, \text{id}(D_n))$

接下来分析倒排索引的性能和属性。

(1) 构造方法。倒排索引的形式为(key，value)，其中 key 是表示一个关键词 w 的元素，如加密关键词(带密钥的哈希值)，value 是包含 w 的一组消息的元素的集合。

(2) 存储开销。基于倒排索引结构的 SSE 方案的存储空间与直接索引结构的 SEE 方案类似，原因在于倒排索引同样存储了加密消息和被掩盖的索引。

(3) 搜索复杂度。与前面讨论的两个结构的线性搜索时间相比，基于倒排索引结构的

SSE 方案的搜索时间是次线性的(这在许多情况下已经是最优情况了)，这是因为搜索关键词会立即返回与关键词匹配的消息标识符列表。因此，关键词匹配效率等同于哈希表(字典)效率的 $O(1)$，以及检索 r 个匹配消息或消息标识符时的复杂度 $O(r)$。类比前两种结构，倒排索引的搜索复杂度更优。

(4) 特征(静态或动态)。基于倒排索引的静态和动态 SSE 方案都已经被提出。然而，与前两种方案相比，创建支持动态更新的基于倒排索引的 SSE 方案通常较难。如果要通过索引添加/删除消息，则必须线性扫描每个关键词令牌以添加/删除消息条目。这是倒排索引结构的 SSE 方案的主要缺点。

(5) 安全性(泄露)。这种类型的方案与使用直接索引的结构具有类似的泄露等级，它们也会泄露关键词分布和访问模式。根据索引的设计，有些方案会泄露关键词的总数，而有些方案则不会。例如，Cash 等人的方案仅显示索引条目的总数，隐藏了关键词的数量。

4. 树形索引结构

虽然直接索引和倒排索引的实现可以基于树形结构，但是现有研究存在特定的使用树形索引结构设计的 SSE 方案(如二叉搜索树)。树形索引的一般思想是在叶子节点上存储关键词令牌或者消息标识符，然后基于这些叶子节点代表的消息和其匹配关键词生成内部节点(包括根节点)。

Kamara 和 Papamanthou 提出的树形索引中的每个节点都维护一个向量，长度等于关键词总数。图 5.4 给出了具有四个消息(D_1，D_2，D_3，D_4)和三个关键词(w_1，w_2，w_3)的树形索引示例。树形索引的叶子节点包含消息标识符。对于每个节点，都会创建一个包含三个元素的向量，代表三个关键词。如最左边的叶子节点包含消息 D_1 的标识符 id(D_1)和元素为“100”的向量。向量中的元素指示关键词是否出现在消息中。由于 id(D_1)的向量中的第一个元素是“1”，因此关键词 w_1 在消息 D_1 中。类似地，w_2 和 w_3 不是 D_1 的关键词，因为其向量中的第二和第三个元素都是“0”。叶子节点的父节点的向量元素是通过对两个向量进行逐比特布尔或运算生成的。如 D_1 和 D_2 叶子节点的父节点 r_{11} 的向量为 $100 \vee 001 = 101$。

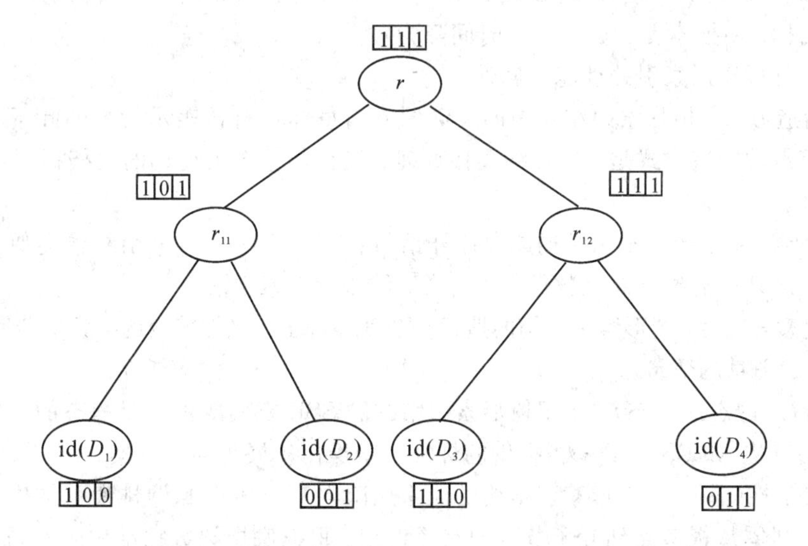

图 5.4　一个基于平衡二叉搜索树(BST)的树形索引示例

为了搜索包含关键词 w_i 的消息，需要遍历树以检查位置 i 处的向量中包含的元素是否为 1。如要搜索 w_1，首先检查根向量中的第一个元素是否为 1。在这个例子中根向量中的第一个元素就是 1，因此转到子节点 r_{11}。类似地，对于 r_{11} 的向量，第一个元素是 1，因此继续转到叶子节点，并且因为 D_1 的向量中第一个元素也是 1，所以 w_1 匹配 D_1。

在对树形索引进行随机掩盖之前，采用图 5.5 所示的形式。其中每个节点都包含两个向量，其主要原因是为了随机输入 0 和 1，模仿抛硬币来证明向量的隐私性。在实际构造中，两个向量中的每个条目都通过加密 0 或 1，或者用等长的随机字符串填充未选择的位置(图中的灰色框)来掩盖。

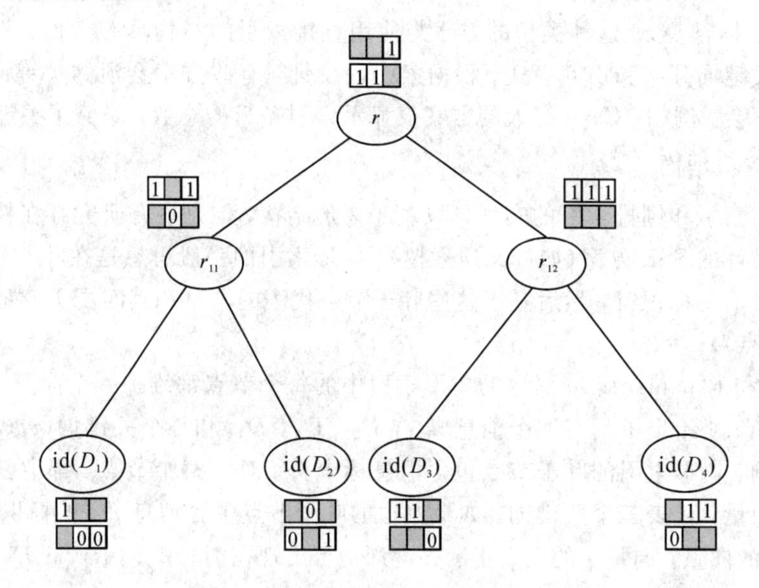

图 5.5　每个节点都有两个向量的 BST

可以观察到这种基于树形索引的 SSE 使用了类似直接索引的概念。如叶子节点 D_1 包含元素为“100”的向量，表示 w_1 出现在 D_1 中。而其与直接索引的主要区别在于采用了二叉搜索树结构，使搜索复杂度由线性时间降为对数时间。

接下来分析树形索引的性能和属性。

(1) 构造方法。树形索引结构中的关键词或消息标识符被表示为树的叶子节点。内部节点和根节点的构造方式是，通过路径将查询关键词与包含关键词的文档标识符的叶子节点连接起来。

(2) 存储开销。树形索引结构的存储开销与直接索引和倒排索引结构类似，其中若除了加密消息之外还需要存储元数据，则用树形结构代替索引表。

(3) 搜索复杂度。树形索引结构的搜索复杂度等价于二叉搜索树的搜索复杂度 $O(\log n)$。其中，n 表示消息的数量。

(4) 特征(静态或动态)。基于树形索引结构的 SSE 方案既可以是静态的，也可以根据底层树数据结构(如 BST、B-树)提供的标准更新操作扩展为动态方案。

(5) 安全性(泄露)。树形索引结构的泄露风险与直接索引和倒排索引结构类似，但它可能会额外泄露从根节点到叶子节点的路径信息。根据底层树数据结构的不同，这种泄露可能会使服务器掌握消息的关键词或内容的信息。

表 5.6 总结了这四种方法的搜索性能和支持动态更新的情况。

表 5.6　四种方法的搜索性能和支持动态更新的情况

方法	搜索性能	直接更新(添加或者删除消息)
无索引	线性 $O(n)$，其中 n 为消息数目	可以。消息可以直接上传，并且可以通过查询消息标识符直接从服务器删除
直接索引	线性 $O(n)$(但是并不需要搜索消息块)	可以。和无索引方法类似
倒排索引	次线性 $O(r)$，其中 r 是匹配关键词的消息数目	不可以。消息的增加与删除需要搜索每一个关键词(key)条目，以便插入/删除存储在(key，value)索引表值中的消息标识符
树形索引	次线性 $O(\log n)$	更新基于底层搜索树的添加或删除算法

5.1.6　安全索引

Goh 等人首次形式化定义了安全索引的抗选择关键词攻击的语义安全性(IND-CKA)。本节我们分析安全索引的定义。

安全索引是一种数据结构，当索引包含关键词 x 时，它允许拥有陷门的查询者对关键词 x 在 $O(1)$时间内进行检测。在没有有效陷门的情况下，索引不会泄露其内容的任何信息，且陷门只能用秘密钥生成。

IND-CKA 安全索引方案定义如下。

1. 符号说明

使用 $x, y, z \xleftarrow{R} S$ 表示随机变量 x，y 和 z 是从集合 S 中均匀随机选取的。使用 $x \xleftarrow{R} [1, N]$表示从$[1, N]$中的整数集中均匀选取随机变量 x。对于一个随机化算法$\mathcal{A}$，使用 $x \xleftarrow{R} (\mathcal{A})$表示算法输出随机变量 x。两个集合 A 和 B 的对称差集被定义为 $A \bowtie B \stackrel{\text{def}}{=} (A-B) \cup (B-A)$。使用$|A|$表示集合 A 中元素 A 的数量。

2. 方案构成

一个安全索引方案包含以下四个算法：

(1) Keygen(s)：给定安全参数 s，输出主私钥 K_{priv}。

(2) Trapdoor(K_{priv}, w)：给定主私钥 K_{priv} 和关键词 w，输出 w 的陷门 T_w。

(3) BuidIndex(D, K_{priv})：给定文件 D 和主私钥 K_{priv}，输出索引$\mathcal{I}_D$。

(4) SearchIndex(T_w, $\mathcal{I}_D$)：给定 w 的陷门 T_w 和文件 D 的索引$\mathcal{I}_D$，如果 $w \in D$，输出 1，否则输出 0。

3. 适应性选择关键词攻击的语义安全性(IND-CKA)

直观上说，该安全性定义旨在刻画这样一个模型，即除了从以前的询问结果或其他渠道已经获得的内容外，敌手$\mathcal{A}$不能从索引中推断出文档的内容。

游戏的运行方式如下：假设挑战者$\mathcal{C}$向敌手$\mathcal{A}$提供了两个等长的文档 V_0 和 V_1，每个文档包含一些(可能不相等)数量的单词以及索引。此时，$\mathcal{A}$面临的挑战是确定索引中加密了哪个文档。如果区分 V_0 和 V_1 的索引这一问题是困难的，那么从索引中推断出 V_0 和 V_1 中不存在任何一个相同的关键词也是困难的。如果$\mathcal{A}$不能以与 1/2 相差可忽略的概率确定哪个文档在索引中被编码，那么索引就不会泄露任何内容。通过使用索引不可区分性(IND)这种表述来证明索引的语义安全。安全索引不会隐藏文件大小等可以通过检查加密文件获得的信息。

通过使用以下挑战者$\mathcal{C}$和敌手$\mathcal{A}$之间的游戏来定义抵抗适应性选择关键词攻击的语义安全性：

(1) Setup：挑战者$\mathcal{C}$创建一个包含有 q 个关键词的集合 S 并将其发送给敌手$\mathcal{A}$。敌手$\mathcal{A}$从 S 中选取多个子集，这些子集的集合称为 S^*，并将其发送给$\mathcal{C}$。收到 S^* 后，$\mathcal{C}$运行 Keygen 来生成主私钥 K_{priv}，对于 S^* 中的每个集合，$\mathcal{C}$运行 BuidIndex 算法将其中的内容加密为索引。最后，$\mathcal{C}$将所有的索引以及对应的子集发送给$\mathcal{A}$。

(2) Queries：敌手$\mathcal{A}$被允许向$\mathcal{C}$询问关键词 w 并得到 w 的陷门 T_w。拥有了 T_w，敌手$\mathcal{A}$可以对索引$\mathcal{I}$调用 SearchIndex 算法来测试 $x \in \mathcal{I}$是否成立。

(3) Challenge：在进行一些 Trapdoor 询问后，敌手$\mathcal{A}$通过选择一个非空子集 $V_0 \in S^*$，并从 S 生成另一个非空子集 V_1 来确定挑战，其中 $|V_0 - V_1| \neq 0$，$|V_1 - V_0| \neq 0$，，而且 V_0 中的关键词长度与 V_1 相同。最后，要求敌手$\mathcal{A}$不能向$\mathcal{C}$询问 $V_0 \bowtie V_1$ 中任何关键词的陷门。

接下来，敌手$\mathcal{A}$将 V_0 和 V_1 发送给$\mathcal{C}$，$\mathcal{C}$随机选取 $b \xleftarrow{R} \{0, 1\}$，调用 BuidIndex($V_b$, K_{priv})来获得 V_b 的索引$\mathcal{I}_{V_b}$，并将$\mathcal{I}_{V_b}$ 发送给敌手$\mathcal{A}$。敌手$\mathcal{A}$的挑战是确定 b 的值。发出挑战后，敌手$\mathcal{A}$不允许向$\mathcal{C}$询问 $V_0 \bowtie V_1$ 中任何关键词的陷门。

(4) Response：敌手$\mathcal{A}$最终输出一比特 b'，代表对于 b 值的猜测。敌手$\mathcal{A}$赢得游戏的优势被定义为 $\text{Adv}_{\mathcal{A}} = |\Pr[b = b'] - 1/2|$。此处的概率来自$\mathcal{A}$和$\mathcal{C}$的掷币结果。

我们说，在$\mathcal{A}$最多花费 t 时间并向挑战者进行 q 次陷门询问后，如果 $\text{Adv}_{\mathcal{A}}$ 至少为 ε，则攻击者$\mathcal{A}(t, \varepsilon, q)$攻破了索引安全性。如果没有攻击者可以以$(t, \varepsilon, q)$攻破它，那么称$\mathcal{I}$是一个$(t, \varepsilon, q)$-IND-CKA 安全索引。

5.2　经典的可搜索对称加密方案

5.2.1　Dawn Song 的 SSE 方案

1. 方案概述

Dawn Song 等人 2000 年在 IEEES & P 会议上首次提出了一种基于对称密码学算法的实用 SSE 方案，成为 SSE 的一个开创性工作。该方案最初的动机是构建加密保护的邮件服务器。如上节所述，Song 的 SSE 采用的是无索引结构。下面分析方案的细节。对于长度为 n 的文档，加密和搜索算法只需要 $O(n)$次流密码和分组密码运算。该方案基本上没有空间开销和通信开销。方案也具有很强的可扩展性，可以很容易地扩展以支持更高级的搜索。

2. 方案细节

如图 5.6 所示，在此方案中，伪随机函数 F 和 f 公开。

加密时，数据所有者首先使用流密码(基于伪随机数生成器 G 实现)来产生一个伪随机流序列 S_1，…，S_l，每个 S_i 长为 $n-m$ 比特。随后用确定性加密算法 $E_{k''}$ 对明文中的每个关键词 W 进行加密。令 $X_i=E_{k''}(W_i)$，然后将已加密过的关键词 X_i 分割成两个部分，分别是 L_i 和 R_i，即 $X_i=\langle L_i, R_i\rangle$，其中 L_i(或 R_i)表示 X_i 的前 $n-m$ 位(或最后 m 位)。用 L_i 生成 $k_i:=f_{k'}(L_i)$。将(s_i，$F_{k_i}(S_i)$)与(L_i，R_i)进行异或运算得到密文 C_i。

解密时，数据所有者通过他掌握的种子的伪随机生成器生成 S_i。通过将 S_i 与 C_i 的前 $n-m$ 位进行异或运算恢复出 L_i。利用 L_i 的相关信息，数据所有者可以计算出 k_i 并完成解密。

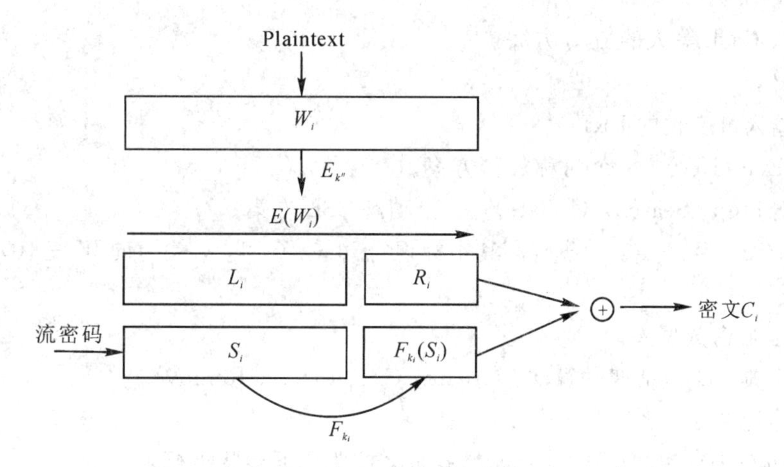

图 5.6 Dawn Song 的 SSE 方案Ⅳ

当用户需要搜索关键词 w_i 时，数据所有者将 $E_{k''}(w_i)$ 和 k_i 发给服务器端。服务器端将密文 C_i 与 $E_{k''}(w_i)$ 进行异或运算，然后判断得到的结果是否满足(S，$F_{k_i}(S)$)的形式，如果满足，则说明匹配成功，并将该文件返回。

这种方法虽然能够基本上实现关键词搜索，但却存在着一些缺陷：云端服务器需要对每个文件的内容进行扫描，检查密文内容是否存在与给定的关键词的密文形式相匹配的内容，其计算开销将与文件大小呈线性关系。在海量数据环境下，该方法效率不佳。同时，服务器端可以通过统计攻击的方法获得一些额外的隐私信息，如通过得到的搜索凭证来判断用户前后搜索的关键词是否相同等。

定理 5.2.1 假设 E 是一个(t, l, e_E)-安全的伪随机置换，F 是一个(t, l, e_F)-安全的伪随机函数，f 是一个(t, l, e_f)-安全的伪随机函数，G 是一个(t, e_G)-安全的伪随机生成器。按照上述描述过程选择密钥，则上述生成序列$\langle T_1, \cdots, T_l\rangle$的算法是一个$(t-\varepsilon, e_H)$-安全的伪随机生成器，其中 $e_H=l\cdot e_F+e_f+e_G+l(l-1)/(2|\chi|)$。

5.2.2 支持动态更新 SSE

1. David Cash 的基于倒置索引的 DSSE 方案

在大数据应用背景下，SSE 方案必须具有良好的扩展性。大多数 SSE 方案只采用对称密码原语和标准的数据结构，因此显示出很好的应用效率。虽然大多数索引结构在理论上具有最佳的搜索时间，仅与查询时相匹配的文档数量呈线性关系，但它们在大型数据集上的实现性能却表现不一。I/O 延迟、存储利用率和数据集分布的差异等因素降低了理论上高效的 SSE 方案的实际性能。实践中效率降低的一个关键原因是缺乏对存储区域性的考虑以及对并行搜索的支持。

1）方案概述

Cash 等人的工作给出了第一个可以在数百亿记录-关键词对的数据集上进行加密和搜索的 SSE 方案——Π_{bas}^{+} 方案。该方案的核心优势在于除了支持大规模数据库中的应用以外，还支持高效的动态更新。

2）方案细节

下面分析 Cash 等人的 Π_{bas}^{+} 方案。

符号定义：

- F：输入可变长的 PRF。
- $\varepsilon=(\text{Enc}, \text{Dee})$：一个对称加密方案。
- $\Pi=(\text{Setup}, \text{Search}, \text{Update})$：一个动态 SSE 方案。
- $\text{DB}=(\text{id}_i, W_i)_{i=1}^{n}$：数据库，其中标识符 $\text{id}_i\in\{0, 1\}^{\lambda}$，关键词 $W_i\in\{0, 1\}^{*}$，n 为标识符总数。
- EDB：加密数据库。
- D：字典。D 包括四种算法：Create、Get、Insert、Remove。

方案具体构造如下：

(1) Setup(DB)。该算法构建加密数据库，按照以下步骤进行：

① 生成 $K\xleftarrow{R}\{0, 1\}^{\lambda}$，初始化链表 L，客户端将 δ 初始化为空字典，服务器初始化与 EDB 一起存储的空字典 γ^{+} 和一个空集 S_{rev}。S_{rev} 作为一种数据结构，用于添加、删除和成员资格测试；

② 对于每个 $w\in W$，执行以下操作：

a. 计算 $K_1=F(K, 1\parallel w)$，$K_2=F(K, 2\parallel w)$。

b. 初始化计数器 $c\leftarrow 0$。

c. 对于每个 $\text{id}\in\text{DB}(w)$，计算 $l\leftarrow F(K_1, c)$，$d\leftarrow\text{Enc}(K_2, \text{id})$，对 c 自增 1；按照字典中的顺序将 (l, d) 添加到 L。

令 $\gamma\leftarrow\text{Creat}(L)$，其中 Great 为创建链表的函数。

③ 算法输出客户端密钥 K 以及 $\text{EDB}=\gamma$。

(2) Update。

对于更新操作中的 $\text{op}\in\{\text{del}, \text{edit}^{-s}\}$，客户端首先输入 $(\text{del/edit}^{-}, \text{id}, \text{W}_{\text{id}})$，并且先生成一个密钥 $K^{-}=F(K, 4)$，然后对于 $w\in W_{\text{id}}$，执行如下步骤：

① 计算 $K_1^{-}\leftarrow F(K^{-}, w)$，$\text{revid}\leftarrow F(K_1^{-}, \text{id})$；

② 将 revid 按字典顺序加入 L_{rev}；

③ 将 L_{rev} 发送给服务器，服务器接收 L_{rev} 并且将每个 revid 加入 S_{rev}。

对于更新操作中的 $\text{op}\in\{\text{add}, \text{edit}^{+}\}$，客户机首先输入 $(\text{add/edit}^{+}, \text{id}, W_{\text{id}})$，并且先生成一个密钥 $K^{+}=F(K, 3)$，然后对于 $w\in W_{\text{id}}$，执行如下步骤：

① 计算 $K_1^{+}\leftarrow F(K^{+}, 1\parallel w)$，$K_2^{+}\leftarrow F(K^{+}, 2\parallel w)$；

② 计算 $K_1^- \leftarrow F(K^-, w)$；

③ 计算 $c \leftarrow \text{Get}(\delta, w)$，如果 $c = \perp_S$ 那么 $c \leftarrow 0$；

④ 计算 $l \leftarrow F(K_1^+, c)$，$d \leftarrow \text{Enc}(K_2^+, \text{id})$；

⑤ 计算 $\text{revid} \leftarrow F(K_1^-, \text{id})$；

⑥ 将(l, d, revid)按字典顺序加入 L；

⑦ 将 L 发送给服务器，服务器将$(l, d) \in L$ 添加到 γ^+。

之后等待服务器的响应。服务器响应指示添加成功或删除撤销的项，使用此信息来修改计数器 c。

服务器通过以下步骤来生成响应 $r \in (0, 1)^{|L|}$：

对于$(l, d, \text{revid}) \in L$ 中的第 i 对组合，如果 $\text{revid} \in S_{\text{rev}}$，则将 r 的第 i 个比特设为 1，并且将 revid 从 S_{rev} 中删去；否则，将 r 的第 i 个比特设为 0 并将(l, d)添加到 γ；最后，将 r 发送给客户端。

接着客户端增加对应于 r 中 0 比特位的关键词的计数器。它将关键词 $w \in W_{\text{id}}$ 按其在 L 中的标签顺序进行处理。对于顺序中的第 i 位关键词 w，如果 r 中的第 i 个比特是 0，则计算 $c \leftarrow \text{Get}(\delta, w)$，对 c 加 1，并将(w, c)插入 δ。

(3) Search。客户端输入 w，令 $K^- = F(K, 4)$，$K_1^- \leftarrow F(K^-, w)$，然后执行如下步骤：

① 计算 $K_1 = F(K, 1 \| w)$，$K_2 = F(K, 2 \| w)$；

② 计算 $K_1^+ \leftarrow F(K^+, 1 \| w)$，$K_2^+ \leftarrow F(K^+, 2 \| w)$；

③ 将$(K_1, K_2, K_1^+, K_2^+, K_1^-)$发送给服务器。

接收到消息后，对于(K_1, K_2)和 γ，服务器进行如下计算：

当 $c=0$ 且 Get 返回不为空时：

a. 计算 $d \leftarrow \text{Get}(\gamma, F(K_1, c))$以及 $m \leftarrow \text{Dec}(K_2, d)$。

b. 计算 $\text{revid} \leftarrow F(K_1^-, \text{id})$并检测 $\text{revid} \in S_{\text{rev}}$ 是否成立。如果成立，则将 id 丢弃；否则，对于每个 m，输出其 id。

c. c 自增 1。

对于(K_1^+, K_2^+)和 γ^+，服务器进行如下计算：

当 $c=0$ 且 Get 返回不为空时：

a. 计算 $d \leftarrow \text{Get}(\gamma^+, F(K_1^+, c))$以及 $m \leftarrow \text{Dec}(K_2^+, d)$。

b. 计算 $\text{revid} \leftarrow F(K_1^-, \text{id})$并检测 $\text{revid} \in S_{\text{rev}}$ 是否成立。如果成立，则将 id 丢弃；否则，对于每个 m，输出其 id。

c. c 自增 1。

2. Seny Kamara 的基于 KRB 树的 DSSE 方案

1) 方案概述

Kamara 等人提出了一种基于关键词红黑树(KRB 树)的 DSSE 方案。该方案具有次线性搜索时间复杂度，且突破了倒排索引方法的一些局限。特别是该方法简单、高度并行，可以轻松处理更新。更准确地说，假设对于在 m 个关键词上建立索引的 n 个文档，处理器有 p 个核心，其方案具有以下特性：

(1) 对关键词 w 的搜索以 $O((r/p)\log n)$的并行时间运行，其中 r 是包含关键词 w 的文档数量。注意：对于 $p=\omega(\log n)$，并行搜索时间是 $o(r)$，即小于最佳顺序搜索时间。

(2) 对包含 q 个唯一关键词的文档 f 的更新可以在 $O((m/p)\log n)$ 并行时间内完成。同样，在这种情况下，对于 $p=\omega((m/q)\log n)$，并行更新时间为 $o(q)$，即小于最佳顺序更新时间。

(3) 除了过去公开的搜索令牌泄露的信息外，该方案的更新操作不会泄露新添加或删除文档 f 中包含的关键词信息。即如果在执行任何搜索之前就开始将文档添加到加密索引中，就不会因为这些更新操作而泄露信息。

2) 方案的构造思路

该方案的构造思路是基于一种新的基于树的多映射数据结构(称为关键词红黑(KRB)树)。KRB 树可以针对文档集合建立索引，关键词搜索可以在 $O(r\log n)$顺序时间和 $O\left(\frac{r}{p}\log n\right)$并行时间内完成。此外，KRB 树支持高效的更新，因为关于给定文件 f 的所有信息都可以在 $O(\log n)$时间内找到并更新。为了构建 SSE 方案，基于简单而高效的原语(如 PRF、PRP 以及随机谕言机)对 KRB 树进行加密，所得到的方案是 CKA2 安全的，并且保留了与未加密的 KRB 树相同的渐进复杂度。

3) 方案细节

(1) 定义两个数据结构。

• (k, m)哈希表：在该方案中使用静态哈希表来存储每个关键词的特定信息。若哈希表 λ 的条目是元组(key, value)，其中关键词 key 来自指数大小的域，即$\{0, 1\}^k$，value 是布尔值的加密。哈希表 λ 中的最大条目数是 m，即关键词的数目。如果对于一个表 λ，关键词字段来自$\{0, 1\}^k$，并且 λ 中最多有 m 个条目，则称 λ 是一个(k, m)哈希表。

• KRB 树：一种动态数据结构，是整个方案的基础。KRB 树的 δ 由一组文档 $f=(f_{i_1}, \cdots, f_{i_n})$(其中包括标识符 $i=(i_1, \cdots, i_n)$和公共关键词 w)构造。构造过程定义为 buildIndex(f)，具体如下：

① 假设文档序列为 $f=(f_{i_1}, \cdots, f_{i_n})$，文档顺序由标识符的顺序 $i=(i_i, \cdots, i_n)$决定。基于$(i_1, \cdots, i_n)$建一棵红黑树，在叶子处存储指向相应文档的指针。假设文档是独立存储的，如存储在磁盘上。这里对红黑树做了简单的修改，即树的叶子节点是标识符，即叶子存储指向文件的指针。

② 在树的每个内部节点 u 处存储 m 位向量 data_u。对于 $i=1, \cdots, m$，data_u 的第 i 位表示关键词 w_i。如果 $\mathrm{data}_u[i]=1$，则至少有一条从 u 到某个存储了标识符 j 的叶子节点的路径，也就是 f_j 包含 w_i。

(3) data_u 的计算过程如下：对于存储标识符 j 的每个叶子节点 l，当且仅当文档 f_j 包含关键词 w_i 时，令 $\mathrm{data}_l[i]=1$。设 u 是树 T 的一个内部节点，其左子节点为 ν，右子节点为 z。则内部节点的向量 data_u 递归计算如下：

$$\mathrm{data}_u=\mathrm{data}_\nu+\mathrm{data}_z$$

其中，+表示按位或运算。

(2) 构造方案。

要在 KRB 树 T 中搜索关键词 w，按如下步骤进行：假设 w 对应存储在内部节点的 m 位向量中的位置 i，则检查节点 ν 的位置 i 处的比特位，如果该位为 1，则检查 ν 的子节点。

当这个遍历结束后，返回到达过的所有叶子节点。

具体方案构造如下：

令 $f=(f_{i_1}, \cdots, f_{i_n})$表示文档序列，$w=(w_1, \cdots, w_m)$表示关键词全集，$H:\{0, 1\}^k \times \{0, 1\} \to \{0, 1\}$是一个 Hash 函数并建模成一个随机谕言机，$G:\{0, 1\}^k \times \{w_1, \cdots, w_m\} \to \{0, 1\}^k$ 是一个伪随机函数；$P:\{0,1\}^k \times \{w_1, \cdots, w_m\} \to \{0, 1\}^k$ 是另一个伪随机函数。

该方案为一个包括 8 个多项式时间算法(Gen，Enc，SrchToken，Search，UpdHelper，UpdToken，Update，Dec)的元组。

• $K \leftarrow \text{Gen}(1^k)$：密钥生成算法，由用户执行来生成密钥。

用户首先生成三个随机的 k 长比特串 K_1、K_2 和 r，其中 K_1、K_2 作为伪随机函数的密钥，$K_1 \leftarrow \{0, 1\}^k$，$K_2 \leftarrow \{0, 1\}^k$。然后生成 $K_3 \leftarrow \varepsilon.\text{Gen}(1^k; r)$，其中 ε 是一个 CPA 安全的对称加密方案，用来加密文档。算法输出 $K:=(K_1, K_2, K_3)$作为密钥。

• $(\gamma, c) \leftarrow \text{Enc}(K, \delta, f)$：加密算法，由用户执行来生成密文和索引。

按如下步骤进行：

① R 是不同于 ε 的另一个 CPA 安全的对称加密方案。对于 $i=1, \cdots, m$，通过调用 $\text{sk}_i = R.\text{Gen}(1^k; G_{K_2}(w_i))$，为每个关键词 w_i 生成一个密钥 sk_i。

② 对于 $1 \leqslant j \leqslant n$，执行 $c_{i_j} \leftarrow \varepsilon.\text{Enc}(K_3, f_{i_j})$，生成密文向量 $c=(c_{i1}, \cdots, c_{i_n})$。

③ 将 c 存储在磁盘上(标识符 i 保持不变)，然后删除 f。

④ 使用 $\delta \leftarrow \text{buildIndex}(f)$生成一棵 KRB 树，也就是索引。对于 KRB 树 T 的每个节点 ν，如果它有标识符 $\text{id}(\nu)$，则执行以下操作：

a. 实例化两个(k, m)关键词哈希表 $\lambda_{0\nu}$ 和$\lambda_{1\nu}$，在 ν 中存储$\lambda_{0\nu}$ 和$\lambda_{1\nu}$；

b. 对于每个 $i=1, \cdots, m$，设置 $\lambda_{b\nu}[P_{K_1}(w_i)] \leftarrow R.\text{Enc}(\text{sk}_i, \text{data}_\nu[i])$，其中 $b=H(P_{K_1}(w_i), \text{id}(\nu))$是随机谕言机的一比特输出，$\text{data}_\nu$ 是 T 中节点 ν 的向量。

c. 在 $\lambda_{|1-b|\nu}[P_{K_1}(w_i), \text{id}(\nu)]$处存储一个随机字符串(即在每个节点 ν，由比特位 b 指定哪一个哈希表($\lambda_{0\nu}$ 或$\lambda_{1\nu}$)包含关键词 w_i 的实际条目)。

d. 删除向量 data_ν。

⑤ 输出 $\gamma:=T$ 和 $c:=(c_{i_1}, \cdots, c_{i_n})$。

• $\tau_s \leftarrow \text{SrchToken}(K, w_i)$：搜索令牌生成算法，由用户执行来生成搜索令牌。

调用 $R.\text{Gen}(1^k, G_{K_2}(w_i))$输出密钥 sk_i，sk_i 为每个关键词w_i 的密钥；输出搜索令牌 $\tau_s=(P_{K_1}(w_i), \text{sk}_i)$。

• $c_w \leftarrow \text{Search}(\gamma, c, \tau_s)$：搜索算法，由服务器来执行搜索。

将 τ_s 解析为(τ_1, τ_2)，调用 $\text{Search}(r)$，其中 r 是 KRB 树 T 的根。令 ν 和 z 分别是节点 u 的左、右子节点。算法 $\text{Search}(u)$递归定义如下：

① 计算 $b=H(\tau_1, \text{id}(u))$并计算 $a=R.\text{Dec}(\tau_2, \lambda_{bu}[\tau_1])$。

② 如果 $a=0$，则返回。

③ 如果 u 是叶子节点，则设置 $c_w:=c_w \cup c_u$，其中 c_u 是与文件标识符 u 对应的密文(也存储在节点 u)；否则调用 $\text{Search}(\nu)$和 $\text{Search}(z)$。

④ 输出 c_w。

• $\text{info}_{i,u} \leftarrow \text{UpdHelper}(i, u, \gamma, c)$：更新辅助信息生成算法，由用户执行来生成更新辅助信息。

算法中的更新 u 指的是(具有标识符 i 的)文档 f_i 的添加或删除。为了计算信息 $\text{info}_{i,u}$，算法对 KRB 树进行了结构更新。(结构更新涉及在更新红黑树期间执行的必要旋转，以便其高度可以保持为对数。)

为了执行结构更新，不需要访问文档的实际内容，因为这样的更新仅基于标识符 i。信息 $\text{info}_{i,u}$ 由更新期间访问的 KRB 树 T 的 $T(u)$部分组成。

• $\tau_u \leftarrow \text{UpdToken}(K, f_i, \text{info}_{i,u})$：更新令牌生成算法，由用户执行来生成更新令牌。

如果更新 u 指示添加文档 f_i，则首先为要添加的文档进行加密，即执行 $c_{i_j} \leftarrow \varepsilon.\text{Enc}(K_3, f_{i_j})$，然后为使 $\text{info}_{i,u}$ 包含由 UpdHelper 返回的 KRB 树的特定部分 $T(u)$，对 $T(u)$执行结构更新，并让 $T'(u)$成为更新后的新子树。

$T'(u)$中的每个具有新的或修改的祖先(与其在 $T(u)$中的结构相比)的节点 ν 也必须更改其中的已加密的本地信息。算法还将标识符从 $\text{id}(\nu)$更改为 $\text{id}'(\nu)$。对于每个这样的节点 $\nu \in T'(u)$，执行以下操作：

① 用随机项 $\lambda_{0\nu}$ 和 $\lambda_{1\nu}$ 实例化两个新的(k, m)关键词哈希表。将 $\lambda_{0\nu}$ 和 $\lambda_{1\nu}$ 存储在 ν 处。

② 通过设置 $\lambda_{b\nu}[P_{K_1}(w_i)] \leftarrow R.\text{Enc}(\text{sk}_i, \text{data}_\nu[i])$，$i=1, \cdots, m$ 来更新新的哈希表，其中 $b=H(P_{K_1}(w_i), \text{id}(\nu))$是随机谕言机的输出，$\text{data}_\nu$ 是由于更新而产生的新的向量。

③ 输出 $\tau_u := (T'(u), c_i)$。

• $(\gamma', c') \leftarrow \text{Update}(\gamma, c, \tau_u)$：索引更新算法，由服务器来执行。

在输入 τ_u 时，只需将新的信息 $T'(u)$复制到更新的 KRB 树 T 中，并输出新的加密索引 γ'和新的密文集 c'即可。

• $f_i \leftarrow \text{Dec}(K, c_i)$：解密算法，由用户执行，解密得到明文。

输出明文 $f_i := \text{Dec}(K_3, c_i)$。

5.2.3 多关键词排名搜索

Ning Cao 等人提出的方案首次定义并解决了在加密数据上进行隐私保护的多关键词排名搜索(Multi-keyword Ranked Search，MRSE)问题。

1. 方案概述

在各种多关键词语义中，该方案选择高效的“坐标匹配”相似度度量，即尽可能多地匹配关键词与文档，以体现文档与搜索查询的相关性。具体来说，方案采用了“内积相似度”，即文档中出现的查询关键词数量，来定量评估该文档与搜索查询的这种相似度。该方案的贡献总结如下：

(1) 首次研究了在加密云数据上进行多关键词排名搜索的问题。

(2) 在不同的威胁模型中，提出了两种基于“坐标匹配”相似度度量的 MRSE 方案，满足了不同的隐私需求。

(3) 支持更多的搜索语义和动态数据操作。

2. 系统模型

MRSE 方案由以下四种算法组成：

(1) $\text{Setup}(1^l)$：以安全参数 l 作为输入，数据所有者输出对称密钥 sk。

(2) BuildIndex($\mathcal{F}$, sk)：基于数据集$\mathcal{F}$，数据拥有者构建一个可搜索的索引$\mathcal{I}$，该索引通过对称密钥 sk 加密后外包给云服务器。索引构建完成后，可对文档集合进行独立加密和外包。

(3) Trapdoor($\widetilde{\mathcal{W}}$)：以搜索查询$\widetilde{\mathcal{W}}$中的 t 个关键词作为输入，该算法生成相应的陷门 $T_{\widetilde{W}}$。

(4) Query($T_{\widetilde{W}}$, k, $\mathcal{I}$)：当云服务器收到查询请求($T_{\widetilde{W}}$, k)时，会借助陷门 $T_{\widetilde{W}}$对索引$\mathcal{I}$进行排序搜索，得到 $F_{\widetilde{W}}$，最终返回以相似度排序的前 k 个文档的标识符列表。

3. 安全需求

数据所有者可以在外包前采用传统的对称加密方案对数据进行加密，防止云服务器对外包数据的窥探。在索引隐私方面，如果云服务器从索引中推导出关键词与加密文档之间的任何关联，就可能了解到文档的主题，甚至是短文档的全部内容。因此，应构建能够防止云服务器进行这种关联攻击的安全索引。虽然通常的 SSE 方案设计要求数据和索引的隐私保护，但各种搜索查询过程中涉及的隐私要求比较复杂，具体如下。

1) 关键词隐私

由于用户通常不希望自己的搜索被暴露在云服务器或其他实体面前，所以最重要的是隐藏自己的搜索内容，即相应的陷门所指示的关键词。虽然陷门可以通过加密的方式生成，以保护所查询的关键词，但云服务器可以对搜索结果进行一些统计分析。如作为一种统计信息，文档频率(即包含关键词的文档数量)足以用于大概率地识别某些关键词。当云服务器知道数据集的一些背景信息时，可以利用这些关键词的特定信息对关键词进行逆向工程。

2) 陷门的不可链接性

陷门生成算法应该是随机性的，而不是确定性的，特别是云服务器不应该能够推断出任何给定陷门的关系，如确定两个陷门是否由同一个搜索请求生成。否则，确定性的陷门生成会给云服务器带来优势，积累关于不同关键词的不同搜索请求的频率，可能会进一步违反前述关键词隐私要求。所以，对陷门不可链接性的保护是指在陷门生成过程中引入足够的随机性。

3) 访问模式

在排名搜索中，访问模式是搜索结果的序列，其中每一个搜索结果都是一组具有排名顺序的文档。具体来说，查询关键词集$\widetilde{\mathcal{W}}$的搜索结果表示为 $F_{\widetilde{W}}$，它由所有文档的标识符列表组成，按其与$\widetilde{\mathcal{W}}$的相关性排序，可表示为($\mathrm{F}_{\widetilde{W}1}$, $\mathrm{F}_{\widetilde{W}}$, …)，这是顺序搜索的结果。

4. 方案细节

1) MSRE_Ⅰ方案细节

(1) *Setup*(1^l)：数据所有者随机生成一个($n+2$)比特的向量 $\boldsymbol{S}$ 和两个($n+2$)×($n+2$)的可逆矩阵 $\boldsymbol{M}_1$, $\boldsymbol{M}_2$。秘密钥 sk 是形如{$\boldsymbol{S}$, $\boldsymbol{M}_1$, $\boldsymbol{M}_2$}的 3 元组。

(2) BuildIndex($\mathcal{F}$, sk)：数据所有者为每个文档 F_i 生成一个二进制数据向量 $\boldsymbol{D}_i$，其中每个二进制位 $\boldsymbol{D}_i[j]$代表文档 F_i 中是否出现相应的关键词 W_j。随后，通过对 $\boldsymbol{D}_i$ 进行扩维和拆分，生成每个明文子索引 $\vec{\boldsymbol{D}}_i$。这些操作与安全 kNN 计算中的程序类似，只是 $\vec{\boldsymbol{D}}_i$

中的第$(n+1)$个条目被设置为一个随机数ε_i，$\vec{\boldsymbol{D}}_i$中的第$(n+2)$个条目在扩维过程中被设置为1。因此，$\vec{\boldsymbol{D}}_i$等同于$(\boldsymbol{D}_i, \varepsilon_i, 1)$。最终，为每个被加密的文档$C_i$建立子索引$I_i=\{\boldsymbol{M}_1^{\mathrm{T}}\vec{\boldsymbol{D}}'_i, \boldsymbol{M}_2^{\mathrm{T}}\vec{\boldsymbol{D}}''_i\}$。

(3) Trapdoor($\widetilde{\mathcal{W}}$)：以$\widetilde{\mathcal{W}}$中的t个关键词作为输入，生成一个二进制向量$\boldsymbol{Q}$，其中每比特位$\boldsymbol{Q}[j]$表示$W_j\in\widetilde{\mathcal{W}}$是真还是假。$\boldsymbol{Q}$首先被扩展为$(n+1)$维并设置为1，然后用一个随机数$(r\neq 0)$进行缩放，最后将$\boldsymbol{Q}$扩展为一个$(n+2)$维的向量$\vec{\boldsymbol{Q}}$，其中最后一维被设置为另一个随机数$t$。因此，$\vec{\boldsymbol{Q}}$等同于$(rQ, r, t)$。在应用与上述相同的拆分和加密过程后，生成的陷门$T_{\widetilde{W}}$为$\{\boldsymbol{M}_1^{-1}\vec{\boldsymbol{Q}}', \boldsymbol{M}_2^{-1}, \vec{\boldsymbol{Q}}''\}$。

(4) Query($T_{\widetilde{W}}$, k, $\mathcal{I}$)：通过陷门$T_{\widetilde{W}}$，云服务器计算每个文档F_i的相似度分数，计算方式如下：

$$\begin{aligned} I_i \cdot T_{\widetilde{W}} &= \{\boldsymbol{M}_1^{\mathrm{T}}\vec{\boldsymbol{D}}'_i, \boldsymbol{M}_2^{\mathrm{T}}\vec{\boldsymbol{D}}''_i\}\cdot\{\boldsymbol{M}_1^{-1}\vec{\boldsymbol{Q}}', \boldsymbol{M}_2^{-1}, \vec{\boldsymbol{Q}}''\} \\ &= \vec{\boldsymbol{D}}'_i\cdot\vec{\boldsymbol{Q}}' + \vec{\boldsymbol{D}}''_i\cdot\vec{\boldsymbol{Q}}'' \\ &= \vec{\boldsymbol{D}}_i\cdot\vec{\boldsymbol{Q}} \\ &= (\boldsymbol{D}_i, \varepsilon_i, 1)\cdot(r\boldsymbol{Q}, r, t) \\ &= r(\boldsymbol{D}_i\cdot\boldsymbol{Q}+\varepsilon_i)+t \end{aligned}$$

不失一般性，假设$r>0$，在对所有分数进行排序后，云服务器返回排名前k的标识符列表$F_{\widetilde{W}}$。

2) MRSE_Ⅱ方案中细节

(1) Setup(1^l)：数据所有者随机生成一个$(n+U+1)$比特的向量$\boldsymbol{S}$和两个$(n+U+1)\times(n+U+1)$的可逆矩阵$\boldsymbol{M}_1$，$\boldsymbol{M}_2$。

(2) BuildIndex($\mathcal{F}$, sk)：$\vec{\boldsymbol{D}}'_i$中的第$(n+j+1)$个条目在扩维过程中被设置为随机数$\varepsilon^{(j)}$，其中$j\in[1, U]$。

(3) Trapdoor($\widetilde{\mathcal{W}}$)：通过从U个虚关键词中随机选择V个，将$\boldsymbol{Q}$中的相应条目设为1。

(4) Query($T_{\widetilde{W}}$, k, $\mathcal{I}$)：云服务器计算出的最终相似度得分等于$r\left(x_i+\sum\varepsilon_i^{(\nu)}\right)+t_i$，其中第$\nu$个虚关键词包含在$V$个选中的关键词中。

5. MSRE_Ⅰ方案的隐私性分析

对于数据隐私，利用传统的对称加密技术就可以保证，此处不再赘述。在已知的密文模型中，该方案采用的这种向量加密方法已经被证明是安全的。因此，如果密钥sk保密，索引隐私就可以得到有效保护。虽然与改造后的安全内积计算相比，向量增加了两个维度，但$2(n+2)m$个方程数仍然小于m个数据向量中的$2(n+2)m$个未知数和$\{M_1, M_2\}$中的$2d^2$个未知数之和。基于拆分过程引入的随机性以及随机数r和t，该方案可以对同一个查询$\widetilde{\mathcal{W}}$产生两个完全不同的陷门。这种非确定性的陷门生成可以保证陷门的不可链接性。此外，如果随机变量ε_i的标准差σ选择得当，则最终的得分结果可以被很好地混淆，从而防止云服务器学习到给定陷门和对应关键词的关系。需要注意的是，虽然从效率的角度来看，σ 预计会很小，但小的 σ 会将小的混淆引入最终的相似度分数中，这可能会削弱对关键词隐私和陷门不可链接性的保护。最终相似度分数的分布较小，云服务器会了解到更多的原始相似度分数的统计信息。因此，从隐私角度考虑，σ 的值应设置得足够大。

5.3 动态 SSE 方案中的隐私保护

前面已经针对 SSE 方案中隐私保护的需求和解决方案进行了讨论和分析，内容涉及数据隐私、索引隐私、陷门的不可链接性、访问模式以及搜索模式等。随着研究的深入，特别是在支持动态更新的 SSE 方案中，前向隐私和后向隐私的需求越来越受到关注。本节将分析一些 SSE 方案中针对前向隐私和后向隐私需求的解决方案。

5.3.1 Bost 的 $\Sigma o\phi o\varsigma$ 方案

1. 方案概述

Bost 提出了一个具有最优搜索和更新复杂度(计算和通信复杂度)的前向隐私的 SSE 方案，即 $\Sigma o\phi o\varsigma$ 方案。该方案仅使用了简单的密码学工具(如伪随机函数和陷门置换)，而不依赖于不经意随机访问机(Oblivious Random Access Machine，ORAM)。

2. 系统模型

一个动态可搜索加密方案 Π=(Setup，Search，Update)包含一个算法以及客户机与服务器之间的两个协议。

(1) Setup(DB)是将数据库 DB 作为输入的算法。它输出一组(EDB，K，σ)，其中 K 是密钥，EDB 是加密数据库，σ 是客户机的状态。

(2) Search(K，q，σ；EDB)=(Search_C(K，q，σ)，Search_S(EDB))是客户机与服务器之间的协议，客户机输入密钥 K、自身状态 σ 以及搜索询问 q，服务器输入 EDB。对于单关键词搜索方案，一个搜索查询被限制为一个唯一的关键词 w。

(3) Update(K，σ，op，in；EDB)=(Update_C(K，σ，op，in)，Update_S(EDB))是客户机与服务器之间的协议，客户机输入密钥 K、自身状态 σ、操作 op 以及被解析为索引 ind 和关键词集合的输入 in，服务器输入 EDB。更新操作来自集合{add，del}，分别表示添加和删除关键词-文档对。

3. 安全性定义

SSE 方案必须实现两个安全性：正确性和保密性。

(1) 正确性。SSE 方案的正确性是一个基本属性，除了可忽略的概率，搜索协议必须为每个查询返回正确的结果。

(2) 保密性。SSE 方案的保密性定义使用现实与理想的模拟范式。它由描述协议泄露给敌手的泄露函数$\mathcal{L}$=($\mathcal{L}^{\text{Stp}}$，$\mathcal{L}^{\text{Srch}}$，$\mathcal{L}^{\text{Updt}}$)进行参数刻画，并形式化为有状态的算法。该定义确保 SSE 方案不会泄露超过泄露函数可以推断出的任何额外信息。

定义两个游戏 SSER_{EAL} 和 $\text{SSEI}_{\text{DEAL}}$，敌手$\mathcal{A}$选择一个数据库 DB，在真实情况下返回的是使用 Setup(DB)生成的 EDB，在理想情况下返回的是$\mathcal{S}$($\mathcal{L}^{\text{Srch}}$(DB))。然后，利用输入 in 反复执行搜索和更新查询，并接收在真实游戏中运行 Search(q)(resp. Update(op，in))协

议产生的副本，或在理想游戏中运行模拟器$\mathcal{S}(\mathcal{L}^{\text{Srch}}(q))$(resp. $\mathcal{S}(\mathcal{L}^{\text{Updt}}(\text{op}, \text{in}))$)产生的副本。最终，敌手$\mathcal{A}$输出 1 bit。如果对于所有的敌手$\mathcal{A}$来说，存在一个有效的模拟器$\mathcal{S}$，使敌手$\mathcal{A}$不能以不可忽略的概率区分真实游戏和理想游戏的执行，则称该方案是$\mathcal{L}$适应性安全的。

4. 方案细节

下面仅给出 $\Sigma o\phi o\varsigma$ 方案的一个简化版本 $\Sigma o\phi o\varsigma$－B 的方案细节。在更新操作方面，$\Sigma o\phi o\varsigma$－B 仅支持插入新的关键词-文档对。

符号说明：π 是陷门置换；F 是伪随机函数；H_1 和 H_2 是带密钥的哈希函数，其输出长度分别为 μ bit 和 l bit。

在客户端，通过 HashMap 结构 W 将每一个插入的关键词映射到其当前的搜索令牌 $\text{ST}_c(w)$和计数器 $c=n_w-1$ 中。每插入一个与关键词 w 相匹配的新文档，$W[w]$就会扩充。客户端生成新的搜索令牌 $\text{ST}_{c+1}(w)=\pi^{-1}(\text{ST}_c(w))$，并将其存储在 W 中。如果 w 没有匹配任何文档，则随机选取一个新的 $\text{ST}_0(w)$放到 W 中。最后，通过一个带密钥的哈希函数，从搜索令牌中导出条目位置，即更新令牌。Setup、Search 和 Update 的伪代码如图 5.7 所示。

```
Setup()
1: K_S ←$ {0,1}^λ
2: (sk, pk) ← KeyGen(1^λ)
3: W, T ← empty map
4: return((T, pk, (K_S, sk), W)

Search(w, σ; EDB)
Client:
1: K_w ← F_{K_S}(w)
2: (ST_c, c) ← W[w], c = n_w − 1
3: if(ST_c, c) = ⊥
4: return ∅
5: Send(K_w, ST_c, c) to the Server
Server:
6: for i = c to 0 do
7: UT_i ← H_1(K_w, ST_i)
8: e ← T[UT_i]
9: ind ← e ⊕ H_2(K_w, ST_i)
10: Output each ind
11: ST_{i−1} ← π_pk(ST_i)
12: end for

Update(add, w, ind, σ, EDB)
Client:
1: K_w ← F(K_S, w)
2: (ST_c, c) ← W[w]
3: if(ST_c, c) = ⊥ then
4: ST_0 ←$ M, c ← −1
5: else
6: ST_{c+1} ← π_sk^{−1}(ST_c)
7: end if
8: W[w] ← (ST_{c+1}, c+1)
9: UT_{c+1} ← H_1(K_w, ST_{c+1})
10: e ← ind ⊕ H_2(K_w, ST_{c+1})
11: Send(UT_{c+1}, e) to the Server
Server:
12: T[UT_{c+1}] ← e
```

图 5.7 Setup、Search 和 Update 的伪代码

5. 安全性证明

$\Sigma o\phi o\varsigma$－B 的自适应安全性可以在随机谕言机模型中得到证明，并依赖于陷门 π 的单向性和 F 的伪随机性。定义$\mathcal{L}_\Sigma=(\mathcal{L}_\Sigma^{\text{Srch}}, \mathcal{L}_\Sigma^{\text{Updt}})$，且

$$\mathcal{L}_\Sigma^{\text{Srch}}(w)=(\text{sp}(w), \text{Hist}(w))$$

$$\mathcal{L}_{\Sigma}^{\text{Updt}}(\text{add}, w, \text{ind}) = \perp$$

则 $\Sigma o\phi o\zeta$ - B 是$\mathcal{L}_{\Sigma}$适应性安全的。

证明的方法是通过构造连续的不可区分的游戏进行混合论证，其中 H_1 和 H_2 被建模为随机谕言机，第一个 Hybrid 是真实的游戏，最后一个 Hybrid 是理想的游戏。

首先，用一个随机函数代替 F，即随机选取密钥 K_w。在第二个 Hybrid 中，用随机选择的字符串替换 Update 协议中由随机谕言机产生的所有字符串。

然后，游戏在 Search 协议中对随机谕言机进行编程，使服务器产生的结果与真实结果相匹配。H_1 被设置为将 w 的第 i 次搜索令牌映射到 w 的第 i 次更新时随机产生的更新令牌。H_2 用类似的方式编程，产生用于隐藏 ind 值的正确密钥流。如果第一个和第二个 Hybrid 无法区分，则意味着敌手$\mathcal{A}$能够在不知道密钥的情况下对陷门置换求逆。

最后，构造一个 Hybrid。它只需要知道搜索查询的重复性和历史记录，就可以产生与前一个 Hybrid 无法区分的搜索令牌。这个 Hybrid 的运行只依赖于泄露函数的输出，这意味着存在一个模拟器，可以产生与真实安全游戏无法区分的执行脚本。

注意，$\mathcal{L}_{\Sigma}$使用的是 Hist 而不是 DB，因为模拟器需要准确知道何时将与 w 匹配的文档插入数据库中，以便正确模拟真实协议。

5.3.2　Emil Stefanov 的 DSSE 方案

1. 方案概述

Emil Stefanov 等人提出了一个新的次线性 DSSE 方案。通常认为如果不使用代价昂贵的 ORAM，那么 DSSE 方案必须容忍如下泄露：

① 要搜索的关键词的哈希值，即搜索模式；

② 关键词检索的匹配文档标识符和新增/删除文档的文档标识符，即访问模式；

③ 当前存储在集合中的关键词-文档对的数量，即尺寸模式。

DSSE 方案虽然不支持后向隐私，但具有如下优势：

(1) 泄露量小。如上所述，搜索模式、访问模式和尺寸模式的三种泄露是每个不使用 ORAM 的 DSSE 方案不可避免的，而相对于其他泄露量更大的方案，该方案仅泄露在搜索过程中过去被删除的、与关键词相匹配的文件标识符。因此，该方案实现了前向隐私(但不包括后向隐私)。

(2) 高效。DSSE 方案在最坏情况下的搜索复杂度是 $O(\min\{\alpha+\log N, m\log^3 N\})$，其中 N 是文档集合的大小(N 还等于关键词-文档对的数量)，m 是包含要搜索的关键词的文档数量，α 是这个关键词在历史上被添加到集合中的次数(也就是说，对于 $\alpha=\Theta(m)$，搜索复杂度是 $O(m+\log N)$；任何情况下，它都不可能超过 $O(m\log^3 N)$)。DSSE 方案在最坏情况下的更新复杂度是 $O(\beta\log^2 N)$，其中 β 是更新(插入或删除)的文档中包含的唯一关键词的数量。该方案数据结构的空间复杂度是最优的(即 $O(N)$)。

(3) 第一个支持动态关键词。与其他动态 SSE 方案需要存储所有可能出现在文档中的关键词的信息(即所有字典)不同，DSSE 方案只存储当前出现在文档中的关键词的信息。

2. 方案细节

(1) Setup$((1^\lambda, N), (1^\lambda, \perp)) \rightarrow (\text{st}, D)$：客户机选取加密密钥 esk 以及 $L=\log N$ 个

随机层次密钥 k_0，k_1，…，k_L，客户机的秘密状态包括 st:=(esk, k_0, k_1, …, k_L)；服务器初始化一个空的层次结构 D，其包含指数增长的层级 T_0，T_1，…，T_L。

(2) Search((st, w), D)→(st′, $\mathcal{I}$), ⊥)：

① 客户机：对于给定的关键词 w，客户机为每个层次计算相应的令牌 tks:={token_l:=$\text{PRD}_{kl}(h(w))$：$l=0,1,\cdots,L$}，并将令牌 tks 发送给服务器。

② 服务器：令$\mathcal{I}$:=∅，对于 $l\in\{L, L-1, \cdots, 0\}$，执行：

- 遍历所有 cnt，执行

　　id:=Lookup(token_l, add, cnt)

　　$\mathcal{I}:=\mathcal{I}\cup\{\text{id}\}$

- 遍历所有 cnt，执行

　　id:=Lookup(token_l, del, cnt)

　　$\mathcal{I}:=\mathcal{I}-\{\text{id}\}$

将$\mathcal{I}$返回给客户机。

(3) Update((st, upd), D)→(st′, D')：令 upd:=(w, id, op)定义一个更新操作，其中 op=add 或者 op=del，$\boldsymbol{W}$ 是存储标识符 id 的文档中所包含的唯一关键词的向量。对于每个 $w\in\boldsymbol{W}$，按随机顺序执行：

• 如果 T_0 为空，则选择一个新的密钥 k_0 并设置 T_0:=$\text{EncodeEntry}_{\text{esk}, k_0}(w, \text{id}, \text{op}, \text{cnt}=0)$；

• 否则，令 T_l 为第一个空的层次，调用 SimpleRebuild(l, (w, id, op))或者 Rebuild(l, (w, id, op))。

5.3.3 Bost 的 Janus 方案

1. 方案概述

Bost 等人继 $\Sigma o\phi o\zeta$ 方案后又提出了 Janus 等方案，其具体贡献如下：

(1) 提出了几种后向隐私的形式化定义，同时描述了一种简单通用的方法，可以从任何前向隐私的 SSE 方案实现后向隐私，并给出了两个实例化方案 Moneta 和 Fides。

(2) 定义了 FS-RCPRF 框架，该框架可以基于与范围约束兼容的任意受限伪随机函数(CPRF)来构造单关键词前向隐私 SSE 方案。通过使用 Goldreich 等人提出的经典 CPRF 构造了一种前向安全的 SSE 方案 Diana，该方案具有非常低的计算和通信开销；还给出了 Diana 的一个修改版本 $\text{Diana}_{\text{del}}$，即一个仅执行两轮的后向隐私方案。

(3) 提出了前向安全 SSE 方案 Janus，该方案同时实现了弱的后向隐私，即搜索查询在删除条目后不会泄露与查询匹配的条目。Janus 框架需要具有特定增量更新属性的可刺穿公钥加密方案来构造。

Fides、$\text{Diana}_{\text{del}}$ 和 Janus 都是首次提出的不依赖于 ORAM 同时实现后向和前向隐私的方案。此外，Janus 是唯一一个单轮的前向和后向隐私方案，该方案使用了受限伪随机函数和可刺穿公钥加密方案两个原语。

2. 前向隐私

如果更新查询不泄露正在更新的关键词-文档对中涉及的关键词信息，则 SSE 方案是前向隐私(或前向安全)的。

前向隐私的定义如下：

一个$\mathcal{L}$适应性安全的 SSE 方案是前向隐私的，当且仅当更新泄露函数$\mathcal{L}^{\text{Updt}}$可被写作

$$\mathcal{L}^{\text{Updt}}(\text{op}, \text{in}) = \mathcal{L}'(\text{op}, \{(\text{ind}_i, \mu_i)\})$$

其中集合$\{(\text{ind}_i, \mu_i)\}$刻画所有被更新的文档，其含义是在文档 ind_i 中修改的关键词的数量为 μ_i；$\mathcal{L}'$是无状态的。

如果更新查询仅限于添加或删除单个关键词-文档对，则该方案是前向隐私的，前提是满足$\mathcal{L}^{\text{Updt}}(\text{op}, w, \text{ind}) = \mathcal{L}'(\text{op}, \text{ind})$。

3. 后向隐私

后向隐私限制了服务器在对 w 进行搜索查询时可以掌握的影响关键词 w 的更新信息。简言之，如果添加到数据库中的每个关键词-文档对(w, ind)被删除，且随后对 w 的搜索查询不会泄露 ind，那么 SSE 方案就是后向隐私的(或后向安全的)。需要注意的是，如果(w, ind)在被添加之后、被删除之前发出搜索查询，则 ind 会被暴露出来。

一个$\mathcal{L}$适应性安全的 SSE 方案是插入模式泄露的后向隐私的，当且仅当搜索和更新泄露函数$\mathcal{L}^{\text{Srch}}$、$\mathcal{L}^{\text{Updt}}$可以分别写为

$$\mathcal{L}^{\text{Updt}}(\text{op}, w, \text{ind}) = \mathcal{L}'(\text{op})$$

$$\mathcal{L}^{\text{Srch}}(w) = \mathcal{L}''(\text{TimeDB}(w), a_w)$$

其中$\mathcal{L}'$和$\mathcal{L}''$是无状态的。

$\mathcal{L}$适应性安全的 SSE 方案是更新模式泄露的后向隐私的，当且仅当搜索和更新泄露函数$\mathcal{L}^{\text{Srch}}$、$\mathcal{L}^{\text{Updt}}$可以分别写为

$$\mathcal{L}^{\text{Updt}}(\text{op}, w, \text{ind}) = \mathcal{L}'(\text{op}, w)$$

$$\mathcal{L}^{\text{Srch}}(w) = \mathcal{L}''(\text{TimeDB}(w), \text{Updates}(w))$$

其中$\mathcal{L}'$和$\mathcal{L}''$是无状态的。

$\mathcal{L}$适应性安全的 SSE 方案是弱后向隐私的，当且仅当搜索和更新泄露函数$\mathcal{L}^{\text{Srch}}$、$\mathcal{L}^{\text{Updt}}$可以分别写为

$$\mathcal{L}^{\text{Updt}}(\text{op}, w, \text{ind}) = \mathcal{L}'(\text{op}, w)$$

$$\mathcal{L}^{\text{Srch}}(w) = \mathcal{L}''(\text{TimeDB}(w), \text{DelHist}(w))$$

其中$\mathcal{L}'$和$\mathcal{L}''$是无状态的。

可以看出，插入模式泄露的后向隐私隐含着更新模式泄露的后向隐私，而后向隐私本身隐含着弱后向隐私。同时观察到，一个插入模式泄露的后向隐私的方案必须是前向隐私的。如果一个方案既是前向隐私又是弱后向隐私的，那么更新查询的泄露既不能依赖于更新的关键词(根据前向隐私的定义)，也不能依赖于更新的文档索引(根据弱后向隐私的定义)。所以，泄露必须受限于操作的性质。

4. 方案细节

下面仅给出弱后向隐私的 SSE 方案 Janus 的具体细节。

Janus 方案共包括三个算法，具体如下：

(1) Setup( )：

$$(\text{EDB}_{\text{add}}, K_{\text{add}}, \sigma_{\text{add}}) \leftarrow \Sigma_{\text{add}}.\text{Setup}(\,)$$

$(\mathrm{EDB}_{\mathrm{del}}, K_{\mathrm{del}}, \sigma_{\mathrm{del}}) \leftarrow \Sigma_{\mathrm{del}}.\mathrm{Setup}(\ )$

$K_{\mathrm{tag}}, K_{\mathrm{S}} \leftarrow \{0, 1\}^{\lambda}$，PSK，SC，$\mathrm{EDB}_{\mathrm{cache}} \leftarrow$ empty map

返回$((\mathrm{EDB}_{\mathrm{add}}, \mathrm{EDB}_{\mathrm{del}}, \mathrm{EDB}_{\mathrm{cache}}), (K_{\mathrm{add}}, K_{\mathrm{del}}, K_{\mathrm{tag}}, K_{\mathrm{S}}), (\sigma_{\mathrm{add}}, \sigma_{\mathrm{del}}, \mathrm{PSK}, \mathrm{SC}))$

(2) Search(K_{Σ}, w, σ; EDB)：

① 客户机：

$i \leftarrow \mathrm{SC}[w]$

如果 $i = \perp$，则返回$\varnothing$

发送 $\mathrm{sk}_0 = \mathrm{PSK}[w]$给服务器

$\mathrm{PSK}[w] \leftarrow$ PPKE.KenGen(1^{λ})，$\mathrm{SC}[w] \leftarrow i+1$

发送 tkn$\leftarrow F(K_{\mathrm{S}}, w)$给服务器

客户机和服务器分别以 C 和 S 为实例，运行两个子协议 Σ_{add}.Search 和 Σ_{del}.Search，Client(C)与 Server(S)：

C 和 S 运行 $\Sigma_{\mathrm{add}}.\mathrm{Search}(K_{\mathrm{add}}, w \| i, \sigma_{\mathrm{add}}; \mathrm{EDB}_{\mathrm{add}})$

服务器得到关于密文和标签的列表$((\mathrm{ct}_1, t_1^{\mathrm{add}}), \cdots, (\mathrm{ct}_n, t_n^{\mathrm{add}})s)$

C 和 S 运行 $\Sigma_{\mathrm{del}}.\mathrm{Search}(K_{\mathrm{del}}, w \| i, \sigma_{\mathrm{del}}; \mathrm{EDB}_{\mathrm{del}})$

服务器得到关于关键字元素的列表$((\mathrm{sk}_1, t_1^{\mathrm{del}}), \cdots, (\mathrm{sk}_m, t_m^{\mathrm{del}}))$

S 利用 $\mathrm{sk} = (\mathrm{sk}_0, \mathrm{sk}_1, \cdots, \mathrm{sk}_m)$解密密文,并获得列表 $\mathrm{NewInd} = ((\mathrm{ind}_1, t_1), \cdots, (\mathrm{ind}_l, t_l))$

② 服务器：

$\mathrm{OldInd} \leftarrow \mathrm{EDB}_{\mathrm{cache}}[\mathrm{tkn}]$

从 OldInd 中删除标签为$\{t_i^{\mathrm{del}}\}$的索引

$\mathrm{Res} \leftarrow \mathrm{OldInd} \cup \mathrm{NewInd}$，$\mathrm{EDB}_{\mathrm{cache}}[\mathrm{tkn}] \leftarrow \mathrm{Res}$

返回 Res

(3) Update(K_{Σ}, add, w, ind, σ; EDB)：

该协议的伪代码如下：

$t \leftarrow F_{K_{\mathrm{tag}}}(w, \mathrm{ind})$

$\mathrm{sk}_0 \leftarrow \mathrm{PSK}[w]$，$i \leftarrow \mathrm{SC}[w]$

if $\mathrm{sk}_0 = \perp$ then

$\mathrm{sk}_0 \leftarrow$ PPKE. KeyGen(1^{λ})，$\mathrm{PSK}[w] \leftarrow \mathrm{sk}_0$

$i \leftarrow 0$，$\mathrm{SC}[w] \leftarrow i$

end if

if op=add then

ct$\leftarrow$PPKE. Encrypt$(\mathrm{sk}_0, \mathrm{ind}, t)$

Run $\Sigma_{\mathrm{add}}.\mathrm{Update}(K_{\mathrm{add}}, \mathrm{add}, w \| i, (\mathrm{ct}, t), \sigma_{\mathrm{add}}; \mathrm{EDB}_{\mathrm{add}})$

else op=del

$(\mathrm{sk}_0', \mathrm{sk}_t) \leftarrow$ PPKE. IncPuncture(sk_0, t)

Run $\Sigma_{\mathrm{del}}.\mathrm{Update}(K_{\mathrm{del}}, \mathrm{add}, w \| i, (\mathrm{sk}_t, t), \sigma_{\mathrm{del}}; \mathrm{EDB}_{\mathrm{del}})$

PSK[w]←sk_0'
end if

5. 安全性证明

建立一个模拟器$\mathcal{S}$，给定每个更新和搜索操作的泄露量 $leak_u$(upd)和 $leak_{\mathcal{S}}(w_i)$，模拟与真实世界的半诚实服务器$\mathcal{A}$的交互。

1) Updage 协议的模拟

(1) Simple Rebuild。模拟器$\mathcal{S}$只掌握每次更新 upd 的 $leak_u$(upd)，包括添加/删除文档的标识符、操作类型、添加/删除文档的关键词数量$|w|$以及操作执行的时间。

对于 $i\in\{1, 2, \cdots, |w|\}$，模拟器模拟 Rebuild 协议$|w|$次。

对于每个 Rebuild 协议，假设级别 l 正在重建。模拟器简单地创建一个"随机"级别 T_l，即对于 T_l 中的每个条目，模拟器创建一个"随机"编码条目:=(hkey, c_1, c_2)。具体来说，条目的 hkey 和 c_1 项将随机生成。c_2 项是一个语义安全的密文，因此可以通过简单地加密 0 字符串来模拟。

(2) Rebuild。如果存在一个可以模拟 Simple Rebuild 情况的模拟器，那么可以建立一个模拟器来模拟 Rebuild 协议。在遗忘排序算法中，客户机下载一小部分条目子集($O(N^{\alpha})$)，在本地进行排序，然后传回服务器。经过几轮对条目子集的排序，整个层次将被排序。因此重建情况的模拟器调用 Simple Rebuild 模拟器来模拟每个 $O(N^{\alpha})$大小子集的处理。通过 Simple Rebuild 情况的模拟器的存在性以及排序算法的遗忘性，新的模拟器可以成功地模拟 Rebuild 协议。

2) Search 更新协议的模拟

对于关键词 w_i 的搜索协议，模拟器学习泄露 $leak_{\mathcal{S}}(w_i)$，包括匹配文档的数量$\{id_1, id_2, \cdots, id_r\}$以及关键词 w_i 之前被搜索的时间。

对于每一个被填充的层次 l，模拟器计算出一个随机 $token_l$，并将其发送给现实世界的敌手$\mathcal{A}$。注意：由于 PRF 函数的伪随机性，敌手$\mathcal{A}$无法区分随机令牌和伪随机令牌。

5.3.4　Chamani 的 SSE 方案

动态 SSE 方案使得客户机具备了更新外包数据库的能力，即远程插入和删除数据条目。同时，方案的设计应确保服务器能够尽可能少地推断出数据库的内容，甚至是它所处理的查询的内容。SSE 方案的核心工作从某种角度来说就是在效率(如存储、通信及时间开销)和方案对客户机数据内容的隐私保护强度(抵抗 HBC 或恶意的服务器)之间进行权衡。后者通过泄露函数的定义来刻画，它限制了在处理搜索或更新查询时向服务器泄露的信息类型。

Chamani 等人继 Bost 之后也对同时满足前向隐私和后向隐私的 DSSE 方案进行了研究。他们采用增量的方式给出了 MITRA、ORION 等具体的构造。

1. 方案概述

MITRA 方案提供了 Type-Ⅱ 型后向隐私。在渐近复杂度方面，它达到了与 Bost 等人的 Fides 方案相同的水平。同时，MITRA 的整体性能优于 Bost 等人仅实现 Type-Ⅲ 型后向隐私的 $Diana_{del}$ 和 Janus，这使 MITRA 成为现有前向和后向隐私 SSE 效率最高的方案。MITRA 具备低泄露水平、实用性能和简单设计等优势，是实际应用的理想之选。

ORION 具有渐近最佳的搜索时间复杂度。ORION 实现了最高级别的后向隐私，即 Type-Ⅰ型后向隐私。ORION 需要进行 $O(\log N)$ 次交互，并且搜索操作包括 $O(n_w \log^2 N)$ 个步骤。

2. MITRA：简单的前向和后向隐私方案

MITRA 采用一种简单的方法来存储加密记录，在更新(插入和删除)过程中不会向服务器泄露任何信息，而只泄露更新发生的时间。该方案使用了一个字典，其存储形式为(id，op)，其中 op 是插入或删除，id 是与此操作相关的特定文件的标识符。关键词在字典中存储值的位置是通过伪随机函数生成的，以确保客户机可以针对给定的搜索操作有效地生成与特定关键词 w 相关的所有位置的集合。MITRA 具有后向隐私性是由于其不向服务器发送用于生成位置和解密 w 的条目的密钥，而是直接向服务器发送位置，解密在客户机进行。

(1) Setup：初始化算法(算法 1)。在输入安全参数 λ 时产生一个密钥 K，客户机初始化两个空映射(DictW，FileCnt)。DictW 被发送到服务器，用于存储加密条目，而 FileCnt 则存储在本地。

算法 1 Mitra Setup(λ)的伪代码如下：

```
1：K←Gen(1^λ)
2：FileCnt，DictW←empty map
3：σ←FileCnt
4：EDB←DictW
5：Send EDB to the Server
```

(2) Update：更新算法(算法 2)。在更新过程中，客户机接收关键词 w、文件标识符 id 和相应的操作 op=add/del。例如，输入(add，w，id)的意思是“在文件 id 中为关键词 w 添加一个条目”。客户机还掌握密钥 K 并可以访问本地状态 FileCnt，它为每个不同的关键词 w 存储一个计数器，用于指示与关键词 w 相关的更新发生了多少次。更新时，客户机先检查 FileCnt[w]是否已经初始化。若 FileCnt[w]为空，则将关键词 w 的计数器值 FileCnt[w]设置为 0，然后，将计数器递增 1(第 1～4 行)。接下来，客户机连续两次调用密钥为 K 的伪随机函数 G，并计算 $G_K(w, \text{FileCnt}[w] \| 0)$ 和 $G_K(w, \text{FileCnt}[w] \| 1)$。第一个伪随机函数输出 addr，其中(id‖op)的加密值将存储在服务器上，而第二个伪随机函数的输出与条目(id‖op)进行异或，令结果为 val，(addr，val)将由服务器存储(第 5、6 行)。

算法 2 Mitra Update(K，op，(w，id)，σ；EDB)的伪代码如下：

```
Client：
1：if FileCnt[w] is NULL then
2：FileCnt[w]=0
3：end if
4：FileCnt[w]++
5：addr=G_K(w，FileCnt[w]‖0)
6：val=(id‖op)⊕G_K(w，FileCnt[w]‖1)
7：Send(addr，val) to the Server
```

Server：

8：Set Dict[addr]=val

（3）Search：搜索算法（算法 3）。在搜索所有包含关键词 w 的文件时，客户机首先查找计数器值 FileCnt[w]，即与 w 相关的更新总数，然后生成一个列表 TList，其中列出了服务器 DictW 中相应条目存储的所有位置。这是通过对输入为 $G_K(w, i \| 0)(i=1, \cdots,$ FileCnt[w]）的伪随机函数 G 进行计算来完成的。注意：这些位置与之前更新 w 时计算的位置相同，因为 G 是一个确定性函数。然后将位置列表 TList 发送给服务器（第 1～6 行）。服务器从 DictW 中检索出 TList 中所有密钥的值，并将它们发给客户机（第 7～11 行）。接收到这些值后，客户机计算伪随机函数 $G_K(w, i \| 1)(i=1, \cdots,$ FileCnt[w]），并执行相应的异或运算，从而解密（第 14 行）。

算法 3 Mitra Search(K，w，σ；EDB)的伪代码如下：

Client：

1：TList={ }

2：for $i=1$ to FileCnt[w] do

3：$T_i=G_K(w, i \| 0)$

4：TList=TList$\cup\{T_i\}$

5：end for

6：Send TList to the Server

Server：

7：$F_w=\{\ \}$

8：for $i=1$ to TList.size do

9：$F_w=F_w\cup$DictW[Tlist[i]]

10：end for

11：Send F_w to the Client

Client：

12：$R_w=\{\ \}$

13：for $i=1$ to F_w.size do

14：$(\text{id} \| \text{op})=F_w[i]\oplus G_K(w, i \| 1)$

15：$R_w=R_w\cup(\text{id} \| \text{op})$

16：end for

17：Remove ids that have been deleted from R_w

18：return R_w

安全性分析：MITRA 方案实现了前向隐私和 Type-Ⅱ型后向隐私。由于 G 是伪随机的，并且在每次更新过程中伪随机函数会使用不同的输入，因此服务器在更新过程中观察到的两个值（addr，val）与随机变量是无法区分的，满足前向隐私的安全性。实际上，服务器甚至不了解所执行操作的类型（添加/删除），即更新泄露为空。对于后向隐私，在搜索 w 的过程中，服务器会掌握一些 PRF 的计算结果，这就暴露了 w 每次更新操作发生的时间。除此以外，服务器不会得到任何其他的信息，尤其是服务器无法得知哪个是删除操作哪个是添加操作。根据后向隐私定义，这种泄露对应于 Type-Ⅱ型后向隐私。

下面给出 MITRA 安全性定理：

假设 G 是一个安全的伪随机函数，则 MITRA 是$\mathcal{L}^{\text{Updt}}(\text{op}, w, \text{id}) = \perp$ 且$\mathcal{L}^{\text{Srch}}(w) = (\text{TimeDB}(w), \text{Updates}(w))$的自适应安全 SSE 方案。

3. ORION：具有渐近最佳搜索时间的后向和前向隐私 SSE 方案

(1) Setup：初始化算法(算法 4)。在初始化过程中，客户机初始化两个空映射 UpdtCnt 和 LastInd。UpdtCnt 为更新计数器，用于存储每个关键词的最后一个 updt_{cnt} 值(对应于当前数据库中包含关键词的文件数)；LastInd 用于存储每个关键词最近插入的文件标识符。客户机还设置了两个不经意映射——OMAP_{src} 和 OMAP_{upd}。OMAP_{src} 用于维护映射$(w, \text{updt}_{\text{cnt}}) \rightarrow \text{id}$，即当输入一个关键词和一个更新计数器时，它返回相应的文件标识符。OMAP_{upd} 用于存储$(w, \text{id}) \rightarrow \text{updt}_{\text{cnt}}$，即输入一个关键词和一个文件标识符时，它输出对应的更新计数器(如果该条目之前已经被删除，则为负值)。加密的数据库 EDB 由两个不经意映射 OMAP_{src} 和 OMAP_{upd} 组成，本地状态 σ 包含 UpdtCnt 和 LastInd。私钥 K 被(隐式地)设置为不经意映射的私钥。

算法 4 Orion Setup(λ, N)的伪代码如下：

1：UpdtCnt，LastInd←empty map
2：$(T, \text{rootID}) \leftarrow \text{OMAP}_{\text{src}}.\text{Setup}(1^{\lambda}, N)$
3：$(T', \text{rootID}') \leftarrow \text{OMAP}_{\text{upd}}.\text{Setup}(1^{\lambda}, N)$
4：$\sigma \leftarrow (\text{rootID}, \text{rootID}', \text{UpdtCnt}, \text{LastInd})$
5：$\text{EDB} \leftarrow (T, T')$
6：Send EDB to the Server

(2) Update：更新算法(算法 5)。在更新过程中，客户机首先对 OMAP_{upd} 进行不经意访问，以检索与更新相对应的(w, id)的更新计数器。然后区分添加和删除的情况。

对于添加操作，客户机首先设置 UpdtCnt[w]的新值(第 5～8 行)。然后，进行两次不经意访问：① 访问 OMAP_{upd}，以插入从(w, id)到 UpdtCnt[w]的映射；② 访问 OMAP_{src}，以插入从$(w, \text{UpdtCnt}[w])$到 id 的映射(第 9～12 行)。最后，将 LastInd[w]设置为新添加的 id。

对于删除操作，客户机首先更新 OMAP_{upd} 中的(w, id)条目，以表明该条目已被删除(第 17、18 行)。然后，UpdtCnt[w]减 1，表示现在包含 w 的文件减少。如果有更多的文件包含 w(第 20 行)，则客户机必须更新映射，这是通过两个不经意映射访问完成的。第一个(第 22、23 行)是对 OMAP_{upd} 的访问，以表示 w 的前一个最新条目被移动到删除后空出的位置。第二个(第 24、25 行)是对 OMAP_{src} 的匹配修改。最后，客户机从 OMAP_{src} 中获取当前最新插入的 w 的标识符，以更新条目 LastInd[w](为将来的更新做准备)。在 w 没有更多条目的情况下，客户机不进行这些访问，只需设置 LastInd[w]=0。

如有必要，客户机会执行一些虚拟的 OMAP 访问，以隐藏代码的数据相关路径。也就是说，对于添加操作，客户机保证总是对 OMAP_{upd} 进行两次调用，对 OMAP_{src} 进行一次调用；而对于删除操作，对应的调用次数是 3 和 2。

算法 5 Orion Update$(K, \text{op}, (w, \text{id}), \sigma; \text{EDB})$的伪代码如下：

1：$\text{mapKey} = (w, \text{id})$
2：$(\text{rootID}', \text{updt}_{\text{cnt}}) \leftarrow \text{OMAP}_{\text{upd}}.\text{Find}(\text{mapKey}, \text{rootID}')$
3：if op=add then

4：if $updt_{cnt}$ = NULL or $updt_{cnt}$ = −1 then
5：if UpdtCnt[w] is NULL then
6：UpdtCnt[w]=0
7：end if
8：UpdtCnt[w]++
9：data=((w, id), UpdtCnt[w])
10：rootID′←$OMAP_{upd}$.Insert(data, rootID′)
11：data=((w, UpdtCnt[w]),id)
12：rootID←$OMAP_{src}$.Insert(data, rootID)
13：LastInd[w]=id
14：end if
15：else if op=del then
16：if $updt_{cnt}$>0 then
17：data=(mapKey, −1)
18：rootID′←$OMAP_{upd}$.Insert(data, rootID′)
19：UpdtCnt[w]−−
20：if UpdtCnt[w]>0 then
21：if UpdtCnt[w]+1≠$updt_{cnt}$ then
22：data=((w, LastInd[w]), $updt_{cnt}$)
23：rootID′←$OMAP_{upd}$.Insert(data, rootID′)
24：data=((w, $updt_{cnt}$), LastInd[w])
25：rootID←$OMAP_{src}$. Insert(data, rootID)
26：end if
27：key= (w, UpdtCnt[w])
28：(rootID, lastID)←$OMAP_{src}$.Find(key, rootID)
29：LastInd[w]=lastID
30：else
31：LastInd[w]=0
32：end if
33：end if
34：end if
35：Execute necessary dummy oblivious map accesses

(3) Search：搜索算法(算法 6)。由于更新过程中的特殊设计，搜索操作对客户机来说非常简单。它首先检索出当前包含 w 的文件数，即 UpdtCnt[w]=n_w。然后，向 $OMAP_{upd}$ 发出 n_w 个不经意访问。这些访问可以批量执行，不必为了执行下一个访问而等待上一个访问。

算法 6 Orion Search(K, w, σ; EDB)的伪代码如下：

1：R={ }
2：for i=1 to UpdtCnt[w] do

3：(rootID，id)←$OMAP_{src}$.Find((w，i)，rootID)

4：$R=R\cup\{id\}$

5：end for

6：return R

本章参考文献

[1] POH G S，CHIN J J，YAU W C，et al. Searchable Symmetric Encryption：Designs and Challenges[J]. ACM Computing Surveys，2017，50(3)：1－37.

[2] KAMARA S，PAPAMANTHOU C. Parallel and Dynamic Searchable Symmetric Encryption [C]//FC 2013：Financial Cryptography and Data Security. Berlin：Springer，2013：258－274.

[3] ISLAM M S，KUZU M，KANTARCIOGLU M. Access Pattern Disclosure on Searchable Encryption：Ramification，Attack and Mitigation[C/OL]. Proceedings of the Network and Distributed Systems Symposium，2012[2021-06-07]. https：//www. ndss-symposium. org/wp-content/uploads/2017/0906－1pdf.

[4] CASH D，GRUBBS P，PERRY J，et al. Leakage-Abuse Attacks Against Searchable Encryption[C]//Proceedings of the 22nd ACM SIGSAC Conference on Computer and Communications Security. New York：ACM，2015：668－679.

[5] CURTMOLA R，GARAY J，KAMARA S，et al. Searchable Symmetric Encryption Improved Definitions and Efficient Constructions[C]//Proceedings of the 13th ACM Conference on Computer and Communications Security. New York：ACM，2006：79－88.

[6] STEFANOV E，PAPAMANTHOU C，SHI E. Practical Dynamic Searchable Encryption with Small Leakage：Proceedings of the Network and Distributed Systems Symposium 2014[C/OL]. [2021-06-07]. https：//www.ndss-symposium.org/wp-content/uploads/2017/09/072－1. pdf.

[7] SONG D X，WAGNER D，PERRIG A. Practical Techniques for Searches on Encrypted Data[C]//Proceeding 2000 IEEE Symposium on Security and Privacy. [S. l]：IEEE，2000：44－55.

[8] KAMARA S，PAPAMANTHOU C，ROEDER T. Dynamic Searchable Symmetric Encryption[C]//Proceedings of the 2012 ACM Conference on Computer and Communications Security. New York：ACM，2012：965－976.

[9] BOST R. Forward secure searchable encryption[C]//Proceedings of the 2016 ACM SIGSAC Conference on Computer and Communications Security. New York：ACM，2016：1143－1154.

[10] CASH D，ARECKI S，JUTLA C，et al. Highly-scalable searchable symmetric encryption with support for boolean queries[C]//Advances in Cryptology-CRYPTO 2013. Berlin：Springer，2013：353－373.

[11] CAO N，WANG C，LI M，et al. Privacy-Preserving Multi-Keyword Ranked Search over

Encrypted Cloud Data[J]. IEEE Transactions on Parallel and Distributed Systems, 2014, 25(1): 222-233.

[12] CHAMANI J G, PAPADOPOULOS D, PAPAMANTHOU C, et al. New Constructions for Forward and Backward Private Symmetric Searchable Encryption [C]//Proceedings of the 2018 ACM SIGSAC Conference on Computer and Communications Security. New York: ACM, 2018: 1038-1055.

[13] SONG X F, DONG C Y, YUAN D D, et al. Forward Private Searchable Symmetric Encryption with Optimized I/O Efficiency[J]. IEEE Transactions on Dependable and Secure Computing, 2020, 17(5): 912-927.

[14] BOST R, MINAUD B, OHRIMENKO O. Forward and Backward Private Searchable Encryption from Constrained Cryptographic Primitives[C]//Proceedings of the 2017 ACM SIGSAC Conference on Computer and Communications Security. New York: ACM, 2017: 1465-1482.

第 6 章　支持短语的可搜索对称加密方案

在可搜索对称加密(SSE)领域，支持单关键词的搜索相对容易。然而，支持连接关键词(即短语)的 SSE 方案一直是个棘手的问题。支持短语的 SSE，其技术要求在于不用重复执行单关键词搜索的 SSE 就可以实现短语搜索。本章将从索引构造、方案细节以及实现方法的角度分析 Kissel 等人基于 Next-word 索引提出的一个支持短语的可搜索对称加密方案。

6.1　研究背景

6.1.1　Next-word 结构

Next-word 结构实际上是一种包含以下三个部分的倒排索引：

(1) 一个包含了字典 Δ 中所有单词 w_i 的字典列表集合；

(2) 一个包含了在某些文档集合 D 中紧随单词 w_i 的每个单词 $w_j \in \Delta$ 的 Next-word 列表集合；

(3) 一个包含了每个单词二元组(w_i, w_j)的关键词位置链表集合，其中包含该单词二元组所出现的文档数目、文档编号以及该单词二元组在该文档中出现的次数和位置信息。

如图 6.1 所示，该 Next-word 结构中记录了单词二元组(具有先后关系)与其出现的文档之间的关系。如对于单词二元组(w_3, w_1)，它包含一个公告记录“2, (⟨3, 2, [4, 8]⟩, ⟨5, 3, [5, 7, 11]⟩)”，表示该单词二元组模式出现在两个文档中：第一个文档编号为 3，在文档 3 中出现 2 次，位置分别为 4 和 8；第二个文档编号为 5，在文档 5 中出现 3 次，位置分别为 5、7、11。

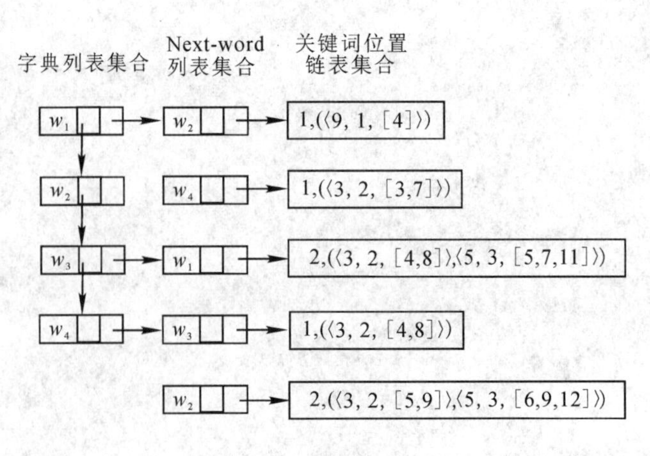

图 6.1　Next-word 结构实例

6.1.2　安全链表

本方案的构造依赖于安全链表，这种数据结构会尝试将多个链表压缩到同一个公共数组中。一个安全链表不允许出现相同列表中的两个加密对象(也称为加密节点)在数组中的位置相邻的情况。因为安全链表中的每一个节点都是加密的，所以必须先进行解密才能确定下一个节点在列表中的位置。

为了构造一个安全链表的集合，需要一个大小为 $n\max_{i=1}^{n}|L_i|$ 的数组 A，其中 n 是列表的个数，$|L_i|$ 是链表 i 的长度。此外，还需要一个语义安全的对称加密算法(KeyGen，Enc，Dec)，以及一个在二进制串 $\{0,1\}^{\log(n\max_{i=1}^{n}|L_i|)}$ 空间上的伪随机置换 φ。给定一个初始值为 1 的全局计数器 c，第 i 个列表中的第 j 个节点将被加密并将密文 $\mathrm{Enc}_{K_{i,j-1}}(d \| K_{i,j} \| \varphi(c+1))$ 的值插入 $A[\varphi(c)]$ 的位置中。其中，d 为文档标识符，每一个 $K_{i,j}$ 都是由密钥生成算法 KeyGen 产生的。节点被插入后，计数器 c 会增加 1。为了维护链表表头的位置，将指针放在头节点，并将关联密钥 $K_{i,0}$ 放在一个独立数组中。每当一个链表集合被放入数组 A 时，剩下的 $n\max_{i=1}^{n}|L_i| - \sum_{i=1}^{n}|L_i|$ 个位置将会以二进制字符串集合中相同长度的随机串来填充。

6.2　方案构造

6.2.1　加密的 Next-word 结构

本节介绍一种加密的 Next-word 结构。一个 Next-word 结构中包含三个集合：字典列表集合、Next-word 列表集合、关键词位置链表集合。本方案的构造需要利用以下三个伪随机置换：

$$\Psi: \{0,1\}^k \times \{0,1\}^p \rightarrow \{0,1\}^p$$

$$\varphi: \{0,1\}^k \times \{0,1\}^{\log(m|\Delta|)} \rightarrow \{0,1\}^{\log(m|\Delta|)}$$

$$\sigma: \{0,1\}^k \times \{0,1\}^{\log(m|\Delta|\max_l\{|p_l|\}} \rightarrow \{0,1\}^{\log(m|\Delta|\max_l\{|p_l|\}}$$

其中，m 是文档集合 D 中最长的 Next-word 列表，p_l 是第 l 个关键词位置链表。此外，本方案还要利用一个语义安全的对称加密算法(KeyGen，Enc，Dec)，以及以下两个伪随机函数：

$$f: \{0,1\}^k \times \{0,1\}^p \rightarrow \{0,1\}^{k+\log(m|\Delta|)}$$

$$\varsigma: \{0,1\}^k \times \{0,1\}^p \rightarrow \{0,1\}^{\log|\Delta|}$$

使用 6.1.1 节定义的 Next-word 结构以及 6.1.2 节所述的安全链表结构，构造安全索引供短语搜索使用的步骤如下：

第一步，创建一个大小为 $|\Delta|$ 的数组 A，并将所有的 Next-word 列表转化为加密链表保存在数组中。对出现在 D 中的每个单词 $w_i \in \Delta$，使用密钥生成算法 KeyGen 生成一个密钥 $K_{i,0}$，并在 $A[\varsigma_x(w_i)]$ 中存储：

$$(K_{i,0} \| \varphi_w(s_i)) \oplus f_y(w_i)$$

其中，$\varphi_w(s_i)$代表 w_i 在 Next-word 列表中首次出现的位置，$K_{i,0}$ 是 Next-word 列表中用于加密头节点的密钥。然后，从$\{0, 1\}^{k+m|\Delta|}$中取出一个随机数对数组 A 剩余的空白位置进行填充。

第二步，创建一个大小为 $m|\Delta|$的数组 N，并以加密链表的形式保存 Next-word 的所有列表。为了填充 N，初始化一个计数器 c 并将其置为 1，然后将每一个 Next-word 列表都插入 N 中。例如，假设 $n_{i,j}$ 表示第 i 个 Next-word 列表中的第 j 项，则将 $\mathrm{Enc}_{K_{i,j-1}}(n_{i,j})$ 插入 $N[\varphi_w(c)]$中，且 $n_{i,j}$ 的值定义为

$$\Psi_z(w_{i,j}) \parallel s_{i,0} \parallel \sigma_\lambda(t) \parallel K_{i,j} \parallel \varphi_w(c+1)$$

其中，$w_{i,j}$ 是关于 w_i 的 Next-word 列表中的第 j 个单词，$K_{i,j}$ 和 $s_{i,0}$ 这两个密钥是由密钥生成算法 KeyGen 生成的，$\sigma_\lambda(t)$是关联关键词位置链表的起始位置的索引。N 中每插入一个新项，计数器 c 的值增加 1。如果一个元素是列表的最后一个元素，则用一个超过数组大小的特殊值来代替 $\varphi_w(c+1)$。图 6.2 给出了一个在字典 $\Delta=\{w_1, w_2, w_3\}$上构造 A 和 N 的例子。

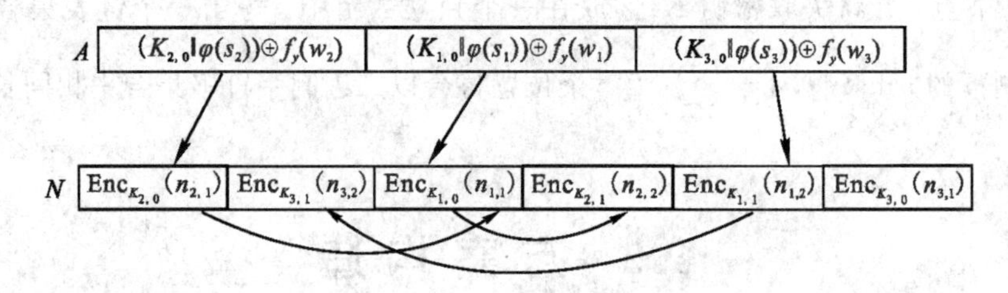

图 6.2 数组 A 和 N 的构造实例

第三步，Next-word 结构的最后一部分就是关键词位置链表。类似于加密链表的思路，为关键词位置链表创建一个数组 P。为了实现在数组中存储对应的关键词位置链表，初始化一个计数器 t 并将其置为 1 来追踪它们的位置。关键词位置链表中每一个节点包含着文档 $d\in D(w \parallel w')$的文档标识符、$w \parallel w'$的起始位置 l、一个用于解密下一个节点的新密钥 $s_{i,j}$ 以及列表中下一个节点的位置。节点的内容如下：

$$\mathrm{id}(d) \parallel l \parallel s_{i,j} \parallel \sigma_\lambda(t+1)$$

为了将这些节点封装到数组 P 中，指定 $P[\sigma_\lambda(t)]$为以下值：

$$\mathrm{Enc}_{s_{i,j-1}}(\mathrm{id}(d) \parallel l \parallel s_{i,j} \parallel \sigma_\lambda(t+1))$$

6.2.2 方案描述

根据 Curtmola 等人的基本 SSE 模型定义 4 个概率多项式时间算法：Keygen 算法、BuildIndex 算法、Trapdoor 算法以及 Search 算法。

Keygen 算法：在密钥空间$\{0, 1\}^k$ 中生成均匀随机的密钥 z、y、x、w 以及 λ。

BuildIndex 算法：使用 6.2.1 节中描述的方法构建一个加密的 Next-word 结构 $I=(A, N, P)$。

Trapdoor 算法：根据给定密钥 z 以及一个短语 $p=(w_1, w_2, \cdots, w_n)$，按下式计算陷门 T_p：

$$T_p=\{(\zeta_x(w_1), f_y(w_1), \Psi_z(w_1)), (\zeta_x(w_2), f_y(w_2), \Psi_z(w_2)), \cdots, (\zeta_x(w_n), f_y(w_n), \Psi_z(w_n))\}$$

Search 算法：由云服务器执行。给定陷门的值 T_p，云服务器立即检索使用 $I=(A, N, P)$ 的短语，与构造陷门的元组集合进行配对。三元组 i 和三元组 $i-1$ 将组成一对（在 $i\geqslant 2$ 的情况下）。给定一个配对元组：

$$((\zeta_x(w_i), f_y(w_i), \Psi_z(w_i), (\zeta_x(w_{i+1}), f_y(w_{i+1}), \Psi_z(w_{i+1}))$$

云服务器首先在 A 中定位 $\zeta_x(w_i)$，使用 $f_y(w_i)$ 获取数组 N 中关联的 Next-word 列表的起始位置。接着，云服务器遍历 Next-word 列表并执行相应的解密，与单词字段 $\Psi_z(w_{i+1})$ 进行对比。如果找到某个项 e，则云服务器在 P 中读取对应的关键词位置链表。如果只寻找一个二词短语，则可以直接返回对应的文档。如果寻找一个词数大于二的多词短语，则使用 $\zeta_x(w_{i+1})$ 来计算 A 中对应的列表头的指针。对于词数大于二的多词短语，本方案会区别对待关键词位置链表，与寻找出现相同文档中连续出现的单词对的开始坐标类似。

6.3　安全性分析

本章介绍的支持短语的可搜索对称加密方案具有非自适应安全性。为了证明方案的安全性，需要用模拟证明范式，将安全性规约到计算不可区分上。为了刻画敌手的能力，模拟者给云服务器两个索引文件：一个是合法的，一个是伪造的。即使云服务器发起的询问超出合法的索引，模拟者仍然会给云服务器提供相应的信息。云服务器的任务是区分哪个索引文件是合法的，哪个索引文件是伪造的。

对于索引文件，通过创建矩阵 $\boldsymbol{T}_{q\times k}$ 来定义搜索模式，其中每个短语的长度至多为 k。矩阵 $\boldsymbol{T}_{q\times k}$ 中的每个项 $M_{i,j}$ 都是一个 $q\times k$ 的二元矩阵 $\boldsymbol{E}$。当短语 i 中的第 j 个单词与短语 u 中的第 v 个单词相同时，令 $E_{u,v}=1$，即可构造出该二元矩阵。

下面证明支持短语的可搜索对称加密方案是非自适应安全的。

证明　首先描述模拟证明范式中概率多项式时间的模拟算法 $\mathcal{S}$ 的工作过程。

对于任意的 $q\in\mathbf{N}$，任意的概率多项式时间敌手 $\mathcal{A}$，以及任意分布：

$$L_q=\{H_q \mid \mathrm{Tr}(H_q)=\mathrm{Tr}_q\}$$

其中 Tr_q 是长度为 q 的询问列表，假设模拟者 $\mathcal{S}$ 给出了 $\mathrm{Tr}(H_q)$，$\mathcal{S}$ 可以构造视图 V_q^*，使得 $\mathcal{A}$ 不能区分一个真实的视图 $V_K(H_q)$ 和 V_q^*。

当 $q=0$ 时，模拟者 $\mathcal{S}$ 构造了一个视图 V_0^*，对于任意的 $H_0 \xleftarrow{R} L_0$ 来说，V_0^* 与 $V_K(H_0)$ 是不可区分的。特别地，$\mathcal{S}$ 生成了：

$$V_0^*=\{1, \cdots, n, e_1^*, \cdots, e_n^*, I^*\}$$

其中 $e_i^* \xleftarrow{R} \{0, 1\}^{|D_i|}$，$1\leqslant i\leqslant n$，且

$$I^*=(A^*, N^*, P^*)$$

为一个合法生成的索引文件。

数组 A^*、N^* 和 P^* 由以下规则模拟生成：

生成 A^*：$\mathcal{S}$ 分配一个大小为 $|\Delta|$ 的数组 A^* 对应的空间，并用 $\{0, 1\}^{k+\log(m|\Delta|)}$ 中的随机数来填充数组中的每个元素。

生成 N^*：对于数组 N^* 中的各项，从 $\{0, 1\}^r$ 中选取一个随机字符串插入其中，r 是加密算法 Enc 的输出长度。

生成 P^*：对于 P^* 中每个长度为 $m|\Delta|\max_l\{|\rho_l|\}$ 的元素，从 $\{0,1\}^{\log(m|\Delta|\max_l\{|\rho_l|\})}$ 中选择一个随机字符串进行填充。

下面证明 V^* 和 $V_K(H_0)$ 是不可区分的。根据标准的混合论证，必须证明敌手 $\mathcal{A}$ 无法区分 $V_K(H_0)$ 和 V^* 中对应的任意元素。简言之，这是显然成立的。因为 V^* 中的文档标识符与 $V_K(H_0)$ 是计算不可区分的。基于底层对称加密方案的语义安全性，剩余部分中，真实的索引文件 I 与模拟的索引文件 I^* 是计算不可区分的，加密文档之间是计算不可区分的。下面证明 $I^*=(A^*, N^*, P^*)$ 与 $I=(A, N, P)$ 是不可区分的。由于 A^* 是由 $\{0,1\}^{k+(m|\Delta|)}$ 长的随机字符串组成的，A 是由 $\{0,1\}^{k+\log(m|\Delta|)}$ 中的伪随机字符串与一个伪随机函数 f 的输出异或的结果组成的，因此 A 和 A^* 是计算不可区分的(否则通过敌手 $\mathcal{A}$ 的区分，可以构造一个算法攻破伪随机函数 f 的安全性)。由于 N^* 拥有与 N 相同数量的元素，且 N 中的元素是由语义安全的加密方案加密得到的，因此可以得出 N 和 N^* 是计算不可区分的。同理，对于 P^*，P^* 拥有与 P 相同数量的元素，且 P 中的项是由语义安全的加密方案加密所得的。因此，P 和 P^* 中的算法也是计算不可区分的。在文档已经加密的情况下，可以观察到(KeyGen, Enc, Dec)是一个语义安全的加密方案，e_i^* 必定是与 $V_K(H_0)$ 中的加密内容计算不可区分的。

当 $q>0$ 时，模拟者 $\mathcal{S}$ 构造了 V_q^*：

$$V_q^*=\{1, \cdots, n, e_1^*, \cdots, e_n^*, I^*, T_1^*, \cdots, T_q^*\}$$

其中 $I^*=(A^*, N^*, P^*)$。$\mathcal{S}$ 首先生成一个 $q\times k$ 的矩阵 $\hat{\boldsymbol{M}}$。$\hat{\boldsymbol{M}}$ 由 $\boldsymbol{E}$ 构造而来。$\hat{\boldsymbol{M}}$ 中的每个元素都是形式如下的三元组：

$$\{0,1\}^{\log(|\Delta|)}\times\{0,1\}^{k+\log(m|\Delta|)}\times\{0,1\}^{p}$$

$\hat{\boldsymbol{M}}$ 中没有被填充的元素将会使用随机三元组 $(\hat{z}_{i,j}, \hat{f}_{i,j}, \hat{p}_{i,j})$ 来填充。对于 $\boldsymbol{E}$ 中的每个值，当 $E_{u,v}=1$ 时，令元素 $\hat{m}_{u,v}$ 为 $(\hat{z}, \hat{f}, \hat{p})$。这个过程完成后，$\mathcal{S}$ 会构建所有陷门 T_1^*, T_2^*, $\cdots$, T_q^*。

数组 A^*、N^* 和 P^* 由以下规则模拟生成：

生成 A^*：$\mathcal{S}$ 申请一个大小为 $|\Delta|$ 的数组 A^*。对于 $\hat{\boldsymbol{M}}$ 中的每个元素，设置其中所有空的元素为

$$A^*[\hat{z}_{i,j}]=(K_{i,0}\,\|\,s_i^*)\oplus\hat{f}_{i,j}$$

其中 $K_{i,0}\xleftarrow{R}\{0,1\}^k$，$s_i^*\xleftarrow{R}\{0,1\}^{\log(m|\Delta|)}-L$ 随机选择。接着将 s_i^* 添加到 L。集合 L 用于维护 N^* 中的 Next-word 列表的开始位置。用 $\{0,1\}^{k+\log(m|\Delta|)}$ 中的随机串填充所有没有被填充的元素。

生成 N^*：$\mathcal{S}$ 申请一个大小为 $|\Delta|$ 的数组 N^*。对于所有唯一的 $\hat{z}_{i,j}\in\hat{\boldsymbol{M}}$，收集所有的 Next-word 的三元组到集合 n_l 中。

- 从 $A^*[\hat{z}_{i,j}]$ 确定对应的 s_i^* 和 $K_{i,0}$；
- 将 n_l 中第一个单词对插入位置 s_i^* 中，第一个元素的值为

$$N^*[s_i^*]=\mathrm{Enc}_{K_{i,0}}(\hat{p}_1\,\|\,s_{i,0}^*\,\|\,t_i^*\,\|\,K_{i,j}\,\|\,c^*)$$

其中 $\hat{p}_1$ 是 n_l 的第一个元素的 $\hat{p}$ 值，$s_{i,0}^* \xleftarrow{R} \{0,1\}^k$，$t_i^*$ 为 P^* 中第一个空余的位置(将其添加到一个特殊的集合 $\hat{L}$)，c^* 是从 $\{0,1\}^{\log(m|\Delta|)} - L$ 中随机选取的值(c^* 紧接着被加到 L 中)。

• 对于所有 n_l 中剩余的元素，重复接下来的步骤。使用之前 c^* 的值及 $K_{i,j}$，并令

$$N^*[c^*] = \mathrm{Enc}_{K_{i,j}}(\hat{p}_r \parallel s_{i,0}^* \parallel K_{i,j+1} \parallel c_\circ^*)$$

其中，$\hat{p}_r$ 代表在 n_l 中从第 r 个元素开始的 $\hat{p}$ 个值，且随机选取 $c_\circ^* \xleftarrow{R} \{0,1\}^{\log(m|\Delta|)}\ L$。在该元素被加入后，将 $c_\circ^*$ 加入 L 中，将 c^* 置为 $c_\circ^*$。

整个过程就是按照上述方法循环处理每一个单词。在$\mathcal{S}$完成了上述过程后，使用对应长度的随机二进制字符串填充 N^* 的空位置。

生成 P^*：$\mathcal{S}$创建一个大小为 $m|\Delta|\max_l\{|\rho_l|\}$的数组。为了填充 P^* 中的元素，$\mathcal{S}$利用 A^*、N^*、$\hat{\boldsymbol{M}}$ 以及 $D(p_1)$，$D(p_2)$，…，$D(p_q)$($D(p_i)$表示包含了短语 $p_i \in \Delta$ 的文档标识符集合)对 P^* 进行填充。对于每个短语 p_i，$\mathcal{S}$在 $\hat{m}_{i,1}$ 中查找三元组($\hat{z}_{i,1}$，$\hat{f}_{i,1}$，$\hat{p}_{i,1}$)。使用 $\hat{z}_{i,1}$ 和 $\hat{f}_{i,1}$，数组 A^* 可以用于定位 Next-word 列表的开始位置。在每次调用 Search 算法时，Next-word 列表 N^* 都会被解码。被寻找的元素为 $\hat{p}_{i,2}$。一旦这个元素被找到，就用 t_i^* 的值作为关键词位置链表中的开始位置。过程中使用 $s_{i,0}^*$ 来填充 P^* 的元素：

$$P^*[t_i^*] = \mathrm{Enc}_{s_{i,0}^*}(d \parallel d_{\mathrm{ctr}} + 1 \parallel s_{i,2}^* \parallel t^*)$$

其中 d_{ctr} 是文档 $d \in D$ 中的当前位置计数器，该计数器是全局的并且初始值为 0，$s_{i,2}^* \xleftarrow{R} \{0,1\}^k$，且

$$t^* \xleftarrow{R} \log(m|\Delta|\max_l\{|\rho_l|\}) - \hat{L}$$

$\mathcal{S}$接着将 t^* 加入 $\hat{L}$，将 t_i^* 设置为 t^* 以准备下一次插入操作。类似地，在 P 的构造中，根据 BuildIndex 算法，每一个连续的元素 j 在链表中都被密钥 $s_{i,j-1}^*$ 加密。在 $\hat{m}_{i,2}$ 之前的每个文档 $d \in D$ 都会有一个对应的关键词位置链表的元素被添加。一旦短语 p_i 中的所有单词被加入对应位置，$\mathcal{S}$就会在重复过程中处理短语 p_{i+1}，对所有的单词 p_{i+1} 执行类似的操作。对于出现在多个短语中的单词，该过程会在尝试加入额外的元素前先定位到加密列表的尾端。最后，用对应长度的二进制字符串填充 P^* 上的空位置。

下面证明对于 $q>0$，$\mathcal{S}$为敌手$\mathcal{A}$模拟了一个计算不可区分的视图 V_q^*。可以发现模拟的陷门与真实的陷门是计算不可区分的，因为与它们从相同集合中提取二进制字符串来进行构造一样，各自由伪随机函数以及伪随机置换组成了陷门的三元组。$I^* = (A^*, N^*, P^*)$与 I 是计算不可区分的，因为对所有 q 个陷门询问的结果都是模仿 I 产生 $D(p_1)$，$D(p_2)$，…，$D(p_q)$的方式进行的。此外，所有包含在数组 A^*、N^* 和 P^* 中的元素都是与数组 A、N 和 P 中对应项长度相同的随机二进制字符串。因此，I^* 和 I 也是计算不可区分的，否则可以构造算法攻破语义安全的加密算法、伪随机函数以及伪随机置换的安全性。同理，在 $q=0$ 的情况下，值 e_1^*，…，e_n^* 与其相对应的加密文档也是计算不可区分的。由于所有 V_q^* 的部分都是计算不可区分的，因此依据上述混合论证，敌手$\mathcal{A}$的视图 V_q^* 与 $V_K(H_q)$是不可区分的。

6.4　实现方法

本节将给出支持短语的可搜索加密方案之实现方法。

6.4.1　单关键词搜索

以待加密文件1(文件中的内容为w_1，w_2，w_3，w_4)和待加密文件2(文件中的内容为w_2，w_1，w_4，w_3，w_4，w_3)为例，支持短语的可搜索对称加密方案的单关键词搜索可以通过下述步骤实现。

1. 初始化客户端

生成全局密钥x、y、z；选择三个伪随机置换ω、θ、ρ；选择两个伪随机函数g、φ。

三个伪随机置换ω、θ、ρ分别为

$$\omega: \{0,1\}^k \times \{0,1\}^p \to \{0,1\}^p$$

$$\theta: \{0,1\}^k \times \{0,1\}^{\log(m|\Delta|)} \to \{0,1\}^{\log(m|\Delta|)}$$

$$\rho: \{0,1\}^k \times \{0,1\}^{\log(m|\Delta|\max\limits_i\{|\sigma_i|\})} \to \{0,1\}^{\log(m|\Delta|\max\limits_i\{|\sigma_i|\})}$$

两个伪随机函数g、φ分别为

$$g: \{0,1\}^k \times \{0,1\}^p \to \{0,1\}^{k+\log(m|\Delta|)}$$

$$\varphi: \{0,1\}^k \times \{0,1\}^p \to \{0,1\}^{\log|\Delta|}$$

2. 生成关键词索引

如图6.3所示为关键词索引结构。在图6.3中，从待加密文件1(doc1)和待加密文件2(doc2)中抽取关键词及其位置关系建立关键词索引。关键词索引为三级链表结构，从左到右依次为头节点链表、Next-word链表、关键词位置链表。

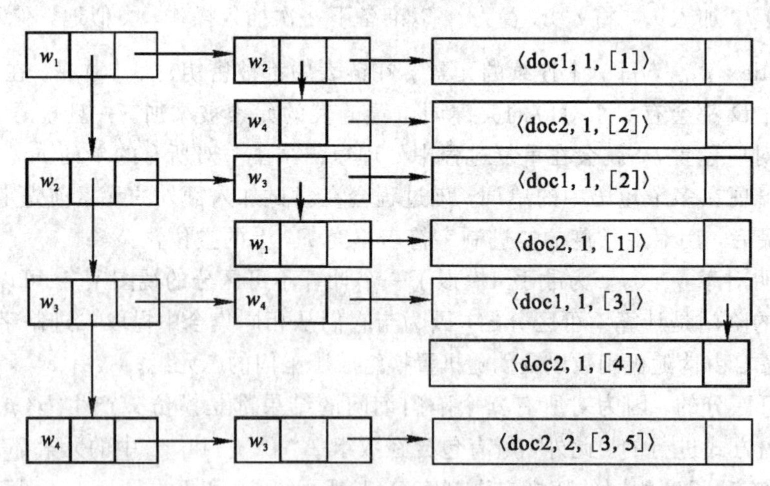

图6.3　关键词索引结构示意图

生成关键词索引的方法为：按关键词在文档集合中出现的先后顺序建立头节点链表，每个关键词仅出现一次，且指向一个Next-word链表，即该关键词是其所指向Next-word链表的头节点；头节点和其指向的Next-word链表中的每一个节点组成具有前后继关系的

关键词对；将每个关键词对在文档中出现的次数及位置记录在关键词位置链表中生成关键词索引。Next-word 链表中的每个节点是其对应的每个关键词位置链表的头节点。图 6.3 中：头节点链表中的节点 w_1 指向 Next-word 链表中的节点 w_2，w_1 和 w_2 组成关键词对；Next-word 链表中的节点 w_4 是头节点链表中节点 w_1 所指向的 Next-word 链表中的节点，w_1 和 w_4 组成关键词对；头节点链表中的节点 w_2 指向 Next-word 链表中的节点 w_3，w_2 和 w_3 组成关键词对；Next-word 链表中的节点 w_1 是头节点链表中节点 w_2 所指向的 Next-word 链表中的节点，w_2 和 w_1 组成关键词对；头节点链表中的节点 w_3 指向 Next-word 链表中的节点 w_4，w_3 和 w_4 组成关键词对；头节点链表中的节点 w_4 指向 Next-word 链表中的节点 w_3，w_4 和 w_3 组成关键词对；关键词对 w_1 和 w_2 指向的关键词位置链表节点〈doc1，1，[1]〉表示该关键词对在带加密文件 1 中出现了 1 次，出现位置为 1；关键词位置链表节点〈doc2，1，[2]〉为关键词对 w_1 和 w_4 指向的关键词位置链表中的节点，表示该关键词对在待加密文件 2 中出现了 1 次，出现位置为 2；关键词对 w_2 和 w_3 指向的关键词位置链表节点〈doc1，1，[2]〉表示该关键词对在带加密文件 1 中出现了 1 次，出现位置为 2；关键词位置链表节点〈doc2，1，[1]〉为关键词对 w_2 和 w_1 指向的关键词位置链表中的节点，表示该关键词对在待加密文件 2 中出现了 1 次，出现位置为 1；关键词对 w_3 和 w_4 指向的关键词位置链表节点〈doc1，1，[3]〉表示该关键词对在带加密文件 1 中出现了 1 次，出现位置为 3；关键词位置链表节点〈doc2，1，[4]〉为关键词对 w_3 和 w_4 指向的关键词位置链表中的节点，表示该关键词对在待加密文件 2 中出现了 1 次，出现位置为 4；关键词对 w_4 和 w_3 指向的关键词位置链表节点〈doc2，2，[3，5]〉表示该关键词对在待加密文件 2 中出现了 2 次，出现位置为 3 和 5。

3. 生成安全索引并上传到云服务器

分别对关键词索引的头节点链表、Next-word 链表、关键词位置链表进行加密，生成安全索引，并将其和用户以自选加密方案加密的文档一起上传至云服务器。

1) 对关键词索引的头节点链表进行加密并生成安全索引的方法

头节点链表中第一个节点 w_1 的加密方法：用密钥 x 和伪随机函数 φ 对头节点链表中的第一个节点 w_1 进行加密并生成 $\varphi_x(w_1)$；由密钥生成算法生成密钥 $K_{1,0}$ 和密钥 r；用密钥 r 和伪随机数生成器生成的 s_1 通过伪随机置换 θ 得到 $\theta_r(s_1)$；用全局密钥 y 和伪随机函数 g 生成 $g_y(w_1)$；用 $g_y(w_1)$ 与密钥 $K_{1,0}$ 和 $\theta_r(s_1)$ 进行异或运算，将结果与 $\varphi_x(w_1)$ 连接，组成节点 w_1 的加密结果，即

$$\varphi_x(w_1) \| (K_{1,0} \| \theta_r(s_1)) \oplus g_y(w_1)$$

头节点链表中第二个节点 w_2、第三个节点 w_3、第四个节点 w_4 的加密方法与头节点链表中第一个节点 w_1 的加密方法相同。

2) 对关键词索引的 Next-word 链表进行加密并生成安全索引的方法

从 1 开始，初始化计数器 c，每加密一个节点，计数器 c 的值加 1。从第一个节点开始加密，节点由头节点链表节点所指向时，用指向它的头节点链表节点中的 $\theta_r(s_i)$ 作为前缀；节点由 Next-word 链表节点所指向时，用伪随机置换 θ、密钥 r 和计数器 c 生成的 $\theta_r(c)$ 作为前缀。

用全局密钥 z 和伪随机置换 ω 将 Next-word 链表中第一个节点的关键词 w_2 生成

$\omega_z(w_2)$，其中第一个节点的关键词 w_2 是头节点链表中第一个节点的关键词 w_1 的第一个后继关键词；由密钥生成算法生成密钥 $s_{1,0}$ 和密钥 λ；用伪随机数生成器生成 m 并由伪随机置换 ρ 得到 $\rho_\lambda(m)$；由密钥生成算法生成密钥 $K_{1,1}$ 和密钥 r；用计数器 c、密钥 r 和伪随机置换 θ 得到 $\theta_r(2)$；将上述五个部分按顺序连接，用指向该节点的上一个节点中的密钥 $K_{1,0}$ 作为加密密钥，用 AES 加密算法按照密码分组链接模式进行加密，将加密结果与前缀 $\theta_r(s_1)$连接，组成 Next-word 链表中第一个节点的加密结果，即

$$\theta_r(s_1) \parallel \mathrm{Enc}_{K_{1,0}}(\omega_z(w_2) \parallel s_{1,0} \parallel \rho_\lambda(m) \parallel K_{1,1} \parallel \theta_r(2))$$

Next-word 链表中第三个节点、第五个节点、第六个节点的加密方法与 Next-word 链表中第一个节点的加密方法相同。

用全局密钥 z 和伪随机置换 ω 将 Next-word 链表中第二个节点的关键词 w_4 生成 $\omega_z(w_4)$，其中第二个节点的关键词 w_4 是头节点链表中第一个节点的关键词 w_1 的第二个后继关键词；由密钥生成算法生成密钥 $s_{2,0}$ 和密钥 λ；用伪随机数生成器生成 m 并由伪随机置换 ρ 得到 $\rho_\lambda(m)$；由密钥生成算法生成密钥 $K_{1,2}$ 和密钥 r；用计数器 c、密钥 r 和伪随机置换 θ 得到 $\theta_r(3)$；将上述五个部分按顺序连接，用指向该节点的上一个节点中的密钥 $K_{1,1}$ 作为加密密钥，用 AES 加密算法按照密码分组链接模式进行加密，将加密结果与前缀 $\theta_r(2)$连接，组成 Next-word 链表中第二个节点的加密结果，即

$$\theta_r(2) \parallel \mathrm{Enc}_{K_{1,1}}(\omega_z(w_4) \parallel s_{2,0} \parallel \rho_\lambda(m) \parallel K_{1,2} \parallel \theta_r(3))$$

Next-word 链表中第四个节点的加密方法与 Next-word 链表中第二个节点的加密方法相同。

3）对关键词索引的关键词位置链表进行加密并生成安全索引的方法

从 1 开始，初始化计数器 t，每加密一个节点，计数器 t 的值加 1。从第一个节点开始加密，节点由 Next-word 链表所指向时，用指向它的 Next-word 链表节点中的 $\rho_\lambda(m)$作为前缀；节点由关键词位置链表节点所指向时，用伪随机置换 ρ、密钥生成算法生成的密钥 λ 和计数器 t 生成的 $\rho_\lambda(t)$作为前缀。

图 6.3 中，关键词位置链表中第一个节点的加密方法：用密钥生成算法生成密钥 $s_{1,1}$ 和密钥 λ，用伪随机置换 ρ 和计数器 t 生成 $\rho_\lambda(2)$，将节点中包含的文件标识信息 id(doc1)、关键词对位置信息 $l(1)$与密钥 $s_{1,1}$ 和 $\rho_\lambda(2)$按顺序连接；用指向该节点的上一个节点中的密钥 $s_{1,0}$ 作为加密密钥，用 AES 加密算法按照密码分组链接模式进行加密，将加密结果与指向 Next-word 链表节点中的 $\rho_\lambda(m)$连接，组成一个节点的加密结果，即

$$\rho_\lambda(m) \parallel \mathrm{Enc}_{s_{1,0}}(\mathrm{id}(\mathrm{doc1}) \parallel 1 \parallel s_{1,1} \parallel \rho_\lambda(2))$$

关键词位置链表中第二个节点、第三个节点、第四个节点、第五个节点、第七个节点的加密方法与关键词位置链表中第一个节点的加密方法相同。

关键词位置链表中第六个节点的加密方法：用密钥生成算法生成密钥 $s_{5,2}$ 和密钥 λ，用伪随机置换 ρ 和计数器 t 生成 $\rho_\lambda(7)$，将节点中包含的文件标识信息 id(doc2)、关键词对位置信息 $l(4)$与密钥 $s_{5,2}$ 和 $\rho_\lambda(2)$按顺序连接；用指向该节点的上一个节点中的密钥 $s_{5,1}$ 作为加密密钥，用 AES 加密算法按照密码分组链接模式进行加密，将加密结果与指向关键词位置链表节点中的 $\rho_\lambda(6)$连接，组成一个节点的加密结果，即

$$\rho_\lambda(6) \parallel \mathrm{Enc}_{s_{5,1}}(\mathrm{id}(\mathrm{doc2}) \parallel 4 \parallel s_{5,2} \parallel \rho_\lambda(7))$$

4. 生成查询陷门并上传到云服务器

客户查询时，客户端将用户的查询短语生成查询陷门并发送给云服务器。

生成查询陷门的方法：将查询语句拆分成关键词集合$\{w_1, w_2, \cdots, w_n\}$，用密钥 x 和伪随机函数 φ 对关键词 w_i 生成 $\varphi_x(w_i)$，用密钥 y 和伪随机函数 g 对关键词 w_i 生成 $g_y(w_i)$，用密钥 z 和伪随机置换 ω 对关键词 w_i 生成 $\omega_z(w_i)$；将 $\varphi_x(w_i)$、$g_y(w_i)$和 $\omega_z(w_i)$ 组合为一个三元组，所有三元组组成查询陷门如下：

$$T_p=\{(\varphi_x(w_1),g_y(w_1),\omega_z(w_1)),(\varphi_x(w_2),g_y(w_2),\omega_z(w_2)),\cdots,(\varphi_x(w_n),g_y(w_n),\omega_z(w_n))\}$$

其中 n 为用户输入的查询语句中关键词个数。

5. 云服务器执行查询并返回结果

Search 算法遍历安全索引的流程图如图 6.4 所示。

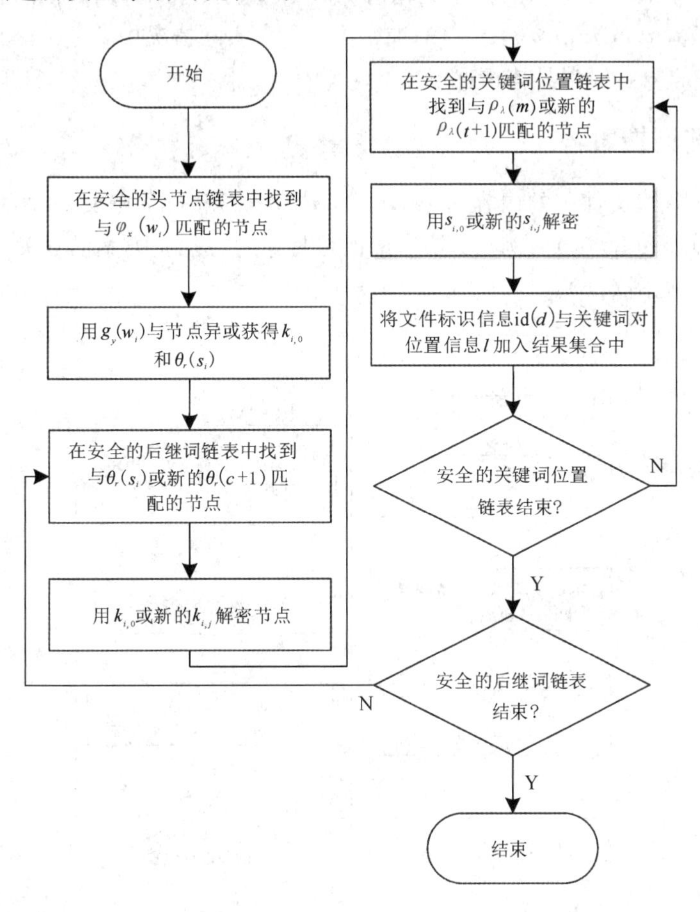

图 6.4　Search 算法遍历安全索引的流程图

在图 6.4 中，云服务器接收到查询陷门后，用查询陷门中的三元组集合遍历上述安全索引，查询陷门长度为 1 个三元组，进行单关键词查询。

本例中的单关键词查询短语为$\{w_1\}$，生成查询陷门为$(\varphi_x(w_1), g_y(w_1), \omega_z(w_1))$，单关键词查询的方法如下：

用 $\varphi_x(w_1)$在安全的头节点链表中寻找对应的节点，用 $g_y(w_1)$与找到的节点进行异或运算，获得 $\theta_r(s_1)$ 和密钥 $K_{1,0}$；用 $\theta_r(s_1)$ 在安全的 Next-word 链表中寻找对应的节点，用 $K_{1,0}$ 解密节点，获得 $\omega_z(w_2)$、$s_{1,0}$、$\rho_\lambda(m)$、$K_{1,1}$、$\theta_r(2)$；用 $\rho_\lambda(m)$ 在安全的关键词位置链表中寻找对应的节点，并用密钥 $s_{1,0}$ 解密，获得文件标识信息 id(doc1)、关键词对位置信息 $l(1)$ 以及 $\rho_\lambda(2)$、$s_{1,1}$；用 $\rho_\lambda(2)$ 在安全的关键词位置链表中没有找到对应的节点，再用 $\theta_r(2)$ 在安全的 Next-word 链表中寻找对应的节点，用密钥 $K_{1,1}$ 解密，获得 $\omega_z(w_4)$、$s_{2,0}$、$\rho_\lambda(m)$、$K_{1,2}$、$\theta_r(3)$；用 $\rho_\lambda(m)$ 在安全的关键词位置链表中寻找对应的节点，并用密钥 $s_{2,0}$ 解密，获得文件标识信息 id(doc2)、关键词对位置信息 $l(2)$ 及 $\rho_\lambda(3)$、$s_{2,1}$；用 $\rho_\lambda(3)$ 在安全的关键词位置链表中没有找到对应的节点，再用 $\theta_r(3)$ 在安全的 Next-word 链表中没有找到对应的节点，查询结束。获得的查询结果中所有文件标识信息(id(doc1), id(doc2))返回至客户端。

以上给出了待加密文件 1(文件中的内容为 w_1，w_2，w_3，w_4)和待加密文件 2(文件中的内容为 w_2，w_1，w_4，w_3，w_4，w_3)的加密方法。在实际情况中，待加密文件的具体数量以及待加密文件的内容根据具体情况确定。

6.4.2　双关键词搜索

以待加密文件 1(文件中的内容为 w_1，w_2，w_3，w_4)和待加密文件 2(文件中的内容为 w_2，w_1，w_4，w_3，w_4，w_3)为例，支持短语的可搜索对称加密方案的双关键词搜索可以通过下述步骤实现(见图 6.5)。

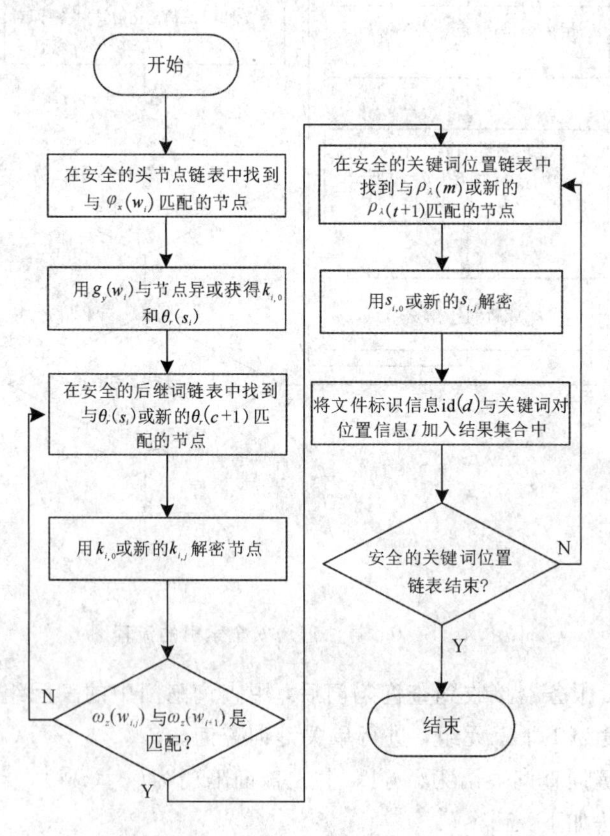

图 6.5　双关键词搜索算法遍历安全索引的流程图

步骤 1～4：与单关键词搜索中的相同。

步骤 5：云服务器接收到查询陷门后，用查询陷门中的三元组集合遍历上述安全索引，查询陷门长度为 2 个三元组，进行双关键词查询。

假设双关键词查询短语为$\{w_1, w_2\}$，生成的查询陷门为$((\varphi_x(w_1), g_y(w_1), \omega_z(w_1)), (\varphi_x(w_2), g_y(w_2), \omega_z(w_2)))$，双关键词查询方法如下：

用$\varphi_x(w_1)$在安全的头节点链表中寻找对应的节点，用$g_y(w_1)$与找到的节点进行异或运算，获得$\theta_r(s_1)$和密钥$K_{1,0}$；用$\theta_r(s_1)$在安全的后继词链表中寻找对应的节点，用$K_{1,0}$解密节点，获得$\omega_z(w_2)$、$s_{1,0}$、$\rho_\lambda(m)$、$K_{1,1}$、$\theta_r(2)$；查询陷门第二个三元组中的$\omega_z(w_2)$与获得的$\omega_z(w_2)$匹配，用$\rho_\lambda(m)$在安全的关键词位置链表中寻找对应的节点，并用密钥$s_{1,0}$解密，获得文件标识信息 id(doc1)、关键词对位置信息$l(1)$以及$\rho_\lambda(2)$、$s_{1,1}$；用$\rho_\lambda(2)$在安全的关键词位置链表中没有找到对应的节点，查询结束。获得的查询结果中所有文件标识信息(id(doc1))返回至客户端。

6.4.3　多关键词(短语)搜索

以待加密文件 1(文件中的内容为w_1, w_2, w_3, w_4)和待加密文件 2(文件中的内容为$w_2, w_1, w_4, w_3, w_4, w_3$)为例，支持短语的可搜索对称加密方案的多关键词(短语)搜索可以通过下述步骤实现(见图 6.6)。

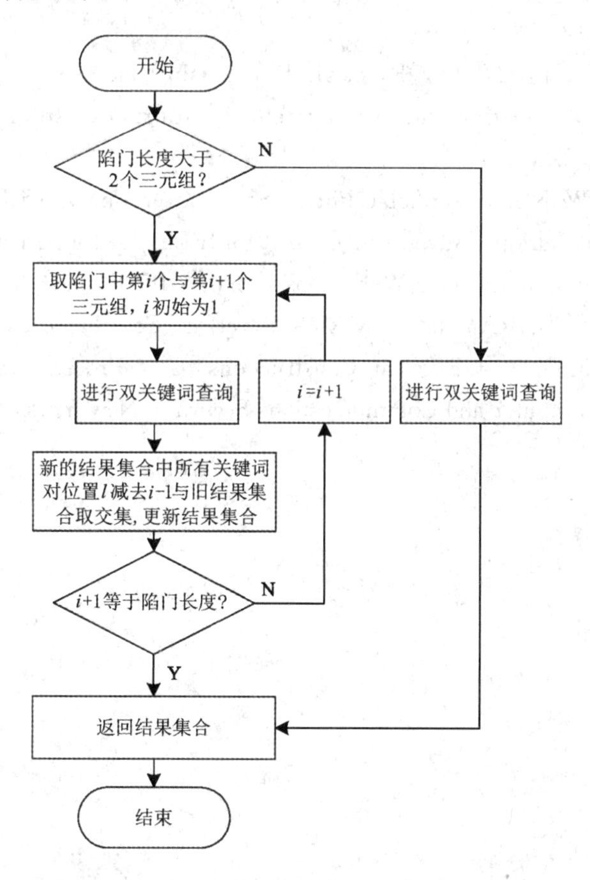

图 6.6　短语搜索算法遍历安全索引的流程图

步骤 1～4：与单关键词搜索中的相同。

步骤 5：云服务器接收到查询陷门后，用查询陷门中的三元组集合遍历上述安全索引，查询陷门长度为 3 个三元组，进行 3 个关键词查询。

本例的 3 个关键词查询短语为$\{w_1, w_2, w_3\}$，生成的查询陷门为$((\varphi_x(w_1), g_y(w_1), \omega_z(w_1)), (\varphi_x(w_2), g_y(w_2), \omega_z(w_2)), (\varphi_x(w_3), g_y(w_3), \omega_z(w_3))$。3 个关键词查询方法如下：

使用查询陷门中的第一个三元组$(\varphi_x(w_1), g_y(w_1), \omega_z(w_1))$和第二个三元组$(\varphi_x(w_2), g_y(w_2), \omega_z(w_2))$，进行一次双关键词查询，获得的所有的位置信息 l 减去 0，得到结果为(id(doc1)，$l(1)$)；使用查询陷门中的第二个三元组$(\varphi_x(w_2), g_y(w_2), \omega_z(w_2))$和第三个三元组$(\varphi_x(w_3), g_y(w_3), \omega_z(w_3))$，进行一次双关键词查询，获得的所有的位置信息 l 减去 1，得到结果为(id(doc1)，$l(1)$)；两次结果进行交集运算。获得的查询结果中所有文件标识信息(id(doc1))返回至客户端。

本章参考文献

[1] WANG T，YANG B，QIU G Y，et al. An Approach Enabling Various Queries on Encrypted Industrial Data Stream[J]. Security and Communication Networks，2019，2019：1-12.

[2] LI H Y，WANG T，QIAO Z R，et al. Blockchain-based searchable encryption with efficient result verification and fair payment[J]. Journal of Information Security and Applications，2021，58：102791.

[3] KISSEL Z A，WANG J. Verifiable Phrase Search over Encrypted Data Secure against a Semi-Honest-but-Curious Adversary[C]//2013 IEEE 33rd International Conference on Distributed Computing Systems Workshops. [S.l.]：IEEE，2013：126-131.

[4] CURTMOLA R，GARAY J，KAMARA S，et al. Searchable Symmetric Encryption：Improved Definitions and Efficient Constructions[C]//Proceedings of the 13th ACM Conference on Computer and Communications Security. New York：ACM，2006：79-88.

第7章　可搜索公钥加密

可搜索公钥加密(Searchable Public key Encryption，SPE)与可搜索对称加密的出发点是相同的，即在加密保护数据隐私的同时，还提供搜索功能。然而，可搜索公钥加密在功能上比可搜索对称加密强大得多。自从Boneh证明了PEKS与IBE的单向隐含关系，IBE、FuzzyIBE、ABE以及FE等加密方案在满足特定条件的情况下都隐含着可搜索公钥加密的功能，甚至可提供更加丰富的密文计算能力。

本章我们将讨论和分析可搜索公钥加密的定义、构造和典型方案。

7.1　可搜索公钥加密概述

可搜索公钥加密SPE的概念最早由Dan Boneh提出。其应用场景可以通过下面的例子来说明。假设用户Alice希望在多个设备(如手机、笔记本电脑、台式机等)上阅读自己的电子邮件，Alice的邮件网关应该根据电子邮件中的关键词将电子邮件路由到正确的设备。例如，当Bob发送带有关键词“urgent”的电子邮件时，邮件将被路由到Alice的手机；当Bob发送带有关键词“lunch”的电子邮件时，邮件将被路由到Alice的台式机，以便稍后阅读。假设每封电子邮件都包含少量关键词，如邮件主题中的所有单词以及发件人的电子邮件地址都可以用作关键词。现在假设Bob使用Alice的公钥向Alice发送加密的电子邮件，那么邮件内容和关键词都经过加密。在这种情况下，邮件网关无法看到关键词，因此无法做出路由决策，也无法在不侵犯用户隐私的情况下安全地处理邮件。此时的目标是Alice能够让网关检测“urgent”是否为电子邮件中的关键词，同时不能让网关了解关于电子邮件的其他信息。一般而言，应该允许Alice指定一些邮件网关可以搜索的关键词，让邮件网关在不了解邮件其他信息的同时，检测邮件是否包含指定的关键词。

为此，Boneh等人首次提出了带关键词搜索的公钥加密(Public key Encryption with Keyword Search，PEKS)的概念。在PEKS中，Bob使用标准公钥系统加密他的电子邮件。然后，他在生成的密文后面附加一个带关键词搜索的公钥加密(PEKS)。为了发送一条消息M与关键词W_1，…，W_m，Bob发送$E_{A_{pub}}(M) \parallel \mathrm{PEKS}(A_{pub}, W_1) \parallel \cdots \parallel \mathrm{PEKS}(A_{pub}, W_m)$，其中$A_{pub}$是Alice的公钥。这种加密形式的要点是：Alice可以给网关一个特定的陷门(trapdoor)T_W，使网关能够测试与消息相关的关键词中是否存在Alice选择的关键词W。给定$\mathrm{PEKS}(A_{pub}, W_0)$和$T_W$，网关可以测试$W$与$W_0$是否相等。如果$W=W_0$，则网关不再获得$W_0$的相关信息。注意，Alice和Bob在整个过程中没有交互。但Bob只要有Alice的公钥，就会为W_0生成可搜索的加密。

7.1.1　系统模型

本节首先精确定义什么是安全的带关键词搜索的公钥加密(PEKS)方案。这里的“公钥”指的是不同的人使用 Alice 的公钥创建密文。假设用户 Bob 准备向 Alice 发送一封加密的电子邮件，其中包含关键词 W_1，…，W_k（如标题行和发件人地址中的词可以作为关键词，这样 k 相对较小）。Bob 发送如下信息：

$$[E_{A\mathrm{pub}}[\mathrm{msg}], \mathrm{PEKS}(A_{\mathrm{pub}}, W_1), \cdots, \mathrm{PEKS}(A_{\mathrm{pub}}, W_k)]$$

其中，A_{pub} 是 Alice 的公钥，msg 是电子邮件的正文，PEKS 是一种算法。PEKS 的密文不透露任何关于消息的信息，但可以搜索特定的关键词，目标是让 Alice 向邮件服务器发送一个简短的密钥陷门 T_W（大部分 SPE 方案假定用安全信道传输陷门），使服务器能够定位所有包含关键词 W 的邮件，但不暴露邮件的其他内容。Alice 使用她的私钥生成这个陷门 T_W。服务器只将与搜索关键词相关的邮件发回给 Alice。通常把这样的系统称为具有关键词搜索功能的非交互式公钥加密系统，或者简称为可搜索公钥加密。

定义 7.1.1 基于关键词搜索的非交互式公钥加密（有时将其简称为可搜索加密）方案由以下多项式时间随机算法组成：

(1) KeyGen(s)。将安全参数 s 作为输入，生成一个公钥/私钥对 A_{pub} 和 A_{priv}。

(2) PEKS(A_{pub}，W)。将公钥 A_{pub} 和关键词 W 作为输入，为 W 生成一个可搜索加密。

(3) Trapdoor(A_{priv}，W)。将 Alice 的私钥 A_{priv} 和关键词 W 作为输入，生成一个陷门 T_W。

(4) Test(A_{pub}，S，T_W)。将 Alice 的公钥、可搜索加密 $S=\mathrm{PEKS}(A_{\mathrm{pub}}, W')$ 以及陷门 $T_W=\mathrm{Trapdoor}(A_{\mathrm{priv}}, W)$ 作为输入，当 $W=W'$ 时输出“是”，否则输出“否”。

以上述安全的电子邮件应用场景为例，Alice 运行 KenGen 算法来生成她的公钥/私钥对。她运行 Trapdoor()算法为任何她希望邮件服务器或邮件网关能进行搜索的关键词 W 生成陷门 T_W。邮件服务器将给定的陷门作为 Test()算法的输入，以确定给定的邮件是否包含 Alice 指定的关键词。

7.1.2 安全性定义和模型

从语义安全的角度来讲，PEKS 的安全性是指需要确保除非拥有对应的陷门 T_W，否则 PEKS(A_{pub}，W)不会泄露任何关于 W 的信息。

下面首先定义针对主动敌手的安全性。该敌手$\mathcal{A}$能够获得他所选择的任何关键词 W 的陷门 T_W。但即使在这种攻击下，敌手$\mathcal{A}$也无法将关键词 W_0 的加密与未获得其陷门的关键词 W_1 的加密区分开。从形式化的角度来讲，需要使用挑战者和敌手$\mathcal{A}$之间的以下游戏来定义针对主动敌手$\mathcal{A}$的安全性（安全参数 s 作为输入提供给两个参与者）。

PEKS 安全游戏：

(1) 挑战者运行 KeyGen(s)算法来生成 A_{pub} 和 A_{priv}，并将 A_{pub} 发送给敌手$\mathcal{A}$。

(2) 敌手$\mathcal{A}$可以自适应地向挑战者询问其选择的任何关键词 $W\in\{0, 1\}^*$ 的陷门 T_W。

(3) 在某一时刻，敌手$\mathcal{A}$向挑战者发送两个希望被挑战的关键词 W_0、W_1。唯一的限制是敌手$\mathcal{A}$之前没有请求询问过陷门 T_{W_0} 和 T_{W_1}。挑战者随机选取 $b\in\{0, 1\}$ 并发送给攻击者 $C=\mathrm{PEKS}(A_{\mathrm{pub}}, W_b)$。这里将 C 称为 PEKS 的挑战。

(4) 只要 $W\neq W_0$，W_1，敌手$\mathcal{A}$就可以继续对其选择的任何关键词 W 请求陷门 T_W。

(5) 敌手$\mathcal{A}$输出 $b'\in\{0, 1\}$，并在 $b=b'$ 时赢得游戏。

换言之，如果敌手$\mathcal{A}$能正确地猜出他得到了 W_0 还是 W_1 的 PEKS，那么他就赢得了游

戏。将$\mathcal{A}$赢得 PEKS 游戏的优势定义为

$$\mathrm{Adv}_{\mathcal{A}}(s)=\left|\Pr[b=b']-\frac{1}{2}\right|$$

定义 7.1.2　如果对于任意多项式时间的敌手$\mathcal{A}$，$\mathrm{Adv}_{\mathcal{A}}(s)$是一个可忽略的函数，那么我们就说 PEKS 对适应性选择关键词攻击是语义安全的。

7.2　经典的可搜索公钥加密方案

7.2.1　Boneh 的 PEKS 方案

Dan Boneh 的 PEKS 是关于 SPE 的开创性工作。在 7.1 节我们已经介绍了他们提出的系统模型和安全性定义，本节我们将分析 Boneh 的 PEKS 方案的细节。

1. 方案细节

Boneh 等人提出的 PEKS 方案是基于计算性 Diffie-Hellman 问题的变种构造的。方案中使用了两个素数阶为 p 的群 G_1、G_2 以及它们之间的双线性映射 e：$G_1\times G_2\to G_2$。该双线性映射满足以下性质：

(1) 可计算性：给定 g，$h\in G_1$，存在一个多项式时间算法，该算法能够有效计算 $e(g, h)\in G_2$。

(2) 双线性：对任意的整数 x，$y\in[1, p]$，有 $e(g^x, g^y)=e(g, g)^{xy}$。

(3) 非退化性：如果 g 是G_1 的生成元，那么 $e(g, g)$是 G_2 的生成元。G_1、G_2 的大小取决于安全参数。

构造非交互式可搜索加密方案，利用了上述双线性映射以及两个哈希函数 H_1：$\{0, 1\}^*\to G_1$ 和 H_2：$G_2\to\{0, 1\}^{\log p}$。

该方案的具体构造如下：

(1) KenGen。输入的安全参数决定了群 G_1、G_2 的大小 p。该算法随机选取 $\alpha\in Z_p^*$ 以及G_1 的生成元 g。输出 $A_{\mathrm{pub}}=[g, h=g^\alpha]$，$A_{\mathrm{priv}}=\alpha$。

(2) PEKS(A_{pub}, W_i)。首先选取一随机数 $r\in Z_p^*$，然后计算 $t=e(H_1(W), h^r)\in G_2$，输出 PEKS(A_{pub}, W_i)$=[g^r, H_2(t)]$。

(3) Trapdoor(A_{priv}, W_i)。输出 $T_W=H_1(W)^\alpha\in G_1$。

(4) Test(A_{pub}, R, T_W)。令 $S=[A, B]$，测试 $H_2(e(T_W, A))$是否等于 B，如果是，输出 1，否则输出 0。

2. 安全性证明

定理 7.2.1　上面的非交互式可搜索加密方案(PEKS)在随机谕言机模型下对选择关键词攻击是语义安全的。

证明　假设攻击算法$\mathcal{A}$能够以 ε 的优势破坏 PEKS 方案，$\mathcal{A}$最多对 H_2 做 q_{H_2} 次哈希询问，最多做 q_T 次陷门询问(假设 q_T 和 q_{H_2} 是正的)。构造一个算法$\mathcal{B}$，它至少能够以 $\varepsilon'=\varepsilon/(eq_Tq_{H_2})$的概率解决 BDH 问题，其中 e 是自然对数的底数。算法$\mathcal{B}$的运行时间与算法$\mathcal{A}$的大致相同。如果 BDH 在 G_1 中成立，那么 ε′是一个可以忽略的函数，因此基于安

全参数的概率 ε 也必须是一个可以忽略的函数。

设 g 是群 G_1 的生成元。由算法$\mathcal{B}$得到 g，$u_1=g_\alpha$，$u_2=g_\beta$，$u_3=g_\gamma\in G_1$。其目标是输出 $v=e(g, g)^{\alpha\beta\gamma}\in G_2$。算法$\mathcal{B}$模拟挑战者，并与伪造者$\mathcal{A}$进行如下交互：

(1) KeyGen 询问。算法$\mathcal{B}$首先给$\mathcal{A}$一个公钥 $A_{\text{pub}}=[g, u_1]$。

(2) H_1、H_2 哈希询问。在任何时候算法$\mathcal{A}$都可以询问随机谕言机 H_1、H_2。为了响应 H_1 询问，算法$\mathcal{B}$需要维护一个元组列表$\langle W_j, h_j, a_j, c_j\rangle$，该列表称为 H_1 列表。H_1 列表初始为空。当$\mathcal{A}$对于 $W_i\in\{0, 1\}^*$ 去询问随机谕言机 H_1 时，算法$\mathcal{B}$的响应如下：

① 如果查询 W_i 已经出现在 H_1 列表的元组$\langle W_j, h_j, a_j, c_j\rangle$中，那么算法$\mathcal{B}$响应 $H_1(W_i)=h_i\in G_1$。

② 否则，算法$\mathcal{B}$生成一个随机数 $c_i\in\{0, 1\}$，使 $\Pr[c_i-0]=1/(q_T+1)$。

③ 算法$\mathcal{B}$随机选取 $a_i\in Z_p$。如果 $c_i=0$，则算法$\mathcal{B}$计算 $h_i\leftarrow u_2\cdot g^{a_i}\in G_1$；如果 $c_i=1$，则算法$\mathcal{B}$计算 $h_i\leftarrow g^{a_i}\in G_1$。

④ 算法$\mathcal{B}$将元组$\langle W_j, h_j, a_j, c_j\rangle$添加到 H_1 列表中，并通过 $H_1(W_i)=h_i$ 响应$\mathcal{A}$。注意，无论采用哪种方式，h_i 在 G_1 中都是统一的，并且根据需要独立于$\mathcal{A}$的当前视图。

类似地，在任何时候$\mathcal{A}$都可以向 H_2 发出查询。算法$\mathcal{B}$响应对 $H_2(t)$的查询，为每个新 t 选择一个新的随机值 $V\in\{0, 1\}^{\log p}$，并设置 $H_2(t)=V$。此外，$\mathcal{B}$通过将(t, V)添加到一个 H_2 列表来跟踪所有 H_2 询问，且 H_2 列表初始为空。

(3) Trapdoor 陷门询问。当$\mathcal{A}$对关键词 W_i 对应的陷门进行查询时，算法$\mathcal{B}$的响应如下：

① 算法$\mathcal{B}$运行上述算法响应 H_1 询问，得到 $h_i\in G_1$，使 $H_1(W_i)=h_i$。设$\langle W_i, h_i, a_i, c_i\rangle$为 H_1 列表上对应的元组。如果 $c_i=0$，那么$\mathcal{B}$报告失败并终止。

② 否则，如果 $c_i=1$，则有 $h_i=g^{a_i}\in G_1$。定义 $T_i=u_1^{a_i}$，观察 $T_i=H(W_i)^\alpha$，因此 T_i 是公钥 $A_{\text{pub}}=[g, u_1]$下对于关键词 W_i 的正确陷门。算法$\mathcal{B}$将 T_i 返回给算法$\mathcal{A}$。

(4) 挑战。最终算法$\mathcal{A}$产生一对关键词 W_0、W_1，它希望对其进行挑战。算法$\mathcal{B}$生成的挑战值如下：

① 算法$\mathcal{B}$运行上述算法并两次响应 H_1 询问，得到 h_0，$h_1\in G_1$，使 $h_1(W_0)=h_0$，$h_1(W_1)=h_1$。对于 $i=0, 1$，设$\langle W_i, h_i, a_i, c_i\rangle$为 H_1 列表上对应的元组，如果 $c_0=1$ 且 $c_1=1$，那么$\mathcal{B}$报告失败并终止。

② 至少有 c_0，$c_1=0$。算法$\mathcal{B}$随机选取 $b\in\{0, 1\}$，使 $c_b=0$(如果只有一个 c_b 等于 0，则不需要具有随机性，因为只有一个选择)。

③ 算法$\mathcal{B}$以挑战值 PEKS $C=[u_3, J]$作为回应，其中 $J\in\{0, 1\}^{\log p}$ 是随机的。

注意，这个挑战隐式定义了 $H_2(e[H_1(W_b), u_1^\gamma])=J$。换言之，有等式：

$$J=H_2(e(H_1(W_b), u_1^\gamma))=H_2(e(u_2 g^{a_b}, g^{\alpha\gamma}))=H_2(e(g, g)^{\alpha\gamma(\beta+a_b)})$$

根据这个定义，C 是对于关键词 W_b 有效的 PEKS。

(5) 更多的陷门询问。$\mathcal{A}$可以继续对关键词 W_i 发出陷门询问，其中唯一的限制是 $W_i=W_0$，W_1。算法$\mathcal{B}$像之前一样响应这些询问。

(6) 输出。最终$\mathcal{A}$输出其猜测 $b_0\in\{0, 1\}$，表示挑战 C 是 PEKS(A_{pub}, W_0)还是 PEKS(A_{pub}, W_1)的结果。此时，算法$\mathcal{B}$从 H_2 列表中随机选取一对(t, V)并输出 $t/e(u_1, u_3)^{a_b}$ 作为 $e(g, g)^{\alpha\beta\gamma}$ 的猜测值，其中 a_b 是挑战步骤中使用的值。这样做的原因是：$\mathcal{A}$必须为

$H_2(e(H_1(W_0), u_1^\gamma))$或$H_2(e(H_1(W_1), u_1^\gamma))$发出一个询问。因此，$H_2$列表包含左元素$t=e(H_1(W_b), u_1^\gamma)=e(g, g)^{\alpha\gamma(\beta+a_b)}$的概率是 1/2。如果算法$\mathcal{B}$从$H_2$列表中选择这一对$(t, V)$，那么$t/e(u_1, u_3)^{a_b}=e(g, g)^{\alpha\beta\gamma}$。

这样就完成了算法$\mathcal{B}$的描述。这仍然表明：$\mathcal{B}$可以直接输出$e(g, g)^{\alpha\beta\gamma}$，且概率至少为$\varepsilon'$。为了做到这一点，分析$\mathcal{B}$在模拟过程中没有中止的概率。定义两个事件：

E_1：$\mathcal{B}$不会因为$\mathcal{A}$的任何陷门询问而中止。

E_2：$\mathcal{B}$在挑战阶段不会中止。

由下述引理可得，事件E_1和E_2都以足够高的概率发生，详见 Boneh 等人的证明。

引理 7.2.1　算法$\mathcal{B}$没有因为$\mathcal{A}$的陷门询问而中止的概率至少是$1/e$。因此，$\Pr[E_1]\geqslant 1/e$。

引理 7.2.2　算法$\mathcal{B}$在挑战阶段不中止的概率至少为$1/q_T$。因此，$\Pr[E_2]\geqslant 1/q_T$。

引理 7.2.3　假设在一个真实的攻击博弈中，$\mathcal{A}$得到了公钥$[g, u_1]$，$\mathcal{A}$要求对关键词W_0和W_1进行挑战。作为回应，给$\mathcal{A}$一个挑战$C=[g^r, J]$。然后，在真正的攻击游戏中，$\mathcal{A}$以至少2ε的概率对$H_2(e(H_1(W_0), u_1^\gamma))$或$H_2(e(H_1(W_1), u_1^\gamma))$发出一个$H_2$询问。

7.2.2　PEKS 到 IBE 的单向隐含性

基于关键词的可搜索公钥加密本质上隐含着一个基于身份的加密(IBE)，但是反之不一定成立。本节我们给出 PEKS 到 IBE 的单向隐含性的证明。

构建一个安全的 PEKS 似乎比构建一个安全的 IBE 更难。下面的定理表明 PEKS 隐含着基于身份的加密。

定理 7.2.2　基于对适应性选择关键词攻击具有语义安全性的非交互式可搜索加密方案(PEKS)可以构造出一个选择密文安全的 IBE 系统(IND-ID-CCA)。

证明　给定一个 PEKS(KeyGen, PEKS, Trapdoor, Test)，可构造一个 IBE 系统：

(1) Setup。运行 PEKS KeyGen 算法生成$A_{\text{pub}}/A_{\text{priv}}$。IBE 系统参数为$A_{\text{pub}}$。主密钥为$A_{\text{priv}}$。

(2) KeyGen。与公钥$X\in\{0, 1\}^*$相关联的 IBE 私钥为

$$d_X=[\text{Trapdoor}(A_{\text{priv}}, X\parallel 0), \text{Trapdoor}(A_{\text{priv}}, X\parallel 1)]$$

其中，$\parallel$表示连接。

(3) Encrypt。使用公钥$X\in\{0, 1\}^*$加密 1 比特$b'\in\{0, 1\}$，$\text{CT}=\text{PEKS}(A_{\text{priv}}, X\parallel b)$。

(4) Decrypt。使用私钥$d_X=(d_0, d_1)$来解密$\text{CT}=\text{PEKS}(A_{\text{priv}}, X\parallel b)$。

如果$\text{Test}(A_{\text{pub}}, \text{CT}, d_0)=$'yes'，则输出 0；如果$\text{Test}(A_{\text{pub}}, \text{CT}, d_1)=$'yes'，则输出 1。

可以证明，假设 PEKS 对自适应选择消息攻击是语义安全的，那么由此产生的 IBE 系统是 IND-ID-CCA。

这表明，构建非交互式的公钥可搜索加密系统至少和构建 IBE 系统一样困难。人们可能会通过下面的定义证明相反的情况(即 IBE 隐含着 PEKS)：

$$\text{PEKS}(A_{\text{pub}}, W)=E_W[0^k] \tag{7.1}$$

即用 IBE 公钥$W\in\{0, 1\}^*$加密k个 0 的字符串。Test 算法尝试对$E_W[0]$进行解密，并检

查得到的明文是否为 0^k。不幸的是，这并不一定能给出一个安全的可搜索加密方案。问题在于密文 CT 可能会暴露用于创建 CT 的公钥(W)。一般来说，加密方案不需要隐藏用于创建给定密文的公钥。但这一特性对于公式(7.1)中给出的 PEKS 构造是必不可少的，且要求 IBE 系统的公钥是保密的。这说明一个安全的 IBE 方案并不一定隐含着一个安全的 PEKS。

7.2.3　可验证搜索结果的 SPE

在传统的 PEKS 方案中，由于一些商业原因和硬件限制，公共云服务器可能会倾向于节省其计算或带宽资源。这意味着，它只执行搜索操作的一部分，而不是全部，然后返回相应的结果，这样用户可能只收到搜索结果的一部分。因此，在 PEKS 方案中增加验证机制是非常必要的。为了确保关键词的隐私性，只有持有适当验证令牌的用户才能验证相关文档集上的结果，即进行私有的结果验证。

为了解决上述问题，Liu 等人提出了数据共享系统中的可验证的可搜索加密方案。在该方案中，数据所有者文档集的搜索关键词和验证令牌都被聚合为一个关键词，用户只需要为搜索和验证操作存储一个用户密钥，就可以生成一个聚合陷门来搜索多个用户的文档集。

1. 方案细节

Liu 等人构造的可搜索公钥加密方案的具体细节如下：

1) $\text{ParamGen}(1^\lambda, n)\rightarrow \text{params}$

系统将运行此算法来初始化系统参数。

(1) 生成一个双线性映射群系统$\mathcal{B}=(p, G, G_1, e(.,.))$。其中，$p$ 是 G 的阶且满足 $2^\lambda \leqslant p \leqslant 2^{\lambda+1}$。

(2) 假设 n 为属于数据所有者的最大文档数。

(3) 选择一个随机生成元 $g\in G$ 和随机数 $\alpha \in Z_p$，并对 $i=\{1, 2, \cdots, n, n+2, \cdots, 2n\}$，计算 $g_i=g^{(\alpha i)}\in G$。

(4) 选择单向哈希函数 $H_0: \{0, 1\}^* \rightarrow G$。

(5) 选择 m 作为布隆过滤器的最大长度。

(6) 选择 k 个独立的单向哈希函数 $H'_1, \cdots, H'_k$ 来构造一个 m 位布隆过滤器，并令另一个单向哈希函数 $H_1: G_1\rightarrow \{0, 1\}^m$ 作为安全的伪随机数生成器。

该算法输出为系统参数：

$$\text{params}=(\mathcal{B}, (g, g_1, \cdots, g_n, g_{n+2}, \cdots, g_{2n}), H_0, H_1, \{H'_1, \cdots, H'_k\})$$

2) $\text{KeyGen}\rightarrow(\text{pk}, \text{sk})$

每个数据所有者运行此算法以生成他/她的公私钥对。它选择一个随机的 $\gamma\in Z_p$，并输出 $\text{pk}=g^\gamma$，$\text{sk}=\gamma$。

3) $\text{Enc}(i, W_i)\rightarrow(\Delta_i, \text{CW}_i)$

该算法将文件索引 $i\in\{1, \cdots, n\}$作为输入。

(1) 随机选择一个 $t\in Z_p$ 作为该文档集的实际可搜索加密密钥 k_i。

(2) 为此文档集的关键词集 W_i 生成布隆过滤器：$\text{BF}_i=\text{BFGen}(\{H'_1, \cdots, H'_k\}, W_i)$。

(3) 随机选择一个 $M\in G_1$ 并通过计算，生成与所有者自己的 k_i 和 M 相关的公共辅助值 Δ_i：$c_1=g^t$，$c_2=(vg_i)^t$，$c_3=H_1(M)\oplus \mathrm{BF}_i$，$c_4=Me(g_1, g_n)^t$。

(4) 对于此集合的关键词集 W_i 中的每个关键词 w，其密文 CW 计算为

$$\mathrm{CW}=e(g, H_0(w))^t/e(g_1, g_n)^t$$

该算法最终输出(Δ_i, CW_i)。

4) $\mathrm{Share}_{\mathrm{sk}}(S)\rightarrow \mathrm{ak}$

对于任何包含文档集的索引的子集 $S\subseteq\{1, \cdots, n\}$，该算法将所有者的密钥 sk 作为输入，并通过计算得聚合密钥：$\mathrm{ak}=\prod_{j\in S} g_{n+1-j}^{\mathrm{sk}}$。

5) $\mathrm{Trapdoor}_{\mathrm{ak}}(W)\rightarrow \mathrm{Tr}$

用户使用 ak 运行此算法以生成关键词 W 的陷门。与聚合密钥 ak 相关的所有文档集也与陷门相关。该算法计算并输出：$\mathrm{Tr}=\mathrm{ak}\cdot H_0(W)$。

6) $\mathrm{Retrieve}(\mathrm{Tr}, S, \{\mathrm{CW}_i\}, \{\Delta_i\})\rightarrow(\mathrm{RST}, \mathrm{PRF})$

每个 Δ_i 都有(c_1, c_2, c_3, c_4)。步骤如下：

$\mathrm{Direct}(\mathrm{Tr}, i, S)\rightarrow \mathrm{Tr}_i$：此步骤主要为索引为 $i\in S$ 的文档集生成实际陷门。陷门 Tr_i 的计算如下：

$$\mathrm{Tr}_i=\mathrm{Tr}\cdot \mathrm{pub}_i$$

其中：

$$\mathrm{pub}_i=\prod_{j\in S, j\neq i} g_{n+1-j+i}$$

$\mathrm{Test}(\mathrm{Tr}_i, \mathrm{CW}, \Delta_i)\rightarrow\delta$：此步骤用于测试是否由查询的关键词 W(其第 i 个实际陷门为 Direct 的 Tr_i)对密文 CW 进行了加密。然后判断 $\mathrm{CW}=e(\mathrm{Tr}_i, c_1)/e(\mathrm{pub}_0, c_2)$(其中 $\mathrm{pub}_0=\prod_{j\in S} g_{n+1-j}$)，以确定 δ 的值为真或假。

取文件子集 S 的关键词密文集$\{\mathrm{CW}_i\}$和辅助集$\{\Delta_i\}$，Retrieve 算法执行如下：

(1) 对于每个 $i\in S$，计算 $\mathrm{Tr}_i\leftarrow\mathrm{Direct}(\mathrm{Tr}, i, S)$。

(2) 对于每个 $i\in S$，计算 $p_1=c_4\cdot e(\mathrm{pub}_i, c_1)/e(\mathrm{pub}_0, c_2)$，并令 $p_2=c_1$，$p_3=c_3$ 且 $\mathrm{PRF}_i=(p_1, p_2, p_3)$。

(3) 初始化集合 RST，并为每个 $i\in S$，计算 RST_i。对于每个关键词密文 $\mathrm{CW}\in\mathrm{CW}_i$，计算 $\delta\leftarrow\mathrm{Test}(\mathrm{Tr}_i, \mathrm{CW}, \Delta_i)$，如果 δ 为 true，则将相应文档的标识添加到 RST_i 中。

最后，该算法输出一对集合(RST, PRF)，指示搜索结果和对文件子集 S 中每个文档集合的证明。在此方案中，出于效率考虑，集合 S 的 PRF 和 pub 序列只能计算一次。

7) $\mathrm{Verify}_{\mathrm{ak}}(W, S, \mathrm{RST}, \mathrm{PRF})\rightarrow\mathrm{ACC}$

该算法将集合 S、测试关键词 W 和接收的集合(RST, PRF)作为输入，然后进行如下运算：

对于每个 $i\in S$，计算 ACC_i，即首先计算 $M'=p_1\cdot e(\mathrm{ak}, p_2)$，然后通过计算恢复第 i 个布隆过滤器，$\mathrm{BF}'_i=H_1(M')\oplus p_3$。一旦有 BF'_i 无法恢复，则中断并输出⊥。最后验证关键词 W 的存在，$\mathrm{ACC}_i\longleftarrow\mathrm{BFVerify}(\{H'_1, \cdots, H'_k\}, \mathrm{BF}'_i, W)$。

该算法输出 ACC，它是一组 ACC_i 的集合。

2. 安全性定义

定义 7.2.1(正确性)　如果满足对于任何文档数据的子集 S 和关键词 W，都有

(pk, sk)←KeyGen, (Δ_i, CW_i)←$Encrypt_{pk}(i, W_i)$, ak←$Share_{sk}(S)$, Tr←$Trapdoor_{ak}(W)$, (RST, PRF)←Retrieve(Tr, S, $\{CW_i\}$, $\{\Delta_i\}$), ACC←$Verify_{ak}(W, S, RST, PRF)$, 且

(1) 如果一个文档 doc_j 包含关键词 W，则 $j \in rst_i$，

(2) 如果在集合 S 中不包括第 i 个文档，则 ACC_i 的值大概率为 1，

则称该验证方案是正确的。

定义 7.2.2(查询隐私) 如果某个可验证的可搜索加密方案满足以下条件，则称该方案具有查询隐私：对于 PPT 运行时间的敌手$\mathcal{A}$和任何关键词 W，都有(pk, sk)←KeyGen, (Δ_i, CW_i)←$Encrypt_{pk}(i, W_i)$, ak←$Share_{sk}(S)$, Tr←$Trapdoor_{ak}(W)$，则 $Pr[\mathcal{A}(params, pk, S, Tr, \{CW_i\}, \{\Delta_i\})=W]$是可忽略的。

定义 7.2.3(可控性) 如果对于第 j 个关键词集合 W_j 中的任意关键词 W，都有(pk, sk)←KeyGen, (Δ_i, CW_i)←$Encrypt_{pk}(i, W_i)$, ak←$Share_{sk}(\{1, \cdots, j-1, j+1, \cdots, n\})$, Tr←$Trapdoor_{ak}(W)$, (RST, PRF)←Retrieve(Tr, $\{j\}$, $\{CW_j\}$, $\{\Delta_j\}$), ACC←$Verify_{ak}(W, \{j\}, RST, PRF)$，则结果集合 RST 为空且集合 ACC 为⊥。

3. 安全性证明

定理 7.2.3 上述可验证的可搜索加密方案是正确的。

证明 云服务器收到提交的聚合陷门 Tr 后，可以执行 Retrieve()算法对每个关键词集合进行测试，即具有聚合密钥的用户可以执行成功的关键词搜索。用户可以通过聚合密钥解密子集 S 中第 i 个文档的相应密文，轻松恢复布隆过滤器 BF_i。最后可以通过算法 BFVerify 验证关键词 W 的存在，从而知道服务器是否仅执行部分搜索操作。因此，具有聚合密钥的用户可以成功执行验证。

定理 7.2.4 上述可验证的可搜索加密方案是可控的。

证明 可控性可以由以下引理得出。

引理 7.2.4 即使云服务器与恶意授权用户串通，他们也无法对超出其聚合密钥范围的任何文档执行任何关键词搜索和结果验证。

证明 在合谋的情况下，敌手$\mathcal{A}$可能既控制好奇的云服务器，又控制恶意的授权用户。这类攻击者可能会尝试对不在其聚合密钥范围内的文档执行关键词搜索。如果 pub_0 是由错误的集合 S'生成的，则表达式 $e(ak, g^t)$将等于 $e(pub_0, v^t)$(即 $e(\prod_{j \in S} g_{n+1-j}, g^{sk^t})$)，它们无法从方程式中消除。因此，必须通过与聚合密钥相同的集合 S 来计算 pub_i。基于上述事实，敌手在接收到单个陷门 Tr 后，可以将目标集 S'作为 Retrieve. Direct 步骤的输入来生成实际陷门，但由于必须通过以下方式计算 pub_0，因此 Verify 算法将为索引为 $i \in S$ 的任何文档集输出错误的结果。

对于集合 S，Retrieve. Test 步骤将为索引为 $i \in S$ 的任何文档集输出 false。验证过程中的可控性与之类似，敌手可能会将目标集 S'中的文档集的索引 i'作为 Verify 算法的输入，以此来测试此类文档中存在哪些关键词。

引理 7.2.5 敌手无法从已知的聚合密钥为任何新的文档集生成新的聚合密钥。

证明 拥有集合 S 的聚合密钥 ak 的恶意用户$\mathcal{A}$总是尝试为其数据所有者的集合 S' $(S' \not\subset S)$生成新的聚合密钥。为了达到这个目标，$\mathcal{A}$应该为任何 $j \in S'$计算 g_{n+1-j}^{sk} 的值。尽管$\mathcal{A}$获得了 $ak = \prod_{j \in S} g_{n+1-j}^{sk}$，但他仍然无法从乘积中获得任何乘数，并且每个乘数都受到所

有者的密钥 sk 的保护，因此$\mathcal{A}$无法生成新密钥。

定理 7.2.5　上述可验证的可搜索加密方案具有查询隐私权限。

证明　云服务器可以获取存储的关键词密文和辅助值$\{\Delta_i\}$。恶意的授权用户可能拥有聚合密钥 ak，并具有对所有者的一组文档的搜索权限。该定理可以从以下引理推得。

引理 7.2.6　敌手无法从已提交的陷门或 Retrieve. Direct 步骤确定查询中的关键词。

证明　由于敌手$\mathcal{A}$想要在获得提交的陷门 $\mathrm{Tr}=\mathrm{ak}\cdot H_0(W)$之后确定查询中的关键词，因此$\mathcal{A}$必须猜测聚合密钥 ak 才能成功。从$\mathcal{A}$的视图来看，公共信息是系统参数 params 和集合 S。为了获得 ak，对于每个 $j\in S$，敌手$\mathcal{A}$必须计算 g_{n+1-j}^{sk}。因为 sk 是所有者的秘密主密钥(不考虑其泄露)，所以$\mathcal{A}$获得它的可能性很小。或者，在云服务器中执行的 Retrieve. Direct 步骤仅涉及某些公共信息的乘积，即 $\mathrm{Tr}_i=\mathrm{Tr}\cdot\prod\limits_{j\in S,\ j\neq i} g_{n+1-j+i}$。由于乘法参数都是公共的，因此该算法无法帮助攻击者确定陷门中的关键词。在这种情况下无法发起成功的攻击。

引理 7.2.7　敌手无法根据存储的关键词密文和相关的公共信息来确定文档中的关键词。

证明　好奇的服务器$\mathcal{A}$可能会尝试从存储的加密数据中学到一些东西。借助参数(c_1, c_2, c_3, c_4)和 CW 的知识，$\mathcal{A}$可以尝试发起以下三种攻击：

(1) 从已知的 c_1 或 c_2 中检索 t 的值。在这种情况下，离散对数问题意味着$\mathcal{A}$无法计算 t 的值。

(2) 计算 $e(g_1, g_n)^t$ 的值。

通过计算 $e(c_1, H_0(W))$得出 $e(g, H_0(W))^t$ 的值，因此当敌手$\mathcal{A}$获得 $e(g_1, g_n)^t$ 的值时，他将确定关键词 W 是否在目标文档集中。为了获得 $e(g_1, g_n)^t$，$\mathcal{A}$将计算 $e(c_1, g_{n+1})$。但是由于参数中缺少 $g_{n+1}=g^{a^{n+1}}$，因此敌手$\mathcal{A}$无法完成此计算。实际上，该结果是通过 BDHE 问题的困难性来保证的。

(3) 通过验证函数显示文档的内容。但很难从已知的 c_3 中检索 BF_i 的值，因为哈希函数 H_1 足以满足应用要求。因此，这样的攻击也是不可行的。

7.3　密文计算

无论是单关键词的可搜索对称加密还是可搜索公钥加密，本质上都可以抽象为在加密数据上的单次相等测试计算(询问)。如果推广这个概念到多关键词、多种类型的搜索，那么可以用密文计算表达各种支持复杂功能的可搜索加密，如在密文上执行比较询问、子集询问、区间询问、多项式运算、CDF/DNF 运算等。本节我们将分析谓词加密这种高级的密文计算框架。

7.3.1　加密数据上的谓词查询

关于支持密文上谓词询问的公钥加密的基本概念和应用场景，可以通过一个例子来说明。考虑一个信用卡支付网关的实际场景，网关能够观察加密的业务流，如在 Visa 的公钥下加密。网关需要标记所有满足某个谓词 P 的交易，假设这些交易是价值超过 1000 美元的交易。从安全和隐私的角度来看，在网关上存储 Visa 的密钥是不安全的。相反，Visa 希望给网关一个令牌 TK_P，使网关能够识别满足 P 的交易，而不能够掌握关于这些交易的任何其他信息。当然，生成令牌 TK_P 将需要 Visa 的私钥。

作为另一个应用场景，考虑接收由收件人公钥加密的电子邮件消息流的邮件服务器。如果电子邮件满足某个谓词 P，则邮件服务器应将电子邮件转发到收件人的移动终端，通知收件人。假设电子邮件满足另一个谓词 P'，可定义服务器丢弃该电子邮件；否则，服务器应该将电子邮件放入收件人的收件箱。收件人不希望向邮件服务器提供完整的私钥，相反，他希望向服务器提供两个令牌 TK_P 和 $TK_{P'}$，使服务器能够测试谓词 P 和 P'，而不能够掌握关于电子邮件的任何其他信息。

实际应用中，构建一个支持丰富查询谓词集的可搜索公钥系统具有重要的理论意义和应用价值。在支付网关场景中，可以想象会出现比较查询(价值 value>1000)，甚至连接查询(价值 value>1000 且交易时间 time 晚于 5pm)。除了连接谓词的值外，网关不应该了解其他信息。例如，一个连接 $P_1 \wedge P_2$ 是 false，网关不应该知道这两个连接 P_1 和 P_2 哪一个是 false。在第二个涉及邮件服务器的应用场景中，可以想象子集查询(发送方 sender$\in S$，其中 S 是一组电子邮件地址)的重要用途。此外，像发送方 sender$\in S$ 且主题 subject=urgent 这样的连词查询也是有应用意义的。未来，当对加密数据进行高度复杂的查询成为可能时，可以想象对加密电子邮件运行反病毒/反垃圾邮件谓词。应用此类系统后，邮件服务器除垃圾邮件外对收到的加密邮件的内容一无所知。

1. 系统模型

下面给出 Φ-可搜索公钥加密系统的定义。

设 Φ 是任意一组(多项式时间可计算的)谓词集合，Σ 是二进制字符串的有限集，$\varepsilon=(\text{Setup}', \text{Encrypt}', \text{Decrypt}')$是一个公钥系统，且 $\Phi=\{P_1, P_2, \cdots, P_t\}$。

Φ-可搜索公钥加密系统 ε_{TR} 的定义如下：

(1) Setup(λ)。运行该算法 t 次以获得 $\text{pk} \leftarrow (\text{pk}_1, \cdots, \text{pk}_t)$，$\text{sk} \leftarrow (\text{sk}_1, \cdots, \text{sk}_t)$，最终输出 pk 和 sk。

(2) Encrypt(pk, I, M)。对于 $j=1, \cdots, t$，定义：

$$C_j \leftarrow \begin{cases} \text{Encrypt}'(\text{pk}_j, M) & P_j(i)=1 \\ \text{Encrypt}'(\text{pk}_j, \bot) & \text{其他} \end{cases}$$

最终输出 $C \leftarrow (C_1, \cdots, C_t)$。

(3) GenToken(sk, $\langle P \rangle$)。这里$\langle P \rangle$(对谓词 P 的描述)是集合 Φ 中 P 的索引 j，最终输出 $\text{TK} \leftarrow (j, \text{sk}_j)$。

(4) Query(tk, C)。记 $C \leftarrow (C_1, \cdots, C_t)$ 且 $\text{tk} \leftarrow (j, \text{sk}_j)$，该算法最终输出 $\text{Decrypt}'(\text{sk}_j, C_j)$。

2. 安全性的定义

Boneh 等人提出了一个用于分析和构造各种谓词族的可搜索公钥系统。该系统支持比较查询(如大于)和一般的子集查询，也支持任意连词查询。

可使用安全性游戏刻画该可搜索加密系统的安全性。该游戏为敌手提供了许多令牌，但要求敌手不能使用这些令牌推断出额外的信息。游戏运行过程如下：

(1) 初始化阶段。挑战者运行 Setup(λ)并给敌手公钥 pk。

(2) 查询阶段 1。敌手自适应地输出谓词 P_1，P_2，…，$P_{q_1} \in \Phi$ 的描述。挑战者以相应的令牌 $\mathrm{TK}_j \leftarrow \mathrm{GenToken}(\mathrm{sk}, \langle P_j \rangle)$进行响应。此类查询称为谓词查询。

(3) 挑战阶段。敌手输出(I_0，M_0)和(I_1，M_1)，但有两个限制：

① 对于所有 $j=1, 2, \cdots, q_1$，有 $P_j(I_0)=P_j(I_1)$。

② 如果 $M_0=M_1$，则对于所有 $j=1, 2, \cdots, q_1$，有 $P_j(I_0)=P_j(I_1)=0$。

挑战者挑选随机数 $\beta \in \{0, 1\}$，并将 $C_* \leftarrow \mathrm{Encrypt}(\mathrm{pk}, I_\beta, M_\beta)$交给敌手。

这两个限制确保了给予敌手的随机数不会轻易破坏挑战。第一个限制条件确保给予敌手的令牌不会直接将 I_0 与 I_1 区分开。第二个限制条件确保令牌不会直接区分 M_0 和 M_1。

(4) 查询阶段 2。在上述两个限制的前提下，敌手继续自适应地请求谓词 P_{q_1+1}，…，$P_q \in \Phi$ 的令牌。质询者以相应的令牌 $\mathrm{TK}_j \leftarrow \mathrm{GenToken}(\mathrm{sk}, \langle P_j \rangle)$进行响应。

(5) 猜测阶段。敌手返回对 β 的猜测 $\beta' \in \{0, 1\}$。将敌手$\mathcal{A}$攻击该方案 ε 的优势定义为 $\mathrm{Adv}_{\mathcal{A}} = |\Pr[\beta'=\beta]-1/2|$。

定义 7.3.1　如果对于所有多项式时间敌手$\mathcal{A}$，攻击方案 ε 的优势 $\mathrm{Adv}_{\mathcal{A}}$是 λ 的可忽略函数，则该可搜索系统是安全的。

上述定义很容易扩展到选择明文攻击的安全性。

下面给出一个较弱的安全性定义，即选择安全性。在此定义中，敌手在游戏开始时就将搜索字符串 I_0、I_1 提交，其他所有内容保持不变。游戏运行过程如下：

(1) 初始化阶段。敌手输出两个字符串 I_0，$I_1 \in \Sigma$。挑战者运行 Setup(λ)并给敌手公钥 pk。

(2) 查询阶段 1。敌手自适应地输出谓词 P_1，P_2，…，$P_{q_1} \in \Phi$ 的描述。挑战者以相应的令牌 $\mathrm{TK}_j \leftarrow \mathrm{GenToken}(\mathrm{sk}, \langle P_j \rangle)$进行响应。唯一的限制是对于所有 $j=1, 2, \cdots, q_1$，有 $P_j(I_0)=P_j(I_1)$。

(3) 挑战阶段。敌手输出两个消息 M_0，$M_1 \in M$，但要受以下限制：如果 $M_0=M_1$，则对于所有 $j=1, 2, \cdots, q_1$，有 $P_j(I_0)=P_j(I_1)=0$。

挑战者挑选随机数 $\beta \in \{0, 1\}$，并将 $C_* \leftarrow \mathrm{Encrypt}(\mathrm{pk}, I_\beta, M_\beta)$交给敌手。

(4) 查询阶段 2。在满足上述两个限制的情况下，敌手继续自适应地请求谓词 P_{q_1+1}，…，$P_q \in \Phi$ 的令牌。质询者以相应的令牌 $\mathrm{TK}_j \leftarrow \mathrm{GenToken}(\mathrm{sk}, \langle P_j \rangle)$进行响应。

(5) 猜测阶段。敌手返回对 β 的猜测 $\beta' \in \{0, 1\}$。

敌手$\mathcal{A}$攻击该方案 ε 的优势定义为 $\mathrm{sAdv}_{\mathcal{A}} = |\Pr[\beta'=\beta]-1/2|$。

定义 7.3.2　如果对于所有多项式时间敌手$\mathcal{A}$，攻击方案 ε 的优势 $\mathrm{sAdv}_{\mathcal{A}}$是 λ 的可忽略函数，则该可搜索系统具有选择安全性。

3. 具体方案

对于某整数 m，记 $\Sigma=Z_m$ 且 $\Sigma_*=Z_m \cup \{*\}$，称 Boneh 等人提出的具体方案为隐藏向量加密(Hidden Vector Encryption，HVE)，其中负载 M 属于群 G_T 中的一个小子集$\mathcal{M}$，即 $|\mathcal{M}| < |G_T|^{1/4}$。但该限制并不严苛，因为负载 M 通常是一个短的对称消息密钥。该 HVE 系统的算法如下：

(1) Setup(λ)。

① 选择随机素数 $p, q>m$，创建一个阶为合数 $n=pq$ 的双线性群 G。选择随机元素 $(u_1, h_1, w_1), \cdots, (u_l, h_l, w_l)\in G_p^3$，$g, v\in G_p$，$g_q\in G_q$，且指数 $\alpha\in Z_p$。把这些都作为私钥 sk 保存。

② 在 G_q 中选择 $3l+1$ 个随机盲因子：

$$(R_{u,1}, R_{h,1}, R_{w,1}), \cdots, (R_{u,l}, R_{h,l}, R_{w,l})\in G_p, R_v\in G_q$$

对于公钥 pk，它公开群 G 的描述以及 g_q，$V=vR_v$，$A=e(g, v)^\alpha$ 和

$$\begin{pmatrix}U_1=u_1R_{u,1}, H_1=h_1R_{h,1}, W_1=w_1R_{w,1}\\ U_l=u_lR_{u,l}, H_l=h_lR_{h,l}, W_l=w_lR_{w,l}\end{pmatrix}$$

消息空间$\mathcal{M}$的值被设置为 G_T 的一个子集，其大小小于 $n^{1/4}$。

(2) Encrypt(pk，$I\in Z_m^1$，$M\in\mathcal{M}\subseteq G_T$)。设 $I=(I_1, \cdots, I_l)\in Z_m^l$，该加密算法的工作原理如下：

① 选择随机数 $s\in Z_n$ 和随机值 Z，$(Z_{1,1}, Z_{1,2}), \cdots, (Z_{l,1}, Z_{l,2})\in G_q$。该算法通过在 Z_n 中选择 g_q 的随机指数来生成 G_q 中的随机元素。

② 输出密文：

$$C=\left(C'=MA^s, C_0=V^sZ, \begin{pmatrix}C_{1,1}=(U_1^{I_1}H_1)^sZ_{1,1}, C_{1,2}=W_1^sZ_{1,2}\\ C_{l,1}=(U_l^{I_l}H_l)^sZ_{l,1}, C_{l,2}=W_l^sZ_{l,2}\end{pmatrix}\right)$$

(3) GenToken(sk，$I_*\in\Sigma_*^l$)。密钥生成算法的输入为私钥和一个三元组 $I_*=(I_1, \cdots, I_l)\in\{Z_m\cup\{*\}\}^l$。设 S 是所有使得 $I_i\neq *$ 的下标 i 的集合。为了给谓词 $P_{I_*}^{\mathrm{HVE}}$ 生成令牌，对于所有 $i\in S$ 选择随机数$(r_{i,1}, r_{i,2})Z_p^2$ 并输出：

$$\mathrm{tk}=(I_*, K_0=g^\alpha\prod_{i\in S}(u_i^{I_i}h_i)^{r_{i,1}}w_i^{r_{i,2}}, \forall i\in S: K_{i,1}=v^{r_{i,1}}, K_{i,2}=v^{r_{i,2}})$$

(4) Query(tk，C)。延续 Encrypt、GetToken 中的符号表示，然后计算 $M\leftarrow C'/(e(C_0, K_0)/\prod_{i\in S}e(C_{i,1}, K_{i,1})e(C_{i,2}, K_{i,2}))$。如果 $M\notin\mathcal{M}$，则输出$\perp$；反之，则输出 M。

4. 安全性证明

引理 7.3.1 系统 $\varepsilon_{\mathrm{TR}}$ 是一个 Φ-可搜索安全加密系统，假设 ε 是一个语义安全的公钥系统且可以抵抗选择明文攻击。

该引理说明了系统模型的安全性，其证明是一个简单的混合论证。

引理 7.3.2 使用方案 HVE 中的令牌，并且假设$|\mathcal{M}|<n^{1/4}$，当 $P_{B_*}(I)=0$ 时，概率 $\Pr[\mathrm{Query}(\mathrm{tk}, C)\neq\perp]$是可忽略的。

证明 设 $I=(I_1, \cdots, I_l)\in\Sigma$，且 $B_*=(B_1, \cdots, B_l)\in\Sigma_*^l$。设 S 是所有下标 i 的集合，这样 B_i 的下标 i 不是通配符 $*$。由于 $P_{B_*}(I)=0$，因此有一些 $i\in S$ 会使得 $B_i\neq I_i$。解密过程中包含因子 $e(C_0, K_0)/e(C_{i,1}, K_{i,1})e(C_{i,2}, K_{i,2})=e(v, u_i)^{(B_i-I_i)\cdot r_{i,1}}$，它在群 $G_{T,p}$ 是均匀分布的，且与方程的其余部分无关。由于消息空间大小为 $n^{1/4}$，$G_{T,p}$ 的大小约为 $n^{1/2}$，因此误报概率的最大值为 $1/n^{1/4}$，这对于安全参数来说是可忽略的。

接下来在合数的三方 Diffie-Hellman 假设和双线性 Diffie-Hellman 假设下证明 HVE 方案有选择安全性。

设敌手$\mathcal{A}$在游戏开始时提交向量 $\boldsymbol{L}_0, \boldsymbol{L}_1\in\Sigma^l$。设 X 是使 $L_{0,i}=L_{1,i}$ 的索引 i 的集合，而 $\overline{X}$ 是使 $L_{0,i}\neq L_{1,i}$ 的索引 i 的集合。

使用一系列 $2l+2$ 个游戏证明敌手$\mathcal{A}$无法赢得最初的具有选择安全性的游戏 G。首先将游戏 G 修改为游戏 G'。除挑战密文的生成方式以外，游戏 G 和游戏 G' 大致相同。在游戏 G' 中，如果 $M_0 \neq M_1$，敌手$\mathcal{A}$将挑战密文 C' 乘以 $G_{T,p}$ 中的随机元素，其余的密文照常生成；而如果 $M_0=M_1$，则正确生成挑战密文。

引理 7.3.3　如果双线性 Diffie-Hellman 假设成立，则任何多项式时间敌手$\mathcal{A}$在游戏 G 和游戏 G' 中的优势之差是可忽略的。

接下来定义另一个游戏。在这个游戏中，敌手会给出两条挑战信息 M_0、M_1。如果 $M_0 \neq M_1$，则挑战者输出 G_T 中的一个随机元素作为挑战密文 C' 的分量，其余密文按常规构造；如果 $M_0=M_1$，则挑战者正常输出挑战密文。

引理 7.3.4　如果合数的三方 Diffie-Hellman 假设成立，则任何多项式时间敌手$\mathcal{A}$在游戏 G 和游戏 G' 中的优势之差是可忽略的。

最后定义 $j=1,\cdots,\overline{X}$ 时的两个混合游戏的序列 G_j 和 G_j'。

定义游戏 G_j 如下：设标识 $\widetilde{X}$ 是包含 $\overline{X}$ 中的前 j 个索引的集合。挑战者为所有的 $i \notin \widetilde{X}$，创建挑战密文元素 C_0、$C_{i,1}$、$C_{i,2}$。对于所有 $i \in \widetilde{X}$，挑战者要创建 $C_{i,1}$、$C_{i,2}$ 作为群 G 中的完全随机元素集合。另外，如果 $M_0 \neq M_1$，则 C' 将被群 G_T 中的一个完全随机的元素替换(否则它将被正常创建)。

定义游戏 C_j' 如下：

设标识 $\widetilde{X}$ 是包含 $\overline{X}$ 中的前 j 个索引的集合，且 δ 是 $\overline{X}$ 中的第 $j+1$ 个索引。在挑战密文中，挑战者为所有的 $i \notin \widetilde{X}$，$i \neq \delta$，创建挑战密文元素 C_0、$C_{i,1}$、$C_{i,2}$。对于所有 $i \in \widetilde{X}$，挑战者要创建 $C_{i,1}$、$C_{i,2}$ 作为群 G 中的完全随机元素集合。最后挑战者选择一个随机数 s' 并创建 $C_{\delta,1}=(u_p^{I_\delta} h_p)^{s'} g_q^{Z_{\delta,1}}$，$C_{\delta,2}=g_p^{s'} g_q^{Z_{\delta,2}}$。另外，如果 $M_0 \neq M_1$，则 C' 将被群 G_T 中的一个完全随机元素替换(否则它将被正常创建)。

注意，对于所有 $i \in \widetilde{X}$，挑战密文不包含关于 $L_{\beta,i}$ 的信息。因此敌手$\mathcal{A}$在游戏 $G_{|\overline{X}|}$ 中的优势为 0。此外，游戏 G_0 等价于 $\widetilde{G}$。

引理 7.3.5　如果合数的三方 Diffie-Hellman 假设成立，则所有索引 j 和任何多项式时间敌手$\mathcal{A}$在游戏 G_j 和游戏 G_j' 中的优势之差是可忽略的。

引理 7.3.6　如果合数的三方 Diffie-Hellman 假设成立，则所有索引 j 和任何多项式时间敌手$\mathcal{A}$在游戏 G_j' 和游戏 G_{j+1} 中的优势之差是可忽略的。

综上，如果合数的三方 Diffie-Hellman 假设和双线性 Diffie-Hellman 假设都成立，那么没有多项式时间敌手可以以不可忽略的优势攻破该方案。从原始游戏 G 开始的混合游戏序列为 G，$\widetilde{G}$，G_0'，G_1，$G_{1'}$，G_2，$G_{2'}$，…，$G_{|\overline{X}|}$。

敌手$\mathcal{A}$在 $G_{|\overline{X}|}$ 游戏中的优势为 0，任意两个连续混合游戏中敌手优势的差异可以通过以上引理的证明而忽略不计。因此，没有多项式敌手能以不可忽略的优势赢得游戏 G。

7.3.2　支持复杂功能的谓词加密

传统的公钥加密方案存在一些问题：发送者针对给定的公钥 pk 加密消息 M，只有与 pk 相关的(唯一)密钥的所有者才能解密所得的密文并恢复消息。这些简单的语义足以满足点对点通信的需求，其中加密的数据仅能发送至发件人事先知道的某个特定用户。但是在其他应用场景中，发送方可能希望定义一些复杂的策略，以允许某个特定对象恢复加密数据。例如，机密数据可能与某些关键词相关联，这些数据既能面向被允许阅读所有分类信息的用户，又能面向只被允许阅读与某些特定关键词相关的信息的用户。又如，在医疗保健应用中，患者记录可能仅应由过去治疗过该患者的医师访问。

上面讨论的应用场景对加密机制提出了新要求，以提供对加密数据访问的细粒度控制。谓词加密(Predicate Encryption)提供了一种实现此类功能的工具。宏观上，谓词加密方案中的密钥与某些分类$\mathcal{F}$中的谓词相对应，发送者将密文与集合 Σ 中的属性相关联。当且仅当 $f(I)=1$ 时，才可以通过与谓词 $f\in\mathcal{F}$相对应的密钥 sk_f 来解密与属性 $I\in\Sigma$ 相关的密文。

这种方案一定程度上保证了与属性 I 相关的密文能够隐藏有关底层消息的所有信息，除非有人直接持有具有解密能力的密钥，即敌手$\mathcal{A}$持有私钥 sk_{f_1}，…，sk_{f_l}，如果 $f_1(I)=\cdots=f_l(I)=0$，则敌手$\mathcal{A}$不能通过属性 I 获得加密消息的任何信息。我们将此类安全性称为负载隐藏。属性隐藏是另一种更强的安全性概念，其进一步要求密文隐藏有关关联属性 I 的所有信息，除非拥有对应的私钥才能获得，即持有上述私钥的敌手$\mathcal{A}$仅掌握 $f_1(I)=\cdots=f_l(I)$。

Katz 等人构建了一个支持密文上多项式运算、DNF/CNF 公式计算及阈值查询的谓词加密方案，该方案更符合实际应用场景且具有更高的安全性。接下来将详细介绍此方案及其应用。

1. 系统模型

考虑一般情况，Σ 表示属性的任意集合，而$\mathcal{F}$表示 Σ 上的任意谓词集合。形式上，Σ 和$\mathcal{F}$都可能取决于安全系数或公共参数。

定义 7.3.3 对于属性集合 Σ 上的谓词$\mathcal{F}$的谓词加密方案，由四个 PPT 算法 Setup、GenKey、Enc、Dec 组成。

(1) Setup。将安全参数 1^n 作为输入，输出主公钥 pk 和主密钥 sk。

(2) GenKey。将主密钥 sk 和谓词 $f\in\mathcal{F}$作为输入，输出私钥 sk_f。

(3) Enc。在某些关联的消息空间中以公钥 pk、属性 $I\in\Sigma$ 和消息 M 作为输入，返回一个密文 C，将其写为 $C\leftarrow\text{Enc}_{pk}(I, M)$。

(4) Dec。以私钥 sk_f 和密文 C 作为输入，输出消息 M 或终止符$\perp$。

为了正确起见，要求对于所有 n，所有由 Setup(1^n)生成的(pk, sk)，所有 $f\in\mathcal{F}$，任何私钥 $sk_f\leftarrow\text{GenKey}_{sk}(f)$和所有 $I\in\Sigma$，都有：

- 如果 $f(I)=1$，则 $\text{Dec}_{sk_f}(\text{Enc}_{pk}(I, M))=M$。
- 如果 $f(I)=0$，则 $\text{Dec}_{sk_f}(\text{Enc}_{pk}(I, M))=\perp$的概率是可忽略的。

若 Enc 仅将属性 I 作为输入(而不输入消息)，则是上述方案的一种变形，通常称其为仅谓词方案。

由于正确性要求是 $\text{Dec}_{sk_f}(\text{Enc}_{pk}(I))=f(I)$，因此接收者了解到的所有信息仅是谓词是否满足条件。

2. 安全性定义

定义 7.3.4 如果对于所有 PPT 敌手$\mathcal{A}$，在以下实验中敌手$\mathcal{A}$的优势对于安全参数 n

来说是可忽略的，则针对$\mathcal{F}$和Σ的谓词加密方案具有属性隐藏(或简单安全性)：

(1) $\mathcal{A}(1^n)$输出I_0，$I_1\in\Sigma$。

(2) 运行算法Setup(1^n)生成pk、sk，并为敌手指定pk。

(3) $\mathcal{A}$可以针对所有谓词f_1，…，$f_l\in\mathcal{F}$自适应地请求私钥，但要满足对于所有i，$f_i(I_0)=f_i(I_1)$的限制。作为响应，给$\mathcal{A}$一个对应的私钥$\mathrm{sk}_{f_i}\leftarrow\mathrm{GenKey}_{\mathrm{sk}}(f_i)$。

(4) $\mathcal{A}$输出两个等长消息M_0、M_1。如果存在一个i，使得$f_i(I_0)=f_i(I_1)=1$，则要求$M_0=M_1$。

(5) 挑战者选择一个随机数b，并给$\mathcal{A}$密文$C\leftarrow\mathrm{Enc}_{\mathrm{pk}}(I_b, M_b)$。

(6) $\mathcal{A}$可以继续请求其他谓词的私钥，但要遵守与以前相同的限制。

(7) $\mathcal{A}$输出一位b'，如果$b'=b$，则成功。

敌手$\mathcal{A}$的优势在于其成功概率与1/2之差的绝对值。

属性隐藏的安全性的定义与之前非正式描述的概念相对应。在此，敌手$\mathcal{A}$可以请求与谓词f_1，…，f_l相对应的密钥，然后为属性I_0、I_1赋予$\mathrm{Enc}_{\mathrm{pk}}(I_0, M_0)$或$\mathrm{Enc}_{\mathrm{pk}}(I_1, M_1)$，这样对于所有$i$，都有$f_i(I_0)=f_i(I_1)$。此外，如果$M_0\neq M_1$，则要求对于所有$i$，都有$f_i(I_0)=f_i(I_1)=0$。敌手$\mathcal{A}$的目标是确定对哪对属性消息进行了加密。可以观察到，当针对由对字符串组成的$\mathcal{F}$进行相等性测试时，该概念对应于基于匿名身份的加密(具有选择身份安全性)。

3. 具体方案

Katz等人提出的仅谓词加密方案的具体构造如下：

(1) Setup(1^n)。该算法首先运行$\mathcal{G}(1^n)$以获得$(p, q, r, G, G_T, \hat{e})$且$G=G_p\times G_q\times G_r$。将$g_p$，$g_q$，$g_r$分别作为群$G_p$，$G_q$，$G_r$的生成元。然后对于$i=1$，…，$n$，随机地均匀选择$R_{1,i}$，$R_{2,i}\in G_r$和$h_{1,i}$，$h_{2,i}\in G_p$，并且随机地均匀选择$R_0\in G_r$。公共参数包括$N=pqr$，$G$，$G_T$，$\hat{e}$以及$\mathrm{pk}=(g_p, g_r, Q=g_q\cdot R_0, \{H_{1,i}=h_{1,i}\cdot R_{1,i}, H_{2,i}=h_{2,i}\cdot R_{2,i}\}_{i=1}^n)$。主密钥sk为$(p, q, r, g_q, \{h_{1,i}, h_{2,i}\}_{i=1}^n)$。

(2) $\mathrm{Enc}_{\mathrm{pk}}(x)$。设$x=(x_1, \cdots, x_n)$且$x_i\in Z_n$。该算法随机选择$s$，$\alpha$，$\beta\in Z_N$且$R_{3,i}$，$R_{4,i}\in G_r$，其中$i=1$，…，$n$。注意，一个随机元素$R\in G_r$能通过随机选择$\delta\in Z_N$且$R=g_r^{\delta}$而获得。该算法输出密文：

$$C=(C_0=g_p^s, \{C_{1,i}=H_{1,i}^s\cdot Q^{\alpha\cdot x_i}\cdot R_{3,i}, C_{2,i}=H_{2,i}^s\cdot Q^{\beta\cdot x_i}\cdot R_{4,i}\}_{i=1}^n)$$

(3) $\mathrm{GenKey}_{\mathrm{sk}}(v)$。设$v=(v_1, \cdots, v_n)$，且有$\mathrm{sk}=(p, q, r, g_q, \{h_{1,i}, h_{2,i}\}_{i=1}^n)$。该算法随机选择$r_{1,i}$，$r_{2,i}\in Z_p$，其中$i=1$，…，$n$，随机元素$R_5\in G_r$，$f_1$，$f_2\in Z_q$及$Q_6\in G_q$。它输出：

$$\mathrm{sk}_v=\begin{pmatrix} K=R_5\cdot Q_6\cdot \prod_{i=1}^{n} h_{1,i}^{-r_{1,i}}\cdot h_{2,i}^{-r_{2,i}} \\ \{K_{1,i}=g_p^{r_{1,i}}\cdot g_q^{f_1\cdot v_i}, K_{2,i}=g_p^{r_{2,i}}\cdot g_q^{f_2\cdot v_i}\}_{i=1}^n \end{pmatrix}$$

(4) $\mathrm{Dec}_{\mathrm{sk}_v}(C)$。设$C=(C_0, \{C_{1,i}, C_{2,i}\}_{i=1}^n)$且$\mathrm{sk}_v=(K, \{K_{1,i}, K_{2,i}\}_{i=1}^n)$。该解密算法的输出为1当且仅当满足$\hat{e}(C_0, K)\cdot\prod_{i=1}^{n}\hat{e}(C_{1,i}, K_{1,i})\cdot\hat{e}(C_{2,i}, K_{2,i})=1$。

4. 安全性证明

定义7.3.5　如果对于所有PPT敌手$\mathcal{A}$，在以下实验中敌手$\mathcal{A}$的优势对于安全参数n

来说是可忽略的，则上述$\mathcal{F}$和Σ的仅谓词加密方案具有属性隐藏。

(1) 运行算法 Setup(1^n)以生成密钥 pk、sk，还定义了一个给敌手$\mathcal{A}$的值N。

(2) $\mathcal{A}$输出$\boldsymbol{x}$，$\boldsymbol{y}\in Z_N^l$，然后给敌手 pk。

(3) $\mathcal{A}$可以自适应地请求与向量$\boldsymbol{v}_1$，…，$\boldsymbol{v}_i\in Z_N^n$相对应的密钥。对于所有$i$，当且仅当$\langle \boldsymbol{v}_i, \boldsymbol{y}\rangle=0 \bmod N$时，有$\langle \boldsymbol{v}_i, \boldsymbol{x}\rangle=0 \bmod N$。作为响应，给$\mathcal{A}$一个对应的私钥$\text{sk}_{\boldsymbol{v}_i}\leftarrow \text{GenKey}_{\text{sk}}(f_{\boldsymbol{v}_i})$。

(4) 挑战者选择一个随机数b，如果$b=0$，则给$\mathcal{A}$发送密文$C\leftarrow \text{Enc}_{\text{pk}}(\boldsymbol{x})$；如果$b=1$，则给$\mathcal{A}$发送密文$C\leftarrow \text{Enc}_{\text{pk}}(\boldsymbol{y})$。

(5) $\mathcal{A}$可以继续请求其他向量的密钥，但要遵守与以前相同的限制。

(6) $\mathcal{A}$输出一位b'，如果$b'=b$，则成功。

敌手$\mathcal{A}$的优势在于其成功概率与1/2之差的绝对值。

使用一系列游戏建立定理，定义如下：

Game$_1$ 挑战密文是通过$\boldsymbol{x}$恰当加密生成的(注：$\boldsymbol{x}$和$\boldsymbol{y}$表示敌手输出的两个向量)，即随机选择s，α，$\beta\in Z_N$和$\{R_{3,i}, R_{4,i}\}\in G_r$，然后计算密文：

$$C=(C_0=g_p^s, \{C_{1,i}=H_{1,i}^s Q^{\alpha x_i} R_{3,i}, C_{2,i}=H_{2,i}^s Q^{\beta x_i} R_{4,i}\}_{i=1}^l)$$

Game$_2$ 现在假设通过$\boldsymbol{0}$进行加密生成了序列$\{C_{2,i}\}$，即随机选择s，α，$\beta\in Z_N$和$\{R_{3,i}, R_{4,i}\}\in G_r$，然后计算密文：

$$C=(C_0=g_p^s, \{C_{1,i}=H_{1,i}^s Q^{\alpha x_i} R_{3,i}, C_{2,i}=H_{2,i}^s R_{4,i}\}_{i=1}^l)$$

Game$_3$ 现在使用向量$\boldsymbol{y}$生成$\{C_{2,i}\}$的元素，即随机选择s，α，$\beta\in Z_N$和$\{R_{3,i}, R_{4,i}\}\in G_r$，然后计算密文：

$$C=(C_0=g_p^s, \{C_{1,i}=H_{1,i}^s Q^{\alpha x_i} R_{3,i}, C_{2,i}=H_{2,i}^s Q^{\beta y_i} R_{4,i}\}_{i=1}^l)$$

Game$_4$ 该游戏的定义类似于Game$_2$，尽管此处序列$\{C_{i,1}\}$的元素是通过$\boldsymbol{0}$生成的，即随机选择s，α，$\beta\in Z_N$和$\{R_{3,i}, R_{4,i}\}\in G_r$，然后计算密文：

$$C=(C_0=g_p^s, \{C_{1,i}=H_{1,i}^s R_{3,i}, C_{2,i}=H_{2,i}^s Q^{\beta y_i} R_{4,i}\}_{i=1}^l)$$

Game$_5$ 该游戏的定义类似于Game$_1$，尽管此处挑战密文是使用$\boldsymbol{y}$进行的正确加密，即随机选择s，α，$\beta\in Z_N$和$\{R_{3,i}, R_{4,i}\}\in G_r$，然后计算密文：

$$C=(C_0=g_p^s, \{C_{1,i}=H_{1,i}^s Q^{\alpha y_i} R_{3,i}, C_{2,i}=H_{2,i}^s Q^{\beta y_i} R_{4,i}\}_{i=1}^l)$$

Katz 等人证明了敌手无法区分每个i对应的Game$_i$和Game$_{i+1}$，即证明了该方案的安全性。

5. 方案应用

下面讨论该谓词加密方案的一些具体应用。

给定一个向量$\boldsymbol{x}\in Z_N^l$，$f_{\boldsymbol{x}}$：$Z_N^l\rightarrow\{0, 1\}$表示函数，当且仅当$\langle \boldsymbol{x}, \boldsymbol{y}\rangle=0 \bmod N$时，$f_{\boldsymbol{x}}(\boldsymbol{y})=1$。定义$\mathcal{F}_1=\{f_{\boldsymbol{x}} | \boldsymbol{x}\in Z_N^l\}$。维度$l$的内部乘积加密方案是针对谓词$\mathcal{F}_l$的属性隐藏的谓词加密方案。

1) 隐藏向量加密

给定一个集合Σ，设$\Sigma_*=\Sigma\cup\{*\}$。隐藏向量加密(HVE)对应于谓词加密方案的谓词$\Phi_l^{\text{hve}}=\{\Phi_{(a_1,\cdots,a_l)}^{\text{hve}}\} | a_1, \cdots, a_l\in\Sigma_*\}$，其中：

$$\Phi_{(a_1,\cdots,a_l)}^{\text{hve}}(x_1, \cdots, x_l)=\begin{cases}1 & a_i=x_i \text{ 或 } a_i=* \\ 0 & \text{其他}\end{cases}$$

任何维度为 $2l$ 的内部加密方案(Setup、Enc、GenKey、Dec)都可以使用 $\Sigma=Z_N$ 来实现隐藏向量加密。

(1) 初始化算法不变。

(2) 要生成与谓词 $\Phi^{\text{hve}}_{(a_1,\cdots,a_l)}$ 相对应的密钥，首先按如下方式构造向量 $\boldsymbol{A}=(A_1,\cdots,A_2)$：如果 $a_i\neq *$，则 $A_{2i-1}:=1$，$A_{2i}:=a_i$；如果 $a_i=*$，则 $A_{2i-1}:=0$，$A_{2i}:=0$。然后输出通过运行算法 $\text{GenKey}_{\text{sk}}(f_{\boldsymbol{A}})$ 获得的密钥。

(3) 要对属性为 $(x_1,\cdots,x_l)$ 的消息 M 进行加密，选择随机 $r_1,\cdots,r_l\in Z_N$ 并构造向量 $\boldsymbol{X}_r=(X_1,\cdots,X_2)$：$X_{2i-1}:=r_i\cdot x_i$，$X_{2i}:=r_i$(其中所有乘法均以 N 为模完成)。然后输出密文 $C\leftarrow\text{Enc}_{\text{pk}}(\boldsymbol{X}_r,M)$。

为确保正确性成立，令 $(a_1,\cdots,a_l)$，$\boldsymbol{A}$，$(x_1,\cdots,x_l)$，$\boldsymbol{r}$，$\boldsymbol{X}_r$ 的值如上。然后得

$$\Phi^{\text{hve}}_{(a_1,\cdots,a_l)}(x_1,\cdots,x_l)=1\Rightarrow\forall_r:\langle\boldsymbol{A},\boldsymbol{X}_r\rangle=0\Rightarrow\forall_r:f_{\boldsymbol{A}}(\boldsymbol{X}_r)=1$$

此外，假设对于所有 i，$\gcd(a_i-x_i,N)=1$：

$$\Phi^{\text{hve}}_{(a_1,\cdots,a_l)}(x_1,\cdots,x_l)=0\Rightarrow\Pr[\langle\boldsymbol{A},\boldsymbol{X}_r\rangle=0]=1/N\Rightarrow\Pr[f_{\boldsymbol{A}}(\boldsymbol{X}_r)=1]=1/N$$

该概率是可忽略的。利用这一点也可以证明方案的安全性。

对上述内容的直接修改给出了一种 HVE 的“对偶”方案，其中属性集为 $(\Sigma_*)^l$，谓词的类别为 $\overline{\Phi}^{\text{hve}}_l=\{\overline{\Phi}^{\text{hve}}_{(a_1,\cdots,a_l)}\mid a_1,\cdots,a_l\in\Sigma\}$，且

$$\overline{\Phi}^{\text{hve}}_{(a_1,\cdots,a_l)}(x_1,\cdots,x_l)=\begin{cases}1 & a_i=x_i\text{ 或 }x_i=*\\0 & \text{其他}\end{cases}$$

2) 支持多项式运算的谓词加密方案

还可以为与多项式求值相对应的谓词构造谓词加密方案。令 $\Phi^{\text{poly}}_{\leqslant d}=\{f_p\mid p\in Z_N[x],\deg(p)\leqslant d\}$，其中对于 $x\in Z_N$，$f_p(x)=\begin{cases}1 & p(x)=0\bmod N\\0 & \text{其他}\end{cases}$。给定维度为 $d+1$ 的内部加密方案(Setup、Enc、GenKey、Dec)，可以为 $\Phi^{\text{poly}}_{\leqslant d}$ 构造谓词加密方案。

(1) 初始化算法不变。

(2) 要生成与多项式 $p(x)=a_dx^d+\cdots+a_0x^0$ 相对应的密钥，令 $\boldsymbol{p}:=(a_d,\cdots,a_0)$ 并输出通过运行算法 $\text{GenKey}_{\text{sk}}(f_{\boldsymbol{p}})$ 获得的密钥。

(3) 要对属性为 $w\in Z_N$ 的消息 M 进行加密，令 $\boldsymbol{w}:=(w^d\bmod N,\cdots,w^0\bmod N)$ 并输出密文 $C\leftarrow\text{Enc}_{\text{pk}}(\boldsymbol{w},M)$。由于当且仅当 $\langle\boldsymbol{p},\boldsymbol{w}\rangle=0$ 时，$p(w)=0$，因此正确性和安全性得以满足。

上述表明，可以构造谓词加密方案，其中谓词对应于安全性参数中度 d 为多项式的单变量多项式。只要 d^t 是安全性参数的多项式，就可以将其推广到 t 个变量的多项式，且每个变量的度最多为 d。

另外，还可以构造上述方案的“对偶”方案，其中属性对应于多项式，而谓词是在某个固定点对输入多项式的求值。

3) 析取、合并与评估 CNF 和 DNF 公式

基于上述基于多项式的构造，可以很容易地为相等性检验的析取建立谓词加密方案。例如，谓词 OR_{I_1,I_2}(当且仅当 $x=I_1$ 或 $x=I_2$ 时，$\text{OR}_{I_1,I_2}(x)=1$)可以编码为单变量多项式 $p(x)=(x-I_1)(x-I_2)$，如果相关谓词的评估结果为 1，则求值为 0。类似地，可以将

谓词 OR_{I_1, I_2} 编码为双变量多项式(当且仅当 $x_1=I_1$ 或 $x_2=I_2$ 时，$OR_{I_1, I_2}(x_1, x_2)=1$) $p(x_1, x_2)=(x_1-I_1)(x_2-I_2)$。

可以以类似方式处理连词。比如，考虑谓词 AND_{I_1, I_2}，如果 $x_1=I_1$ 且 $x_2=I_2$，则 $AND_{I_1, I_2}(x_1, x_2)=1$。通过选择随机 $r\in Z_N$ 并让密钥对应于多项式 $p''(x_1, x_2)=r\cdot(x_1-I_1)+(x_2-I_2)$来确定相关密钥。注意：如果 $AND_{I_1, I_2}(x_1, x_2)=1$，则 $p''(x_1, x_2)=0$；如果 $AND_{I_1, I_2}(x_1, x_2)=0$，则忽略对 r 的选择概率，它将保持 $p''(x_1, x_2)\neq 0$。

上面的思想能够扩展到析取和并列的更复杂的组合，对于布尔变量，这意味着可以处理任意 CNF 或 DNF 公式。注：对于非布尔变量，不知道如何直接处理否定。如 7.3.1 节所述，所得方案的复杂度在多项式上取决于 d^t，其中 t 是变量的数量，d 是每个变量的最大次数。

本章参考文献

[1] BONEH D, DI CRESCENZO G, OSTROVSKY R, et al. Public Key Encryption with Keyword Search[C]// Advances in Cryptology-EUROCRYPT 2004. Berlin: Springer, 2004: 506-522.

[2] LIU Z L, LI T, LI P, et al. Verifiable Searchable Encryption with Aggregate Keys for Data Sharing System[J]. Future Generation Computer Systems, 2018, 78(P2): 778-788.

[3] KATZ J, SAHAIA, WATERS B. Predicate Encryption Supporting Disjunctions, Polynomial Equations, and Inner Products [C]//Advances in Cryptology-EUROCRYPT 2008. Berlin: Springer, 2008: 146-162.

[4] WANG T, YANG B, QIU G Y, et al. An Approach Enabling Various Queries on Encrypted Industrial Data Stream[J]. Security and Communication Networks, 2019, 2019: 1-12. https://doi.org/10.1155/2019/6293970.

[5] Li H Y, WANG T, QIAO Z R, et al. Blockchain-based Searchable Encryption with Efficient Result Verification and Fair Payment[J]. Journal of Information Security and Applications, 2021, 58. https://doi.org/10.1016/jjisa.2021.102791.

[6] 李士强，杨波，王涛，等. 无安全信道的高效可搜索公钥加密方案[J]. 密码学报，2019，6(3)：283-292.

第 8 章　支持内积运算的函数加密及其应用

8.1　研究背景

8.1.1　研究动机

第 7 章已经分析了支持复杂功能的可搜索公钥加密系统和密文计算问题。在函数加密(Functional Encryption，FE)被提出后，人们发现用函数加密的概念可以表达 IBE、HIBE、ABE、PE 等加密原语。通过第 7 章的应用分析可以得出，支持内积运算的谓词加密功能非常强大，支持包括多项式、CNF/DNF 等密文运算功能。

本章我们将关注支持内积运算的函数加密方案，给出我们自己的构造以及在工业物联网中的应用分析。

8.1.2　函数加密概述

Brent Waters 在技术报告“Functional Encryption：Beyond Public Key Cryptography”中首次公开使用了函数加密的概念。Boneh 等人给出了函数加密的正式定义。密码学中有一个长期存在的开放问题：是否存在支持所有多项式规模电路的函数加密方案？直到 2013 年，Garg 等人给出了一种基于不可混淆的多项式规模电路的函数加密方案，解决了这一公开问题。函数加密具有强大的表达能力，可以表示基于身份的加密(IBE)、属性加密(ABE)、谓词加密(PE)和内积加密(IPE)。在函数加密系统中，拥有解密密钥的用户可以得到密文的一个函数。简言之，对于函数 $F(\cdot, \cdot)$的函数加密系统，持有主密钥的可信权威可以生成一个密钥 $sk_{\boldsymbol{K}}$，其中嵌入了密钥属性 $\boldsymbol{K}$，可以对加密数据(本质上嵌入了密文属性 $\boldsymbol{A}$)的函数 $F(\boldsymbol{K}, \cdot)$进行计算。更具体地说，用户可以利用密钥 $sk_{\boldsymbol{K}}$ 计算明文 M 的一个函数 $F(\boldsymbol{K}, M)$。本章将在 8.3 节中给出函数加密的正式定义和安全性定义。

8.1.3　方法和结果

Boneh、Sahai 和 Waters 首先给出了函数加密的正式定义，并给出了函数加密的一般框架。他们还定义了两种函数加密的子类：谓词加密和带公共索引的谓词加密。在谓词加密子类中，函数加密方案是根据多项式时间的谓词 $P: \Sigma_{\boldsymbol{K}} \times \Sigma_{\boldsymbol{A}} \rightarrow \{0, 1\}$定义的，其中 $\Sigma_{\boldsymbol{K}}$ 为密钥属性空间，$\Sigma_{\boldsymbol{A}}$ 为密文属性空间。函数加密正式定义为

$$F(\boldsymbol{K} \in \Sigma_{\boldsymbol{K}}, (\boldsymbol{A}, M)) := \begin{cases} M & P_{\boldsymbol{K}}(\boldsymbol{A}) = 1 \\ \perp & P_{\boldsymbol{K}}(\boldsymbol{A}) = 0 \end{cases}$$

因此，如果 $P_{\boldsymbol{K}}(\boldsymbol{A}) = 1$，解密算法可以恢复明文，否则得不到明文。

受 Boneh 和 Waters 提出的 Φ-可搜索公钥加密方案启发，本章给出了一种新的函数

加密方案，即 Φ-可搜索函数加密系统，它具有抵抗自适应敌手的安全性，并支持加密数据上的连接关键词、子集询问、区间询问、DNF/CNF 范式、多项式计算和内积运算。本章使用谓词加密子类来表示函数加密方案。8.3 节将给出 Φ-可搜索加密系统的正式定义和安全概念。

为了将密钥属性嵌入密钥，将密文属性嵌入密文，本章采用内积加密(IPE)方法来实现谓词 $P_{\boldsymbol{K}}(\boldsymbol{A})$。这意味着，如果密钥属性向量 $\boldsymbol{K}$ 和密文属性向量 $\boldsymbol{A}$ 的内积是 0，则 $P_{\boldsymbol{K}}(\boldsymbol{A})=1$；否则 $P_{\boldsymbol{K}}(\boldsymbol{A})=0$。更形式化一些，对于 $\boldsymbol{K}\in\Sigma_{\boldsymbol{K}}$ 和 $\boldsymbol{A}\in\Sigma_{\boldsymbol{A}}$ 而言，在 $\Sigma_{\boldsymbol{K}}\times\Sigma_{\boldsymbol{A}}$ 上的一个谓词 P 可定义为

$$P_{\boldsymbol{K}}(\boldsymbol{A}):=\begin{cases}1 & \langle\boldsymbol{K},\boldsymbol{A}\rangle=0\\0 & \text{其他}\end{cases}$$

受益于内积式构造，本章的方案支持对加密数据各种类型的内积运算。显然，该方案直接支持关键词匹配。为实现关键词 $\boldsymbol{K}'$ 和 $\boldsymbol{A}'$ 的匹配，将属性 $\boldsymbol{A}'$ 设置为 $\boldsymbol{A}:=(-\boldsymbol{A}',1)$，用 $\boldsymbol{A}$ 加密一个消息 M。设置属性 $\boldsymbol{K}'$ 为密钥属性并生成密钥，令 $\boldsymbol{K}:=(1,\boldsymbol{K}')$。因此 $\langle\boldsymbol{K},\boldsymbol{A}\rangle=0$ 当且仅当 $\boldsymbol{K}'=\boldsymbol{A}'$ 时成立，正确性和安全性显然可以满足要求。在将单变量多项式的系数编码为密钥并将单变量多项式编码为密文之后，本章的方案还支持多项式计算。更进一步，我们可以使用多项式计算来实现合取、析取、CNF/DNF 范式等。

本章的构造还依赖于合数阶群中的一般子群判定性假设。本章采用标准的 Lewko-Waters 证明方法来证明本章方案的自适应安全性。本章提出的 Φ-可搜索函数加密系统支持加密数据上各种类型的运算，包括关键词匹配、比较询问、子集询问、多项式计算，以及合取、析取、CNF/DNF 范式。此外，与同类型的构造方法相比，本章的方案不仅具有自适应安全性，而且具有更短的公钥、更短的私钥和更短的密文。

基于本章提出的 Φ-可搜索函数加密方案，研究人员构造了一种针对加密工业数据流进行各种查询的方法。该方法使网关可以很容易地观察并审计数据源发送给数据中心的加密数据流，而不需要解密。此外，如果经过加密的数据流与设置条件不匹配，则网关对该数据将一无所知，从而保护了数据隐私。从性能评估结果来看，网关的开销小于 20 ms，这对于加密工业数据流询问这一应用场景来说是可接受的。

8.2 预备知识

8.2.1 符号说明

给定两个向量 $\boldsymbol{U}=(u_1,u_2,\cdots,u_d)\in Z_N^d$ 和 $\boldsymbol{V}=(v_1,v_2,\cdots,v_d)\in Z_N^d$，本章使用符号 $\langle\boldsymbol{U},\boldsymbol{V}\rangle$ 表示向量内积 $\boldsymbol{U}^{\mathrm{T}}\boldsymbol{V}$。对于群元素 g，本章用 $\boldsymbol{g}^{\boldsymbol{U}}$ 来表示向量 $(g^{u_1},g^{u_2},\cdots,g^{u_d})$。

8.2.2 对偶系统加密

Brent Waters 引入了一种方法来构建自适应安全的 IBE 和 HIBE，即对偶系统加密，后续的许多工作都依赖于这一强大的证明工具。本章构造的函数加密方案在进行安全性证明时也利用了这一关键技术。在对偶系统加密方案中，密文和密钥有两种形式：正常和半功能。半功能密文和密钥仅用于安全性证明的混合论证，而实际系统中使用的是正常的密

文和密钥。可以利用正常密钥或半功能密钥正确解密正常密文。但是，半功能密钥不能解密半功能密文，只有正常密钥才能解密半功能密文。在安全性证明的混合论证中，安全性游戏一个接一个地推进，第一个是真实的安全游戏，而在最后一个游戏中，密文被加密的随机消息所取代。最重要的证明思路是证明两个连续的游戏是无法区分的。

8.2.3　合数阶双线性群中的困难性假设

合数阶双线性群　合数阶双线性群最早由 Boneh 等人提出，并被许多研究人员使用。设$\mathcal{G}$为一个群生成器，它将安全参数 1^n 作为输入，输出$(p, q, r, G, G_T, \hat{e})$，其中 G 和 G_T 是两个阶 $N=p\times q\times r$ 的循环群。其中，p，q，r 为三个不同的素数，$\hat{e}$：$G\times G\rightarrow G_T$ 是双线性映射并满足以下属性：

(1) 双线性(Bilinear)：$\forall g_1, g_2\in G, x, y\in Z_N, \hat{e}(g_1^x, g_2^y)=\hat{e}(g_1, g_2)^{xy}$。

(2) 非退化性(Non-degenerate)：对于 $g\in G$，满足 $\hat{e}(g, g)$的阶 N 必定在 G_T 中。

(3) 可消去性(Cancellation)：令 G_p、G_q、G_r 分别是阶为 p、q、r 的G 的三个子群。对于来自不同的子群的元素 h_1 和 h_2，有

$$\hat{e}(h_1, h_2)=1$$

为了证明这一点，我们注意到 $G=G_p\times G_q\times G_r$，如果 $g\in G$ 是 G 的生成元，则 g^{qr} 生成 G_r，g^{pr} 生成 G_q，g^{qr} 生成 G_p，因此，对于来自不同的子群的元素 h_1 和 h_2(如 $h_1=h_p\in G_p$ 和 $h_2=h_q\in G_q$)，$h_p=(g^{qr})^{\beta}$(对于某个 β)和 $h_q=(g^{pr})^{\gamma}$(对于某个 γ)都成立。因此，$\hat{e}((g^{qr})^{\beta}, (g^{pr})^{\gamma})=\hat{e}(g^{\beta}, g^{r\gamma})^{pqr}=1$。

密码学假设　本章提出的方案依赖于合数阶双线性群中的一般子群判定假设。现在给出以下三个假设：

假设 1　令$\mathcal{G}$为群生成器，我们定义如下分布：

$$(p, q, r, G, G_T, \hat{e})\leftarrow_{\$}\mathcal{G}(1^n), N=p\times q\times r$$

$$g\leftarrow_{\$}G_p, X_3\leftarrow_{\$}G_r$$

$$D=((N, G, G_T, \hat{e}), g, X_3)$$

$$T_0\leftarrow_{\$}G_{pq}, T_1\leftarrow_{\$}G_p$$

其中，G_{pq} 是阶为 pq 的 G 的子群。

定义敌手$\mathcal{A}$攻破假设 1 的优势为

$$\mathrm{Adv}_{\mathcal{G},\mathcal{A}}^{\mathrm{SD1}}(\lambda):=|\Pr[\mathcal{A}(D, T_0)=1]-\Pr[\mathcal{A}(D, T_1)=1]|$$

定义 8.2.1　对于任何 PPT 算法$\mathcal{A}$，如果敌手$\mathcal{A}$攻破假设 1 的优势 $\mathrm{Adv}_{\mathcal{G},\mathcal{A}}^{\mathrm{SD1}}(\lambda)$可以忽略不计，那么就说$\mathcal{G}$满足假设 1。

假设 2　令$\mathcal{G}$为群生成器，我们定义如下分布：

$$(p, q, r, G, G, \hat{e})\leftarrow_{\$}\mathcal{G}(1^n), N=p\times q\times r$$

$$g, X_1\leftarrow_{\$}G_p, X_2, Y_2\leftarrow_{\$}G_q, X_3Y_3\leftarrow_{\$}G_r$$

$$D=((N, G, G_T, \hat{e}), g, X_1X_2, X_3, Y_2Y_3)$$

$$T_0\leftarrow_{\$}G, T_1\leftarrow_{\$}G_{pr}$$

其中，G_{qr} 是阶为 qr 的 G 的子群。

定义敌手$\mathcal{A}$攻破假设 2 的优势为

$$\mathrm{Adv}_{\mathcal{G},\mathcal{A}}^{\mathrm{SD2}}(\lambda) := |\Pr[\mathcal{A}(D, T_0)=1] - \Pr[\mathcal{A}(D, T_1)=1]|$$

定义 8.2.2　对于任何 PPT 算法$\mathcal{A}$，如果敌手$\mathcal{A}$攻破假设 2 的优势 $\mathrm{Adv}_{\mathcal{G},\mathcal{A}}^{\mathrm{SD2}}(\lambda)$可以忽略不计，那么就说$\mathcal{G}$满足假设 2。

假设 3　令$\mathcal{G}$为群生成器，我们定义如下分布：

$$(p, q, r, G, G_T, \hat{e}) \leftarrow_{\$} \mathcal{G}(1^n),\ N = p \times q \times r,\ \alpha,\ s \leftarrow_{\$} Z_N$$

$$g \leftarrow_{\$} G_p,\ X_2,\ Y_2,\ Z_2 \leftarrow_{\$} G_q,\ X_3 \leftarrow_{\$} G_r$$

$$D = ((N, G, G_T, \hat{e}),\ g,\ g^{\alpha} X_2,\ X_3,\ g^s Y_2,\ Z_2)$$

$$T_0 = \hat{e}(g, g)^{\alpha s},\ T_1 \leftarrow_{\$} G_T$$

定义敌手$\mathcal{A}$攻破假设 3 的优势为

$$\mathrm{Adv}_{\mathcal{G},\mathcal{A}}^{\mathrm{SD3}}(\lambda) := |\Pr[\mathcal{A}(D, T_0)=1] - \Pr[\mathcal{A}(D, T_1)=1]|$$

定义 8.2.3　对于任何 PPT 算法$\mathcal{A}$，如果敌手$\mathcal{A}$攻破假设 3 的优势 $\mathrm{Adv}_{\mathcal{G},\mathcal{A}}^{\mathrm{SD3}}(\lambda)$可以忽略不计，那么就说$\mathcal{G}$满足假设 3。

8.3 定　　义

8.3.1 函数加密的语法

对于一个函数 $F: \Sigma_{\boldsymbol{A}} \times \Sigma_{\boldsymbol{K}} \rightarrow \Sigma$，其中 $\Sigma_{\boldsymbol{A}}$ 表示密文属性空间，$\Sigma_{\boldsymbol{K}}$ 表示密钥属性空间。下面我们给出函数加密的定义。

定义 8.3.1　对于函数 F，一个函数加密方案由四个 PPT 算法(Setup、Keygen、Enc、Dec)组成。对于所有 $\boldsymbol{A} \in \Sigma_{\boldsymbol{A}}$ 和$\boldsymbol{K} \in \Sigma_{\boldsymbol{K}}$，算法 Setup($1^{\lambda}$)生成公共参数 pp 和主密钥 mk，算法 Keygen(mk, $\boldsymbol{K}$)为$\boldsymbol{K}$生成密钥，算法 Enc(pp, M, $\boldsymbol{A}$)生成消息的密文，算法 Dec($\mathrm{sk}_{\boldsymbol{K}}$, C)用 $\mathrm{sk}_{\boldsymbol{K}}$ 由密文 C 计算得到 $y = F(\boldsymbol{K}, M)$。

8.3.2 函数加密的安全性定义

在定义函数加密的安全性之前，我们首先需要描述对于敌手的限制。注意在安全性游戏中，当敌手得到他想要的密钥后，他将提交两个不同的消息。挑战者随机选择其中一个消息进行加密，并将密文发送给敌手。因此，我们需要对敌手选择提交的消息 M_0 和 M_1 加以限制。对于敌手掌握密钥 $\mathrm{sk}_{\boldsymbol{K}}$ 的所有$\boldsymbol{K}$，我们要求敌手提交选择的消息 M_0 和 M_1 必须满足：

$$F(\boldsymbol{K}, M_0) = F(\boldsymbol{K}, M_1)$$

显然，如果不满足这个限制，也就是说，如果敌手掌握关于$\boldsymbol{K}$的密钥 $\mathrm{sk}_{\boldsymbol{K}}$，他可以通过测试 Dec($\mathrm{sk}_{\boldsymbol{K}}$, C)$=F(\boldsymbol{K}, M_0)$是否成立来轻易攻破方案的语义安全性。

对于函数加密方案 ε，$b \in \{0, 1\}$和敌手$\mathcal{A}$，定义一个实验如下：

(1) Setup。运行 Setup(1^{λ})，得到(pp, mk)并发送 pp 给$\mathcal{A}$。

(2) Query phase1。$\mathcal{A}$自适应地提交$\boldsymbol{K}_i \in \Sigma_{\boldsymbol{A}}$ 进行询问，其中 $i=1, 2, \cdots$，并且接收返回的 $\mathrm{sk}_{\boldsymbol{K}_i} \leftarrow$Keygen(mk, $\boldsymbol{K}_i$)。

(3) Challenge。$\mathcal{A}$输出满足上述限制的两个消息 M_0，$M_1 \in \mathcal{M}$，并接收返回的密文 $\mathrm{Enc}(\mathrm{pp}_0, M_b)$。

(4) Query phase2。与 Query phase1 类似，$\mathcal{A}$继续对 $\boldsymbol{K}_i$ 进行询问，最后输出一个 b。

对于 b，定义：

$$\mathrm{Adv}_{\mathcal{A}}^{\varepsilon}(\lambda):=|\Pr[b'=b]-1/2|$$

定义 8.3.2　如果对所有 PPT 算法$\mathcal{A}$来说，$\mathrm{Adv}_{\mathcal{A}}^{\varepsilon}(\lambda)$是可忽略的，那么我们说函数加密方案 ε 是安全的。

8.3.3　$\boldsymbol{\Phi}$-可搜索函数加密的定义

本章用Σ来表示有限的二进制字符串集，并令Φ表示属性空间Σ上的谓词集合。谓词 $P \in \Phi$ 是一个映射，即 $P:\Sigma \to \{0, 1\}$。对于两个属性向量$\boldsymbol{A}$, $\boldsymbol{K} \in \Sigma$，本章用符号 $P_{\boldsymbol{K}}(\boldsymbol{A})=1$ 来表示 $\boldsymbol{A}$ 满足与 $\boldsymbol{K}$ 相关的谓词 P。本章还遵循 Boneh 等人的规范，使用 GenToken 来表示生成搜索或查询令牌的算法，而不用术语 GenKey，使用 Query 来表示查询算法，而不是术语 Decrypt。

定义 8.3.3　对于一个谓词 $P \in \Phi$，一个 Φ-可搜索函数加密系统由四个算法组成：$\mathrm{Setup}(1^{\lambda})$，$\mathrm{Encrypt}(\mathrm{pk}, (\boldsymbol{A}, M))$，$\mathrm{GenToken}(\mathrm{sk}, P_{\boldsymbol{K}})$和 $\mathrm{Query}(\mathrm{TK}_{\boldsymbol{K}}, C)$。这些算法满足如下条件：

(1) $\mathrm{Setup}(1^{\lambda})$。该算法是一个概率算法，输入安全系数 λ，输出公共参数 pp 以及公钥 pk 和主密钥 sk。

(2) $\mathrm{Encrypt}(\mathrm{pk}, (\boldsymbol{A}, M))$。该算法是一个概率算法，输入公钥 pk 和一个明文对 $(\boldsymbol{A}, M)$。本章称 $\boldsymbol{A}$ 为数据 M 的可搜索属性向量。该算法输出公钥 pk 下$(\boldsymbol{A}, M)$的可搜索加密。

(3) $\mathrm{GenToken}(\mathrm{sk}, P_{\boldsymbol{K}})$。该算法是一个概率算法，输入密钥 sk 和一个关于谓词 $P_{\boldsymbol{K}}$ 的描述，输出一个搜索令牌 $\mathrm{TK}_{\boldsymbol{K}}$。

(4) $\mathrm{Query}(\mathrm{TK}_{\boldsymbol{K}}, C)$。该算法是一个以令牌 $\mathrm{TK}_{\boldsymbol{K}}$ 和密文 C 作为输入，输出 $F(\boldsymbol{K}, M)$ 的确定性算法。

为了保证正确性，我们要求对于所有 λ，$(\mathrm{pp}, \mathrm{pk}, \mathrm{sk}) \leftarrow \mathrm{Setup}(1^{\lambda})$，所有 $P_{\boldsymbol{K}} \in \Phi$，任何令牌 $\mathrm{TK}_{\boldsymbol{K}} \leftarrow \mathrm{GenToken}(\mathrm{sk}, P_{\boldsymbol{K}})$，对于所有 $\boldsymbol{A} \in \Sigma$，都有：

① 如果 $P_{\boldsymbol{K}}(\boldsymbol{A})=1$，那么 $F(\boldsymbol{K}, M)=M$。

② 如果 $P_{\boldsymbol{K}}(\boldsymbol{A})=0$，那么 $F(\boldsymbol{K}, M)=\perp$，不成立的概率可忽略。

8.3.4　$\boldsymbol{\Phi}$-可搜索函数加密的安全性

本节给出 Φ-可搜索函数加密的安全性定义。

定义 8.3.4　一个 Φ-可搜索函数加密系统 ε 是自适应安全的，对于所有的 PPT 敌手$\mathcal{A}$来说，在安全参数 λ 的限制下，其优势是可忽略的。

(1) Setup。挑战者运行 $\mathrm{Setup}(1^{\lambda})$，并将 pp 和 pk 给敌手$\mathcal{A}$。

(2) Query phase1。$\mathcal{A}$输出一系列谓词的描述 $P_{\boldsymbol{K}_1}, P_{\boldsymbol{K}_2}, \cdots, P_{\boldsymbol{K}_{l_1}} \in \Phi$。挑战者回复相应的令牌：$\mathrm{TK}_{\boldsymbol{K}_j} \leftarrow \mathrm{GenToken}(\mathrm{sk}, P_{\boldsymbol{K}_j})$。

(3) Challenge。$\mathcal{A}$输出两对受以下限制的消息$[(\boldsymbol{A}_0, M_0), (\boldsymbol{A}_1, M_1)] \in \Sigma \times \mathcal{M}$。首先要求$P_{\boldsymbol{K}_j}(\boldsymbol{A}_0)=P_{\boldsymbol{K}_j}(\boldsymbol{A}_1)$。其次，对于所有在 Query phase1 阶段查询的谓词列表中的谓词$P_{\boldsymbol{K}_j}$，如果$M_0 \neq M_1$，则$P_{\boldsymbol{K}_j}(\boldsymbol{A}_0)=P_{\boldsymbol{K}_j}(\boldsymbol{A}_1)=0$。这两个限制确保敌手得到查询令牌后不能轻易地攻破挑战者。第一个限制确保敌手不能直接区分$\boldsymbol{A}_0$和$\boldsymbol{A}_1$，第二个限制确保敌手不能直接区分M_0和M_1。挑战者随机选择一个$b \in \{0, 1\}$，并将$C \leftarrow \text{Encrypt}(\text{pk}, (\boldsymbol{A}_b, M_b))$返回给$\mathcal{A}$。

(4) Query phase2。遵循上述两个限制，$\mathcal{A}$继续自适应地提交谓词的描述$P_{\boldsymbol{K}_{l_1+1}}, \cdots, P_{\boldsymbol{K}_l} \in \Phi$。挑战者返回相应的令牌$\text{TK}_{\boldsymbol{K}_j} \leftarrow \text{GenToken}(\text{sk}, P_{\boldsymbol{K}_j})$给敌手$\mathcal{A}$。

(5) Guess。$\mathcal{A}$输出一个 bit b'，如果$b'=b$，则$\mathcal{A}$获胜。

敌手$\mathcal{A}$攻破ε的优势定义为$\text{Adv}_{\mathcal{A}}=|\Pr[b'=b]-1/2|$。

8.4　支持内积运算的Φ-可搜索函数加密构造

本章的构造基于合数阶群中一般的子群判定假设，即假设 1、2 及 3。设Φ为Σ(在本章的构造中$\Sigma=Z_N^d$)上的一个谓词集合，对于一个谓词$P \in \Phi$，本章定义的Φ-可搜索函数加密方案如下：

(1) Setup(1^λ)。此算法输入安全参数λ。首先运行$\mathcal{G}(1^n)$，得到$(p, q, r, G, G_T, \hat{e})$，其中，$G=G_p \times G_q \times G_r (N=p \times q \times r)$。然后分别计算$g_p$、$g_q$、$g_r$作为$G_p$、$G_q$、$G_r$的生成元。此外，它随机选择$\alpha$、$x \in_R Z_N^*$和向量$\boldsymbol{X} \in_R Z_N^d$。最后，输出公共参数$\text{pp}:=(G, g_p, g_r)$和全局公钥：

$$\text{pk}:=(g_p^x, g_p^{\boldsymbol{X}}, \hat{e}(g_p, g_p)^\alpha)$$

将$\text{sk}:=(g_p^\alpha, x, \boldsymbol{X})$保密并作为主密钥。

(2) Encrypt$(\text{pk}, (\boldsymbol{A}, M))$。令$\boldsymbol{A}=(a_1, \cdots, a_d) \in \Sigma$，这个算法输入公钥 pk 和一个明文对$(\boldsymbol{A}, M)$，选择随机指数$s \in_R Z_N^*$，然后输出$C$作为密文：

$$C:=\{C_0:=\hat{e}(g_p, g_p)^{\alpha s} \cdot M, C_1:=g_p^{s(x\boldsymbol{A}+\boldsymbol{X}, 1)}\}$$

(3) GenToken$(\text{sk}, P_{\boldsymbol{K}})$。令$\boldsymbol{K}=(k_1, \cdots, k_d) \in \Sigma$，该算法输入主密钥 sk 和一个谓词的描述$P_{\boldsymbol{K}}$，在本章的构造中$P_{\boldsymbol{K}}$是$\boldsymbol{K}$自身；随机选择$y \in_R Z_N^*$，向量$\boldsymbol{W} \in_R Z_N^{d+1}$。最终，输出令牌：

$$\text{tk}_{\boldsymbol{K}}:=g_p^{(y\boldsymbol{K}, \alpha-(\boldsymbol{X}, \boldsymbol{K}))} g_r^{\boldsymbol{W}}$$

(4) Query$(\text{TK}_{\boldsymbol{K}}, C)$。该算法输入关于谓词$P_{\boldsymbol{K}}$的令牌$\text{TK}_{\boldsymbol{K}}$和密文$C$，输出：

$$F(\boldsymbol{K}, M):=\begin{cases} M:=C_0/\hat{e}(C_1, \text{TK}_{\boldsymbol{K}}) & P_{\boldsymbol{K}}(\boldsymbol{A})=1 \\ \perp & P_{\boldsymbol{K}}(\boldsymbol{A})=0 \end{cases}$$

其中：

$$P_{\boldsymbol{K}}(\boldsymbol{A}):=\begin{cases} 1 & \langle \boldsymbol{K}, \boldsymbol{A} \rangle=0 \\ 0 & \text{其他} \end{cases}$$

下面进行正确性分析。C和$\text{TK}_{\boldsymbol{K}}$如上所述，则

$$M=\frac{C_0}{\hat{e}(C_1,\ \mathrm{TK}_{\boldsymbol{K}})}=\frac{\hat{e}(g_p,\ g_p)^{\alpha s}\cdot M}{\hat{e}(C_1,\ \mathrm{TK}_{\boldsymbol{K}})}$$

$$=\frac{\hat{e}(g_p,\ g_p)^{\alpha s}\cdot M}{\hat{e}(g_p^{s(x\boldsymbol{A}+\boldsymbol{X},1)},\ g_p^{(y\boldsymbol{K},\ \alpha-y\langle \boldsymbol{X},\ \boldsymbol{K}\rangle)}g_r^{\boldsymbol{W}})}$$

$$=\frac{\hat{e}(g_p,\ g_p)^{\alpha s}\cdot M}{\hat{e}(g_p^{s(x\boldsymbol{A}+\boldsymbol{X},\ 1)},\ g_p^{(y\boldsymbol{K},\ \alpha-y\langle \boldsymbol{X},\ \boldsymbol{K}\rangle)})\cdot\hat{e}(g_p^{s(x\boldsymbol{A}+\boldsymbol{X},1)},\ g_r^{\boldsymbol{W}})}$$

$$=\frac{\hat{e}(g_p,\ g_p)^{\alpha s}\cdot M}{\hat{e}(g_p^{s(x\boldsymbol{A}+\boldsymbol{X},1)},\ g_p^{(y\boldsymbol{K},\alpha-y\langle \boldsymbol{X},\ \boldsymbol{K}\rangle)})}$$

$$=\frac{\hat{e}(g_p,\ g_p)^{\alpha s}\cdot M}{\hat{e}(g_p^{s},\ g_p)^{(x\boldsymbol{A}+\boldsymbol{X},\ 1)^{\mathrm{T}}\cdot(y\boldsymbol{K},\alpha-y\langle \boldsymbol{X},\ \boldsymbol{K}\rangle)}}$$

其中：

$$\begin{aligned}(x\boldsymbol{A}+\boldsymbol{X},1)^{\mathrm{T}}\cdot(y\boldsymbol{K},\alpha-y\langle \boldsymbol{X},\ \boldsymbol{K}\rangle)&=(x\boldsymbol{A}+\boldsymbol{X},1)^{\mathrm{T}}\cdot y\boldsymbol{K}+\alpha-y\langle \boldsymbol{X},\ \boldsymbol{K}\rangle\\&=xy\langle \boldsymbol{X},\ \boldsymbol{K}\rangle+y\langle \boldsymbol{X},\ \boldsymbol{K}\rangle+\alpha-y\langle \boldsymbol{X},\ \boldsymbol{K}\rangle\\&=xy\langle \boldsymbol{A},\ \boldsymbol{K}\rangle+\alpha\end{aligned}$$

对于所有的$(\boldsymbol{A},\ \boldsymbol{K})\in\mathcal{A}\times\mathcal{K}$，如果 $P_{\boldsymbol{K}}(\boldsymbol{A})=1$，这意味着$\langle \boldsymbol{K},\ \boldsymbol{A}\rangle=0 \bmod N$，则 M 可以被正确恢复。

8.5　安全性证明

为了证明本章构造的 Φ-可搜索函数加密方案的安全性，我们需要首先定义半功能密文和半功能令牌。这些额外的结构只会在我们的证明中使用，而不会在实际系统中使用。

半功能密文　首先我们选择一个随机数 $Z_c\in_R Z_N^{d+1}$，然后使用算法 Encrypt(pk，$(\boldsymbol{A},\ M)$)按如下形式去构造正常密文：

$$C':=\{C_0':=\hat{e}(g_p,\ g_p)^{\alpha s}\cdot M,\ C_1':=g_p^{s(x\boldsymbol{A}+\boldsymbol{X},1)}\}$$

令半功能密文为

$$\hat{C}:=\{\hat{C}_0:=C'_0,\ \hat{C}_1:=C_1'\cdot g_q^{Z_c}\}$$

半功能令牌　我们使用算法 GenToken(sk，$P_{\boldsymbol{K}}$)来生成一个令牌 $\mathrm{TK}'_{\boldsymbol{K}}$，并且选择一个随机数 $Z_k\in_R Z_N^{d+1}$。然后可以构造半功能令牌如下：

$$\mathrm{TK}_{\boldsymbol{K}}=\mathrm{TK}_{\boldsymbol{K}}'\cdot g_q^{Z_k}$$

注意：普通密文可以通过普通密钥(令牌)或半功能密钥(令牌)正确解密，但是半功能密钥(令牌)不能解密半功能密文，只有普通密钥(令牌)可以解密半功能密文，这是因为半功能密文中附加了一个盲因子 $\hat{e}(g_q,\ g_q)^{\langle Z_c,\ Z_k\rangle}$。但是如果 Z_c 和 Z_k 是正交的，则询问将返回正确结果。本章采用的是 Katz 等人的定义——名义半功能令牌。

借鉴 Lewko 等人提出的对偶系统加密方法，安全性证明以一个游戏序列展开。第一个游戏是 $\mathrm{Game_{Restricted}}$，该游戏与 $\mathrm{Game_{Real}}$ 是相同的，除了限制敌手不能询问与挑战属性 $\boldsymbol{A}_0$、$\boldsymbol{A}_1$ 相等的属性的令牌。定义 l 为敌手执行令牌询问的次数，我们定义 Game_k $(0\leqslant k\leqslant l)$如下：

- $\mathrm{Game_0}$ 与 $\mathrm{Game_{Real}}$ 的唯一不同是挑战密文是半功能的。
- Game_k $(0\leqslant k\leqslant l)$与 $\mathrm{Game_0}$ 基本相同，不同之处在于，前 i 个令牌生成询问由半功

能令牌作为应答，最后一个令牌生成询问由正常令牌作为应答。

紧跟着 Game_k 的最后一个游戏是 $\text{Game}_{\text{Final}}$，它和 Game_l 基本相同，不同之处在于，挑战密文不是敌手提交的两个消息中的一个的加密，而是随机消息的半功能加密。在下面的引理中，我们将证明连续两个游戏的不可区分性，并证明敌手$\mathcal{A}$在 $\text{Game}_{\text{Final}}$ 中的视图统计独立于挑战 bit b'。

引理 8.5.1 如果有算法$\mathcal{A}$可以以优势 $\text{Adv}^{\mathcal{A}}_{\text{Game}_{\text{Restricted}}}-\text{Adv}^{\mathcal{A}}_{\text{Game}_{\text{Real}}}=\varepsilon$ 区分 $\text{Game}_{\text{Real}}$ 和 $\text{Game}_{\text{Restricted}}$，那么我们可以构造一个算法$\mathcal{B}$以 $\varepsilon/2$ 的优势攻破假设 1 或假设 2。

证明 如果存在一个敌手$\mathcal{A}$，其优势是不可忽视的 ε，我们可以不可忽略的概率找到 N 的一个非平凡的因子，并且攻破假设 2。

算法$\mathcal{B}$根据 $\text{Game}_{\text{Real}}$ 为敌手$\mathcal{A}$建立了一个环境。假设敌手$\mathcal{A}$生成一个密文属性 $\boldsymbol{A}$，满足不等于挑战属性 $\boldsymbol{A}_0^*$、$\boldsymbol{A}_1^*$。既然 $\boldsymbol{A}\neq\boldsymbol{A}_0^*$，则至少存在一对因子 a_i 和 a_i^*，满足 $a_i\neq a_i^* \bmod N$，并且满足 $a_i-a_i^*$ 可以被 q 整除。其中，a_i 是 $\boldsymbol{A}$ 的一个因子，a_i^* 是 A_0^* 的一个因子。$\mathcal{B}$ 可以计算 $d=\gcd(a_i-a_i^*, N)$，并设置 $d'=N/d$。注意：q 可以被 d 整除，且 $N=dd'=p\cdot q\cdot r$。以 $\varepsilon/2$ 为概率，上述两种情况必有其一成立，即 p 被 d' 整除或者 $d=p\cdot q$，且 $d'=r$。假设 p 能被 d' 整除，$g^{d'}$ 是单位元，则给定 g，算法$\mathcal{B}$可以测试 $T^{d'}$ 是否为单位元。如果不是，则 $T\in G_{pq}$ 成立；否则，$T\in G_p$ 成立。因此，算法$\mathcal{B}$可以攻破假设 1。

另一种情况，假设 $d=p\cdot q$ 且 $d'=r$，给定 g，X_1X_2，X_3，Y_2，Y_3，算法$\mathcal{B}$可以验证 $(X_1X_2)^d$ 是否为单位元，并确定 $d=p\cdot q$。然后$\mathcal{B}$可以测试 $\hat{e}((Y_2Y_3)^{d'}, T)$是否为单位元。如果不是，则 $T\in G$ 成立；否则 $T\in G_{pr}$ 成立。此时，算法$\mathcal{B}$攻破假设 2。

引理 8.5.2 如果存在敌手$\mathcal{A}$可以 $\text{Adv}^{\mathcal{A}}_{\text{Game}_{\text{Restricted}}}-\text{Adv}^{\mathcal{A}}_{\text{Game}_{\text{Real}}}=\varepsilon$ 的优势区分 $\text{Game}_{\text{Restricted}}$ 和 Game_0，那么我们可以构造一个算法$\mathcal{B}$以 $\varepsilon/2$ 的优势攻破假设 1。

证明 输入 $D=((N, G, G_T, \hat{e}), g_p, X_3)$和 $T\in\{T_0, T_1\}$，其中 $T_0\leftarrow_{\$}G_p$，$T_1\leftarrow_{\$}G_{pq}$，算法$\mathcal{B}$按如下方式为敌手$\mathcal{A}$模拟游戏：

(1) Setup。随机选择整数 α，$x\in_R Z_N$，向量 $\boldsymbol{X}\in_R Z_N^d$，设置 $\text{sk}:=(g^{\alpha}, x, \boldsymbol{X})$并输出：

$$\text{pp}:=(G, g_p, g_r)$$

$$\text{pk}:=(g_p^x, g_p^{\boldsymbol{X}}, \hat{e}(g_p, g_p)\alpha)$$

(2) Token queries。每一次算法$\mathcal{B}$被请求为 $P_{\boldsymbol{K}_j}$ 生成令牌时，其选择随机数 $y_j'\in_R Z_N^*$，随机向量 $\boldsymbol{W}_j'\in_R Z_N^{d+1}$ 并输出一个令牌：

$$\text{TK}_{\boldsymbol{K}_j}:=g_p^{(y_j'\boldsymbol{K}_j,\ \alpha-y_j'\langle\boldsymbol{X},\boldsymbol{K}_j\rangle)}X_3^{\boldsymbol{W}_j'}$$

(3) Challenge ciphertext。收到两对消息$(\boldsymbol{A}_0, M_0)$，$(\boldsymbol{A}_1, M_0)$后，算法$\mathcal{B}$选择随机数 $\beta\in\{0, 1\}$，然后构造密文：

$$C_0:=\hat{e}(g_p, T)^{\alpha}\cdot M_{\beta}$$

$$C_1:=T^{(x\boldsymbol{A}_{\beta}+\boldsymbol{X},\ 1)}$$

这里隐含地设置 T 中的 G_p 部分等于 g_p^s。解密的正确性显然成立。注意，如果 $T=T_0\leftarrow_{\$}G_p$，这是一个正常密文，且我们处于游戏 $\text{Game}_{\text{Restricted}}$ 中；如果 $T=T_1\leftarrow_{\$}G_{pq}$，这是一个半功能密文，则我们处于游戏 Game_0 中。

引理 8.5.3 如果存在敌手$\mathcal{A}$可以优势 $\text{Adv}^{\mathcal{A}}_{\text{Game}_{\text{Restricted}}}-\text{Adv}^{\mathcal{A}}_{\text{Game}_{\text{Real}}}=\varepsilon$ 区分 Game_{k-1} 和 Game_k，那么我们可以构造算法$\mathcal{B}$以 $\varepsilon/2$ 的优势攻破假设 1。

证明 给定 $D=((N, G, G_T, \hat{e}), g_p, X_1X_2, X_3, Y_2Y_3)$和 $T\in\{T_0, T_1\}$，其中 $T_0\leftarrow_{\$}G$，

$T_1 \leftarrow_{\$} G_{pr}$，算法$\mathcal{B}$按如下方式为敌手$\mathcal{A}$模拟游戏：

(1) Setup。选择随机数 α、$x \in_R Z_N$ 和随机向量 $\boldsymbol{X} \in_R Z_N^d$，设置 sk:=($g_p^{\alpha}$, x, $\boldsymbol{X}$)并输出：

$$\text{pp}:=(G,\ g_p,\ g_r)$$

$$\text{pk}:=(g_p^x,\ g_p^{\boldsymbol{X}},\ \hat{e}(g_p,\ g_p)^{\alpha})$$

(2) Token queries。若敌手$\mathcal{A}$请求关于谓词 $P_{\boldsymbol{K}_i}$ 的第 i 个令牌，算法$\mathcal{B}$根据以下不同情况回答令牌询问：

① 当 $i<k$ 时，算法$\mathcal{B}$随机选择 $y' \in_R Z_N^*$、$\boldsymbol{W}'_i \in_R Z_N^{d+1}$ 并创建半功能令牌：

$$\text{TK}_{\boldsymbol{K}_i}:=g_p^{(y'_i\boldsymbol{K}_i,\ \alpha-y'_i\langle \boldsymbol{X},\ \boldsymbol{K}_i\rangle)}(Y_2Y_3)^{\boldsymbol{W}'_i}$$

注意：这里生成的半功能令牌与 GenToken 算法生成的半功能令牌具有相同的分布，敌手$\mathcal{A}$无法区分。

② 当 $i>k$，算法$\mathcal{B}$随机选择 $y'_i \in_R Z_N^*$、$\boldsymbol{W}'_i \in_R Z_N^{d+1}$ 并创建正常的令牌：

$$\text{TK}_{\boldsymbol{K}_i}:=g_p^{(y'_i\boldsymbol{K}_i,\ \alpha-y'_i\langle \boldsymbol{X},\ \boldsymbol{K}_i\rangle)}X_3^{\boldsymbol{W}'_i}$$

③ 当 $i=k$ 时，算法$\mathcal{B}$随机选择 $y'_k \in_R Z_N^*$，$\boldsymbol{Z}_k \in_R Z_N^{d+1}$，$\boldsymbol{W}'_k \in_R Z_N^{d+1}$ 并创建正常的令牌：

$$\text{TK}_{\boldsymbol{K}_k}:=g_p^{(y'_k\boldsymbol{K}_k,\ \alpha-y'_k\langle \boldsymbol{X},\ \boldsymbol{K}_k\rangle)}X_3^{\boldsymbol{W}'_k}$$

(3) Challenge ciphertext。收到两对消息($\boldsymbol{A}_0$, M_0)、($\boldsymbol{A}_1$, M_1)后，算法$\mathcal{B}$随机选择 $\beta \in_R \{0,\ 1\}$并设置 $\boldsymbol{Z}_c \in Z_N^{d+1}$，满足$\langle \boldsymbol{Z}_c,\ \boldsymbol{Z}_k\rangle=0$，然后构造密文如下：

$$C_0:=\hat{e}(g_p,\ X_1X_2)^{\alpha}\cdot M_{\beta},\ C_1:=T^{(x\boldsymbol{A}_{\beta}+\boldsymbol{X},1)}$$

注意：$X_1X_2 \in G_{pq}$ 并且 X_1 是其中属于 G_p 的部分。这隐含地设置了 $X_1:=g_p^s$。X_2 是 X_1X_2 中属于 G_q 的一部分，所以存在 δ 使得 $X_2:=g_q^{\delta}$ 并且$\langle \delta(x\boldsymbol{A}_{\beta}+\boldsymbol{X},\ 1),\ \boldsymbol{Z}_k\rangle=0$。因此，这隐含地设置了 $\boldsymbol{Z}_c:=\delta(x\boldsymbol{A}_{\beta}+\boldsymbol{X},\ 1)$。这里 $\boldsymbol{Z}_c$ 和 $\boldsymbol{Z}_k$ 的关系将使解密成功。因为，如果算法$\mathcal{B}$想通过利用 $\text{TK}_{\boldsymbol{K}}$ 解密基于谓词 $P_{\boldsymbol{K}}$ 创建的半功能密文而验证 $\text{TK}_{\boldsymbol{K}}$ 是否是半功能的(即测试 $\text{TK}_{\boldsymbol{K}}$ 是否合法)，则解密将会成功。因此，无论 $\text{TK}_{\boldsymbol{K}}$ 的形式如何，$\langle \boldsymbol{Z}_c,\ \boldsymbol{Z}_k\rangle=0$ 将保证解密成功。因此，如果 $T \in G$，那么我们就在 Game_k 中。

引理 8.5.4　如果存在算法$\mathcal{A}$可以 $\text{Adv}^{\mathcal{A}}_{\text{Game}_{\text{Final}}}-\text{Adv}^{\mathcal{A}}_{\text{Game}_l}=\varepsilon$ 的优势区分 Game_l 和 $\text{Game}_{\text{Final}}$，则我们可以构造算法$\mathcal{B}$以 $\varepsilon/2$ 的优势攻破假设 3。

证明　给定 α，$s \leftarrow_{\$} Z_N$，$D=((N,\ G,\ G_T,\ \hat{e}),\ g_p,\ g_p^{\alpha}X_2,\ X_3,\ g_p^sY_2,\ Z_2)$，$T \in \{T_0,\ T_1\}$，其中 $T_0=\hat{e}(g_p,\ g_p)^{\alpha s}$，$T_1 \leftarrow_{\$} G_T$，算法$\mathcal{B}$按如下方式为敌手$\mathcal{A}$模拟游戏：

(1) Setup。选择随机数 α，$x \in_R Z_N$ 和随机向量 $\boldsymbol{X} \in_R Z_N^{d+1}$，设置 sk :=($g_p^{\alpha}$, x, $\boldsymbol{X}$)并且输出：

$$\text{pp}:=(G,\ g_p,\ g_r)$$

$$\text{pk}:=(g_p^x,\ g_p^{\boldsymbol{X}},\ \hat{e}(g_p,\ g_p)^{\alpha}=\hat{e}(g_p^{\alpha}X_2,\ g_p))$$

(2) Token queries。每一次当敌手$\mathcal{A}$向算法$\mathcal{B}$询问关于 $P_{\boldsymbol{K}_j}$ 的令牌时，算法$\mathcal{B}$随机选择 $y'_j \in_R Z_N$、$\boldsymbol{W}'_j \in_R Z_N^{d+1}$、$\boldsymbol{Z}'_k \in_R Z_N^{d+1}$，并输出一个半功能令牌：

$$\text{TK}_{\boldsymbol{K}_j}:=g_p^{(y'_j\boldsymbol{K}_j,\ \alpha-y'_j\langle \boldsymbol{X},\ \boldsymbol{K}_j\rangle)}Z_2^{\boldsymbol{Z}'_k}X_3^{\boldsymbol{W}'_j}$$

(3) Challenge ciphertext。收到两对消息($\boldsymbol{A}_0$, M_0)、($\boldsymbol{A}_1$, M_1)后，算法$\mathcal{B}$随机选择

$\beta \in_R \{0, 1\}$并构造密文：

$$C_0 := T \cdot M_\beta$$
$$C_1 := (g_p^s Y_2)^{(x\mathbf{A}_\beta + \mathbf{X}, 1)}$$

这隐含地设置了$\mathbf{Z}_c := (x\mathbf{A}_\beta + \mathbf{X}, 1)$，且其与半功能密文的分布相同。所以，如果$T = \hat{e}(g_p, g_p)^{\alpha s}$，则我们在$\mathrm{Game}_l$中；如果$T = T_1 \leftarrow_\$ G_T$，那么我们得到$\mathrm{Game}_{\mathrm{Final}}$。

定理 8.5.1 在假设 1、2 和 3 下，本章构造的Φ-可搜索函数加密方案是自适应安全的。

证明 在假设 1、2 和 3 下，我们已经在上述引理中证明了连续游戏之间的不可区分性，这意味着真正的安全游戏与最终的模拟游戏$\mathrm{Game}_{\mathrm{Final}}$无法区分。而在$\mathrm{Game}_{\mathrm{Final}}$中，对于敌手$\mathcal{A}$而言，算法$\mathcal{B}$是信息论隐藏的。因此，敌手$\mathcal{A}$在攻破本章的方案方面除了随机猜测以外没有任何优势。

8.6 与同类型方案的比较

本节我们将本章构造在合数阶双线性群中的Φ-可搜索函数加密方案与现有的同类方案进行了比较。表 8.1 给出了这些方案之间基本参数性能的比较。

表 8.1 基本参数之间的比较①

方案	$\mathrm{Len}_{\mathrm{pk}}$	$\mathrm{Len}_{\mathrm{TK}}$	Len_C	SecLev
KSW12	$(3+2d)\|G\|$	$(1+2d)\|G\|$	$(1+2d)\|G\|$	selectively
LL18	$(3+2d)\|G\|$	$2d\|N\|$	$(1+d)\|G\|$	selectively
本章方案	$(2+d)\|G\|+\|G_T\|$	$(1+d)\|G\|$	$(1+d)\|G\|+\|G_T\|$	adaptively

本章使用 KSW12 来表示 Katz、Sahai 和 Waters 提出的方案，用 LL18 表示 K. Lee 和 D. H. Lee 提出的方案。如表 8.1 所示，本章的方案对自适应对手是安全的，而其他两种方案只具备选择安全性。对于 KSW12 和 LL18，公钥的长度是$(3+2d)|G|$，而本章方案的公钥长度则是$(2+d)|G|+|G_T|$。显然，本章的公钥尺寸更短。对于搜索令牌的长度(即私钥的长度)，本章方案的私钥长度几乎只有其他两个方案长度的一半。我们的密文尺寸也更小，即$(2+d)|G|+|G_T|$，它只比 LL18 方案的密文多一个群元素，但是只有 KSW12 密文尺寸的一半。

8.7 一般应用范式

本节将给出本章提出的Φ-可搜索函数加密方案的一般应用范式。在本章的构造中，

① 令$\mathrm{Len}_{\mathrm{pk}}$表示公钥的长度，包括公共参数；$\mathrm{Len}_{\mathrm{TK}}$表示搜索令牌的长度(在某些方案中，即私钥)；$\mathrm{Len}_C$表示密文长度；SecLev 是安全级别；$|G|$和$|G_T|$分别表示群$G$和$G_T$中元素的长度；$|N|$表示域$Z_N^*$中元素的长度；$d$表示密文属性向量和密钥属性的维数。

我们用函数加密的一个子类(即谓词加密)来描述方案。对于密文数据的询问，只有当谓词$P_{\boldsymbol{K}}(\boldsymbol{A})=1$时才返回正确的结果。谓词$P_{\boldsymbol{K}}(\boldsymbol{A})=1$意味着对于密文属性向量$\boldsymbol{A}$和密钥属性向量$\boldsymbol{K}$而言，$\langle \boldsymbol{K}, \boldsymbol{A}\rangle=0$成立。因此，独立于本方案的构造，本方案支持对密文数据的任意形式的内积询问。基于这个性质，我们可以轻松地实现关键词匹配(即Equality test)、比较询问(Comparison test)、子集询问(Subset queries)、多项式计算(Polynomial evaluation)以及析取、合取和CNF/DNF范式运算。

8.7.1　关键词匹配、比较询问和子集询问

令$\Sigma_{\boldsymbol{A}}:=Z_N^d$，设$\boldsymbol{A}':=(a_1, a_2, \cdots, a_d)\in\Sigma_{\boldsymbol{A}}$，消息$M\in\mathcal{M}$，我们可以利用Encrypt算法加密一个消息对$(\boldsymbol{A}', M)$。例如，$\mathcal{M}$是个人银行交易，$a_1$是交易价值，$a_2$是信用卡到期日期，以此类推。接着令$\Sigma_{\boldsymbol{K}}:=Z_N^d$，设$\boldsymbol{K}':=(k_1, k_2, \cdots, k_d)\in\Sigma_{\boldsymbol{K}}$。对于关键词匹配，我们将谓词$P_{\boldsymbol{K}'}(\boldsymbol{A}')$定义为等价谓词，如测试$k_i=a_i$是否成立；对于比较询问，我们将谓词$P_{\boldsymbol{K}'}(\boldsymbol{A}')$定义为比较谓词，如测试$k_i\geqslant a_i$是否成立；对于子集询问，我们将谓词$P_{\boldsymbol{K}'}(\boldsymbol{A}')$定义为子集谓词，如测试$k_i\in\boldsymbol{A}'$是否成立。之后为了实现上述三种对于密文的运算，对于属性$\boldsymbol{A}'$，定义$\boldsymbol{A}:=(-\boldsymbol{A}', 1)$并用$\boldsymbol{A}$加密数据$M$。为属性$\boldsymbol{K}'$生成一个搜索令牌，设置$\boldsymbol{K}:=(1, \boldsymbol{K}')$。既然$\langle \boldsymbol{K}, \boldsymbol{A}\rangle=0$，当且仅当$\boldsymbol{K}'=\boldsymbol{A}'$，正确性和安全性显然成立。

8.7.2　多项式计算

借鉴Katz等人提出的谓词加密方案，我们也可以通过类似的定义使本章的方案支持密文上的多项式计算。一个关于多项式(复杂度小于等于$d(p(x)=k_0+k_1x^1+\cdots+k_dx^d)$)的$\Phi$-可搜索函数加密方案可以定义如下：令密钥属性空间为$\Sigma_{\boldsymbol{K}}^{\mathrm{Poly}\leqslant d}:=Z_p^{d+1}$，我们将多项式$p(x)=k_0+k_1x_1+\cdots+k_dx^d$映射到向量$\boldsymbol{K}:=k_0+k_1x_1+\cdots+k_dx^d$，映射每个元素$w\in Z_p$到密文属性向量$\boldsymbol{A}:=(w^0 \bmod N, w^1 \bmod N, \cdots, w^d \bmod N)$。我们还需要定义谓词$\Phi_{\leqslant d}^{\mathrm{Poly}}:=\{P_{\boldsymbol{K}}^{\mathrm{Poly}}(\boldsymbol{A}) \mid P\in Z_N[x]\}, \deg(p)\leqslant d\}$。其中，对于$x\in Z_N$：

$$P_{\boldsymbol{K}}^{\mathrm{Poly}}(\boldsymbol{A}):=\begin{cases}1 & p(x)=0 \bmod N\\ 0 & 其他\end{cases}$$

关于谓词$P_{\boldsymbol{K}}^{\mathrm{Ploy}}(\boldsymbol{A})\in\Phi_{\leqslant d}^{\mathrm{Ploy}}$的$\Phi$-可搜索函数加密方案的正确性和安全性显然成立。因为当$\langle \boldsymbol{K}, \boldsymbol{A}\rangle=0$时，$p(w)=0$。

8.7.3　析取、合取和CNF/DNF范式

基于本章设计的关于谓词$P_{\boldsymbol{K}}^{\mathrm{Ploy}}(\boldsymbol{A})\in\Phi_{\leqslant d}^{\mathrm{Ploy}}$的$\Phi$-可搜索函数加密方案，我们可以很容易地实现析取、合取和CNF/DNF范式计算。我们使用关键词匹配合取例子来说明如何做到这一点。对于$\boldsymbol{K}:=(k_0, k_1, \cdots, k_d)$和$\boldsymbol{A}:=(a_0, a_1, \cdots, a_d)$，我们定义连接谓词为$P_{k_1,k_2}^{\mathrm{AND}}(a_1, a_2)=1$成立当且仅当$k_1=a_1$且$k_2=a_2$。该谓词可以表达为一个多项式：

$$p(x_1, x_2)=r\cdot(x_1-k_1)+(x_2-k_2)$$

其中，$r\leftarrow_{\$} Z_N$。如果$P_{k_1,k_2}^{\mathrm{AND}}(a_1, a_2)=1$，那么$p(a_1, a_2)=0$，否则，可忽略的概率$p(a_1, a_2)\neq 0$。

类似地，我们可以实现关键词匹配的析取，对于$\boldsymbol{K}:=(k_0, k_1, \cdots, k_d)$和$\boldsymbol{A}:=(a_0, a_1, \cdots, a_d)$，我们将谓词其定义为

$$P_{k_1,k_2}^{\mathrm{OR}}=(x_1-k_1)\cdot(x_2-k_2)$$

如果 $P_{k_1,k_2}^{\mathrm{OR}}(a_1, a_2)=1$，那么 $p(a_1, a_2)=0$，否则 $p(a_1, a_2)\neq 0$。

我们可以结合上述实现合取、析取以及布尔变量运算的方法来处理任意 CNF/DNF 范式。

8.8 加密工业数据流密文查询的一般框架

8.8.1 应用场景

在工业物联网(iIoT)中，传感器、一卡通、安防摄像头等各种设备被广泛应用到各种系统中。这些设备及应用产生了大量的数据，许多组织收集这些数据并深度利用，用于提取有价值的信息，以支持营销决策、追踪特定行为或检测攻击威胁。大数据给工业领域、商业领域决策者提供了巨大机遇，同时也为用户带来了巨大风险，因为集中存储的数据遭到泄露，个人隐私信息也不时被泄露。显然，保护数据隐私以保护制造商、敏感客户或患者信息是至关重要的。但对于大型制造商、卫生和金融机构而言，实施数据的访问控制和安全保护是比较困难的，特别是当数据来自多个数据源并存储在单个或多个数据库中时，数据隐私泄露的风险更大。

对敏感信息进行加密可以有效地保护隐私。但矛盾的是，加密将破坏数据的语义，从而损害数据的可用性。对于工业应用中的实时数据流应用场景，如何监控或审计加密数据流是一个关键问题。如图 8.1 所示，信用卡支付网关需要观察交易数据流，其中通常包含交易收款银行和交易发起银行之间加密的数据。网关需要审计所有加密的数据流，以标记一些可疑交易，如价值超过 10 000 美元的交易。一种解决方案是在信用卡公司的公钥下加密所有交易，并将私钥交给支付网关，支付网关可以解密交易流进行审计。该解决方案有两个明显的缺点：一是效率不高，因为需要解密每个交易数据；二是它不利于隐私保护，因为网关持有信用卡公司的私钥，它可以看到所有交易，交易的隐私保护将无从谈起。

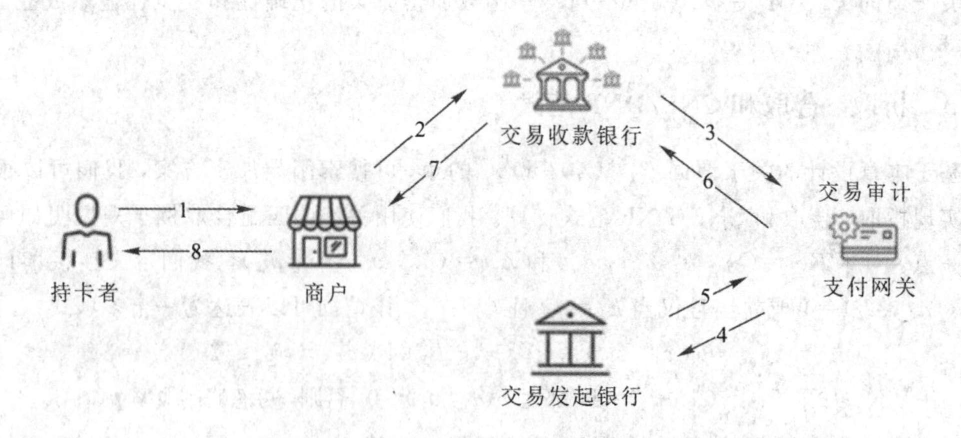

图 8.1 信用卡支付网关观察交易数据流

8.8.2 一般框架

基于本章提出的 Φ -可搜索函数加密方案，可以轻松地实现网关查询所有经过的加密工业数据流。具体地说，如图 8.2 所示，数据来自各种来源，如传感器、安保摄像头、GPS 芯片等，数据源将数据加密后通过网关发送到数据中心。数据中心存储和分析这些数据，网关观察和审计数据流以达到监管的目的。出于安全性和隐私保护的需求，数据源在数据中心的公钥 pk 和密文属性 **A** 下通过调用 Encrypt 算法加密数据流。对于谓词 P，网关发送密钥属性 **K** 到数据中心，数据中心调用 GenToken 算法生成查询令牌 $\mathrm{TK}_{\boldsymbol{K}}$ 后发给网关，而不是将它的密钥 sk 发给网关。持有查询令牌 $\mathrm{TK}_{\boldsymbol{K}}$ 的网关可以通过调用 Query 算法而不是解密密文，对加密数据流进行测试。如果 Query 算法输出 1，则意味着 $P_{\boldsymbol{K}}(\boldsymbol{A})=1$。也就是说，经过加密数据与条件匹配，网关可以正确解密该数据并采取进一步措施，比如标记它。如果输出为 0，则网关得不到该数据的任何有效信息。正确性和安全性由本章提出的 Φ -可搜索函数加密方案来保证。

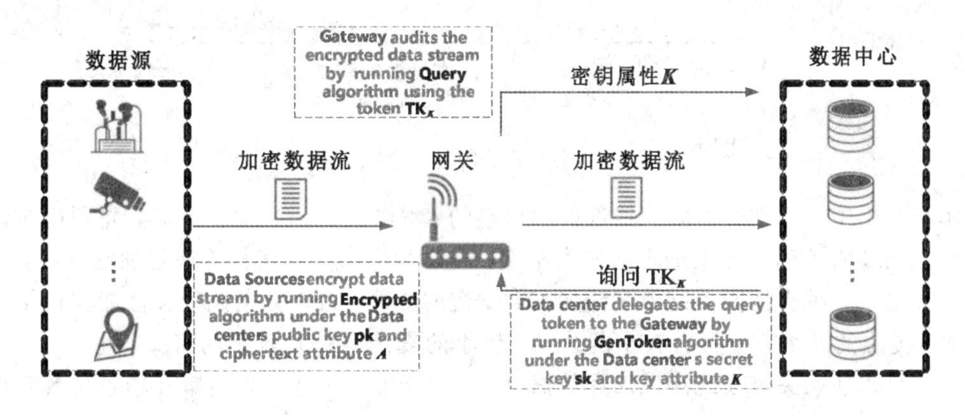

图 8.2 加密工业数据流运算的逻辑结构

8.8.3 性能评估

本章使用基于配对的加密函数库 pbc－0.5.14 和 pbc wrapper－0.8.0 在一台个人计算机(配置如下：3.3 GHz Intel i5－6600 CPU ，8 GB 内存)上实现所提出的函数加密方案的各个算法。在这一实现中，我们使用了参数 a.param，它是 pbc 库的标准参数设置之一。各个算法的时间开销如图 8.3 所示。从图 8.3 中我们可以观察到密文(密钥)属性向量的维度对算法时间成本的影响。显然，更大尺寸的密文(密钥)属性将更具表达能力，这意味着该方案将支持更复杂的构造。我们可以看到，Setup 算法、Encrypt 算法和 GenToken 算法的时间开销随着密文(密钥)属性维数 d 从 1 增加到 50 而线性增加。Setup 算法由可信权威执行，通常只执行一次并且可以离线执行。Encrypt 算法由数据源执行，也可以离线执行。GenToken 算法由具有强大计算能力的数据中心执行。因此，这三个算法的时间开销对于算法的执行实体而言是可以接受的。幸运的是，随着密文(密钥)属性维数 d 的增加，Query 算法的时间开销几乎不变(小于 20 ms)。这一优点使得其执行主体网关可以高效地测试通过的加密数据，而不会显著降低处理速度。

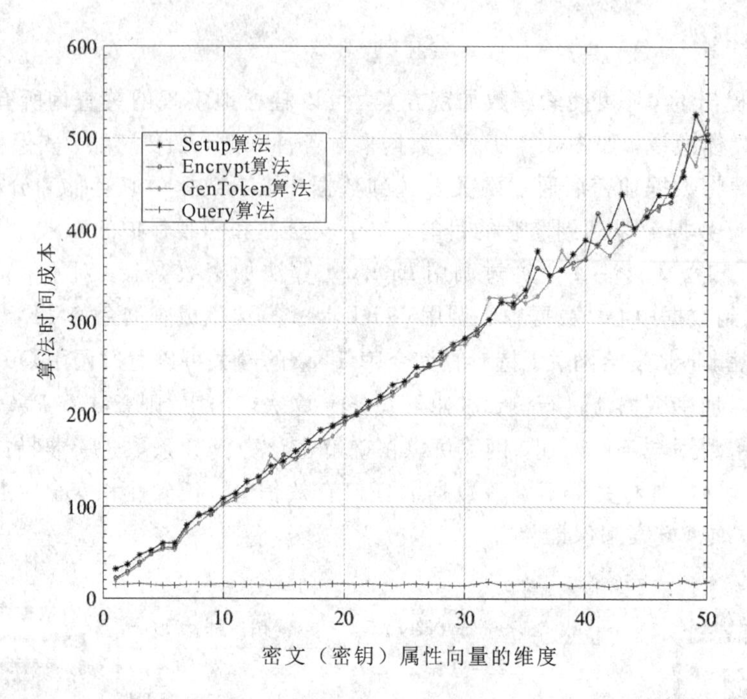

图 8.3　各个算法的时间开销比较

本章提出了一个在合数阶双线性群中构造的 Φ-可搜索函数加密方案，并利用对偶系统加密证明技术证明了方案的自适应安全性。将本章提出的方案作为底层加密方案，本章进一步提出了一种支持网关高效审计加密数据流的方法。根据方案比较和性能评估结果可知，本章提出的加密方案具有较小的公钥、较小的查询令牌和较小的密文。此外，本章提出的方法可以使网关有效地测试加密数据流，这对于加密工业数据流审计场景是具有很大实用性的。

本章参考文献

[1] BONEH D, SAHAI A, WATERS B. Functional Encryption: Definitions and Challenges [C]//TCC 2011: Theory of Cryptography. Berlin: Springer, 2011: 253-273.

[2] WANG T, YANG B, QIU G Y, et al. An Approach Enabling Various Queries on Encrypted Industrial Data Stream[J]. Security and Communication Networks, 2019: 1-12. https://doi.org/10.1155/2019/6293970.

[3] BONEH D, WATERS B. Conjunctive, Subset, and Range Queries on Encrypted Data[C]//TCC 2007: Theory of Cryptography. Berlin: Springer, 2011: 535-554.

[4] LEWKO A, WATERS B. New Techniques for Dual System Encryption and Fully Secure HIBE with Short Ciphertexts[C]// TCC 2010: Theory of Cryptography Berlin: Springer, 2011: 455-479.

[5] KATZ J, SAHAI A, WATERS B. Predicate Encryption Supporting Disjunctions, Polynomial Equations, and Inner Products[C]// Advances in Cryptology-EUROCRYPT 2008. Berlin:

Springer，2008：146-162.

[6] LEE K，LEE D H. Two-input Functional Encryption for Inner Products from Bilinear Maps [J]. IEICE Transactions on Fundamentals of Electronics，Communications and Computer Sciences，2018，E101-A(6)：915-928.

[7] LYNN B. The Pairing-based Cryptography Library(0. 5. 14)[EB/OL]. (2013-07-05) [2021-06-07]. https：//crypto. stanfordedu/pbc/.

第 9 章　基于区块链的可证明安全存储和可搜索加密

区块链技术的去中心化、透明性、不可篡改性等属性可以解决很多传统算法或者协议中的问题，在本书介绍的可证明数据安全存储和可搜索加密两类问题方面，也出现了一些基于区块链的解决方案。

本章将讨论一些基于区块链的可证明安全存储和可搜索加密典型解决方案，并分析这些方案区别于传统方案的优势。

9.1　区块链概述

9.1.1　区块链体系结构

区块链是比特币的基础支撑技术，首次出现在中本聪(Satoshi Nakamoto)发布的比特币白皮书《比特币：一种点对点的电子现金系统》中。其中描述的区块链是一种按照时间顺序将数据区块用类似链表的方式串联组成的数据结构，可以构成以密码学方式保证不可篡改和不可伪造的分布式去中心化账本，其中能够安全存储简单的、有先后关系的、能在系统内进行验证的数据。

总体来说，区块链系统包含底层的交易数据、狭义的分布式账本、重要的共识机制、完整可靠的分布式网络、网络之上的分布式应用这几个要素。底层的数据被组织成区块这一数据结构，各个区块按照时间顺序链接成区块链，全分布式网络的各个节点分别保存一份名为区块链的分布式账本，网络中使用 P2P 协议进行通信，通过共识机制达成一致，在这些基础上支撑各种分布式应用。

从最早应用区块链技术的比特币到最先在区块链中引入智能合约的以太坊，再到应用最广的联盟链 Hyperledger Fabric，它们尽管在具体实现上各有不同，但在整体体系架构上存在着诸多共性。如图 9.1 所示，区块链体系架构整体上可划分为网络层、共识层、数据层、智能合约层和应用层五个层次。

		比特币	以太坊	Hyperledger Fabric
应用层		比特币交易	Dapp/以太币交易	企业级区块链应用
智能合约层	编辑语言	Script	Solidity/Serpent	Go/Java
	沙盒环境		EVM	Docker
数据层	数据结构	Merkel树/区块链表	Merkel Patricia树/区块链表	Merkel Bucket树/区块链表
	数据模型	基于交易的模型	基于账户的模型	基于账户的模型
	区块存储	文件存储	LevelDB	文件存储
共识层		PoW	PoW/PoS	PBFT/SBFT
网络层		TCP-based P2P	TCP-based P2P	HTTP/2-based P2P

图 9.1　区块链体系架构

9.1.2　区块链的分类

根据区块链的网络中心化程度与对区块链和数据的可访问性不同，不同应用场景下的区块链可分为以下三种：

(1) 允许任何节点都可以加入区块链网络，允许查看区块链上的任意信息，这样的区块链称为公有链。公有链通常都是(伪)匿名的。例如，比特币和以太坊都是公有链。

(2) 允许授权的节点加入网络，根据不同的权限对读写信息进行限制，用于几个公司或机构之间，这样的区块链称为联盟链或行业链。

(3) 所有网络中的节点都被掌握在一家公司或机构手中，这样的区块链称为私有链。

9.2　区块链基础技术

9.2.1　哈希运算

为了实现数据的不可篡改性，区块链引入了以区块为单位的链式结构。不同区块链平台的数据结构的具体细节虽有差异，但整体上基本相同。

以比特币为例，每个区块由区块头和区块体两部分组成。区块体中存放了自前一区块之后发生的多笔交易；区块头中存放了前块哈希(PreBlockHash)、随机数(Nonce)、Merkle 根(Merkle Root)等。

如图 9.2 所示，区块链基于两种哈希结构保障了数据的不可篡改性，即 Merkle 树和区块链表。

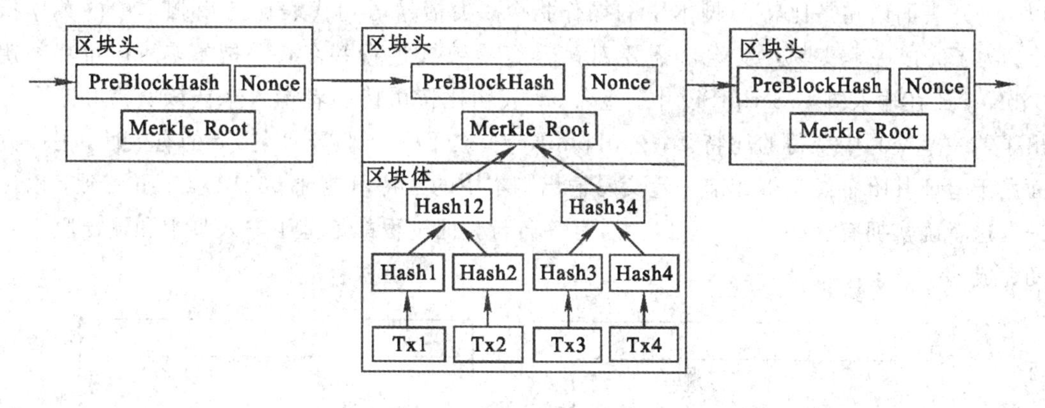

图 9.2　比特币基础结构

1. Merkle 树

Ralph Merkle 提出的 Merkle 树原用于生成数字证书目录的摘要，后来提出了很多种改进。比特币使用了最简单的二叉 Merkle 树。树上的每个结点都是哈希值，每个叶子结点对应块内一笔交易数据的 SHA256 哈希；两个子结点的值连接之后，再经哈希运算可得到父结点的值；如此反复执行两两哈希，直至生成根哈希值，即交易 Merkle 根。通过 Merkle

根，块内任何交易数据的篡改都会被检测到，从而确保交易数据的完整性。无须树上其他结点参与，仅根据交易结点到 Merkle 根路径上的直接分支，即可基于简单支付验证(Simplified Payment Verification，SPV)确认一个交易是否存在于该块。在由 N 个交易组成的区块中，至多计算 $2\text{lb}N$ 次哈希即可验证交易是否存在。

2. 区块链表

对区块头中的前块哈希(PreBlockHash)、随机数(Nonce)和 Merkle 根等元数据进行两次 SHA256 哈希运算即可得到该区块的块哈希。PreBlockHash 存放前一区块的块哈希，所有区块按照生成顺序以 PreBlockHash 为哈希指针链接在一起，就形成了一条区块链表。区块头包含交易 Merkle 根，所以通过块哈希可以验证区块头部和区块中的交易数据是否被篡改；区块头还包含前块哈希，所以通过块哈希还可验证该区块之前直至创世区块的所有区块是否被篡改。依靠前块哈希指针，所有区块环环相扣，任一区块被篡改，都会引发其后所有区块哈希指针的连锁改变。当从不可信节点下载某个块及之前所有块时，基于块哈希可验证各块是否被修改过。

9.2.2 数字签名

基于公有链的比特币和以太坊没有提供用户管理服务，公钥是标识和区分一个用户的唯一方法。为了保障交易的安全性，需对每笔交易都进行签名与验证。签名算法使用了椭圆曲线数字签名算法(ECDSA)。

图 9.3 所示为比特币交易的签名与验证。每当需要进行一笔转账交易时，接收者需要将其公钥的 SHA256 与 RIPEMD160(RIPE Message Digest)的双哈希结果 pubKeyHash(即比特币地址)提供给发送者，pubKeyHash 会被放在交易的输出脚本 ScriptPubKey 中。以 OP 开头的语句是比特币脚本中的操作指令，尖括号语句代表比特币脚本中的数据指令。为了完成一笔交易，发送者需要对该笔交易数据进行签名，并把签名 sig 和其公钥 pubKey 放在输入脚本 ScriptSig 中。签名 sig 表明比特币持有者本人承认该交易并亲自花出了前一笔交易中获得的比特币；公钥 pubKey 一方面用于验证签名 sig 的有效性，另一方面用于验证其哈希值是否和前一笔交易输出脚本中的比特币地址 pubKeyHash 一致，以保证发送者确实拥有这些比特币。以上所有签名与验证过程都是基于输入脚本和输出脚本自动完成的。

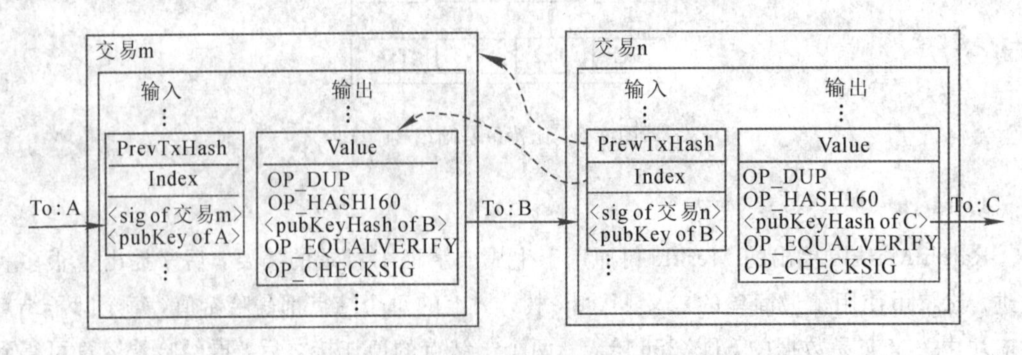

图 9.3 比特币交易的签名与验证

9.2.3　共识算法

传统分布式数据库主要使用Paxos和Raft算法解决分布式一致性问题，它们假定系统中每个节点都是忠诚、不作恶的，但在去中心化的区块链网络中，节点由互不了解、互不信任的多方参与者共同提供和维护，受各种利益驱动，网络中的参与者存在欺骗、作恶的可能。

在完全没有准入机制的公有链中，广泛使用的共识机制为PoW(Proof of Work)、PoS(Proof of Stake)机制及其变种，而有准入机制的联盟链主要使用的共识机制为PBFT(Practical Byzantine Fault Tolerance)。

1. PoW

PoW(工作量证明机制)是比特币所采用的共识机制，矿工节点通过不断的哈希(Hash)计算寻找一个随机数(Nonce)，使得Nonce拼接上前一个区块的哈希值再进行哈希计算所得到的哈希值的前 n 位为零。n 的大小对应计算难度的大小，在比特币中，难度值的计算公式为

$$\text{newDiff}=\text{oldDiff}\times(2016/\text{totalTime})$$

其中，newDiff为新区块的难度值；oldDiff为前一个区块的难度值；totalTime为创建过去2016个区块所花费的总时长。通过控制难度值newDiff，比特币将出块速度控制在10分钟左右出一个块。

PoW在区块链网络中的共识流程如下：

(1) 每笔新交易被广播到区块链网络的所有节点。

(2) 为了构建新的区块，每个节点收集自前一区块生成以来接收到的所有交易，并根据这些交易计算出区块头部的Merkle根。将区块头部的随机数Nonce从0开始递增1，直至区块头的两次SHA256哈希值小于或等于难度目标的设定值为止。

(3) 全网节点同时参与计算，若某节点先找到了正确的随机数，则该节点将获得新区块的记账权及奖励(奖励包括新区块中的创世币及每笔交易的交易费用)，并将该区块向全网广播。

(4) 其他节点接收到新区块后，验证区块中的交易和随机数Nonce的有效性，如果正确，就将该区块加入本地的区块链，并基于该块开始构建下一区块。

对于PoW机制而言，若要篡改和伪造链中某一区块，就必须针对该区块及其后每个区块重新寻找块头的随机数Nonce，并且计算速度还要超过主链，这需要至少掌握全网51%的算力，才能使攻击成为可能，因此攻击的难度和成本非常高，且要篡改的区块所在位置越靠后，所花费的成本就越高。

2. PoS

PoS机制在2012年由Sunny King在Peercoin白皮书中提出，目的是解决比特币的PoW机制大量浪费算力、电力资源的问题。Sunny King希望通过一个可靠的机制来赋予每个节点参与系统中决策的权力，PoS机制中引入了币龄(coinAge)的概念，每个代币都有对应的价值来度量持币者参与决策的权重，叫作权益。币龄的计算公式为

$$\text{coinAge}=\text{coin}\times\text{coinTime}$$

其中，coin为代币数量；coinTime为持币时间。如果发生交易，这部分币龄将会被消耗。

PoS的共识流程与PoW相似，但是PoS是通过权益来获得记账权的，消耗的权益越多，

计算出目标值就越容易。这种做法解决了 PoW 算力浪费的问题，但同时会导致两个问题：

(1) 一旦恶意节点制造分叉链，对于其他节点来说，在任意一条链上挖矿都是没有成本的，这会导致它们在每一条分叉上挖矿，从而导致链体分叉，并且更容易产生双花攻击。

(2) 由于权益与持币时间正相关，因此节点可能会通过大量囤积代币来获得更大的权益，这会导致拥有大量代币的节点更有可能通过记账获得更多的代币，从而带来富者越富的问题。

对于 PoS 机制而言，是通过链上消耗的币龄总数来选择主链的，因此篡改和伪造某一区块就需要在分叉的节点处拥有更多的权益，这也导致要篡改区块的话需要花费大量的经济成本，而这种行为本身可能导致恶意攻击者持有的代币贬值，从而降低了发生这种情况的可能性。

3. PBFT

因为拥有准入控制，所以联盟链更适合应用无须消耗计算资源和电力能源的 PBFT 算法。PBFT 算法可容忍恶意节点不超过全网节点数量的 1/3，即如果有超过 2/3 的正常节点，就可保障数据的一致性和安全性。

PBFT 在区块链网络中的共识流程如下：

(1) 从全网节点选举出一个主节点，新区块由主节点负责生成。

(2) 每个节点把新交易向全网广播，主节点把从网络收集到需放在新区块内的多个交易排序后存入列表，并将该列表向全网广播。

(3) 每个节点接收到交易列表后，依据排序模拟执行交易。所有交易执行完后，基于交易结果计算新区块的哈希摘要，并向全网广播。

(4) 如果一个节点收到的 $2f$(f 为可容忍的恶意节点数)条其他节点发来的摘要都和自己的相同，就向全网广播一条 commit 消息。

(5) 如果一个节点收到 $2f+1$ 条 commit 消息，则可正式提交新区块及其交易到本地的区块链和状态数据库。

9.2.4 智能合约

智能合约是运行在区块链上的一段计算机程序，其扩展了区块链的功能，丰富了区块链的上层应用。智能合约的运作机制如图 9.4 所示。

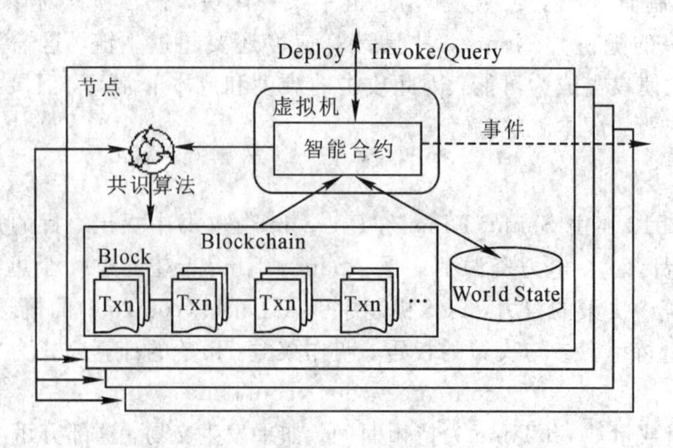

图 9.4　智能合约的运行机制

依照商业逻辑编写完智能合约代码后，需要将其发布到区块链网络节点上。在以太坊中，部署后的合约存放在区块链上，每次被调用时才被以太坊虚拟机(EVM)加载运行。在Hyperledger Fabric中，部署后的合约被打包成Docker镜像，每个节点基于该镜像启动一个新的Docker容器并执行合约中的初始化方法，然后等待被调用。外部应用通过调用智能合约来实现各种交易，如果调用涉及修改操作，则需要先在全网达成共识，之后修改操作会被记录在区块链，修改结果会被存在状态数据库(如转账交易的转账金额会被记录到区块链，账户余额的增减会被记录到状态数据库)。如果调用仅包含查询操作，则无须共识，也不需要被记录在区块链上。智能合约还支持合约内部事件的注册与通知机制，从而可主动向外部应用通知合约内部发生的关键事件。

智能合约定义了交易逻辑及访问状态数据的业务规则，外部应用(如以太坊中的去中心化应用DApp)需要调用智能合约，并依照合约执行交易和访问状态数据。外部应用与智能合约间的关系非常类似于传统数据库应用与存储过程间的关系：存储过程运行于数据库管理系统之中，访问关系数据库数据；而智能合约运行于区块链系统之中，访问区块和状态数据。

9.2.5　P2P网络

基于P2P的区块链网络中没有中心节点，任意两个节点间可直接进行交易，任何时刻每个节点也可自由加入或退出网络，因此，区块链平台通常选择完全分布式且可容忍单点故障的P2P协议作为网络传输协议。区块链网络节点具有平等、自治、分布等特性，所有节点以扁平拓扑结构相互连通，不存在任何中心化的权威节点和层级结构，每个节点均拥有路由发现、广播交易、广播区块、发现新节点等功能。

区块链网络的P2P协议主要用于节点间传输交易数据和区块数据。在区块链网络中，节点时刻监听网络中广播的数据，当接收到邻居节点发来的新交易和新区块时，其首先会验证这些交易和区块是否有效，包括交易中的数字签名、区块中的工作量证明等，只有验证通过的交易和区块才会被处理(新交易被加入正在构建的区块，新区块被链接到区块链)和转发，以防止无效数据的继续传播。

9.3　区块链的特性

9.3.1　透明可信

区块链是一个高可信的数据库，参与者无须相互信任、无须可信中介即可点对点地直接完成交易。区块链的每笔交易操作都需发送者进行签名，必须经过全网达成共识之后，才被记录到区块链上。交易一旦写入，任何人都不可篡改，不可否认。

9.3.2　防篡改可追溯

区块链依靠区块间的哈希指针和区块内的Merkle树实现了链上数据的不可篡改。而数据在每个节点的全量存储及运行于节点间的共识机制使得单一节点数据的非法篡改无法影响到全网的其他节点。

区块链上存储着自系统运行以来的所有交易数据，基于这些不可篡改的日志类型数据，可方便地还原、追溯所有历史操作，其方便了监管机构的审计和监督工作。

9.3.3 隐私安全保障

在网络层面，区块链在网络层面采用的是 P2P 网络，节点之间采用中继转发的模式进行通信，接收方不需要和发送方有直接联系，传统网络中通过窃听网络流量发现用户之间关系的方法不再适用，攻击者很难通过窃听发现网络中传播信息的真实来源和去向。

在交易层面，区块链中使用的地址通常由用户自行创建和保存，不需要第三方参与。即使是在联盟链中，授权管理通常也是针对某一个节点而不是地址来进行的。由于区块链地址空间非常大，因此用户可以为每次交易使用不同的地址。

在架构层面，去中心化的架构使得整个区块链网络并不需要在中心服务器上存储账户等敏感信息，整个网络也不会因为中心节点出现单点故障的问题而受到影响，能够避免传统服务器被攻击而导致的数据泄露风险。

9.3.4 系统高可用

传统分布式数据库采用主备模式来保障系统高可用，主数据库运行在高配服务器上，备份数据库与主数据库定期同步数据。如果主数据库出现问题，备份数据库就及时切换为主数据库。这种架构方案配置复杂，维护烦琐且造价昂贵。在区块链系统中，没有主备节点之分，任何节点都是一个异地多活节点。少部分节点故障不会影响整个系统的正确运行，且故障修复后能自动通过全网节点同步数据。

9.4 基于区块链的可证明数据存储典型方案

9.4.1 基于区块链的身份基数据完整性审计

大多数云数据审计方案都依赖于公钥基础设施(PKI)，其中 TPA 会验证用户的证书并选择正确的公钥进行身份验证。但这些方案面临与证书管理相关的各种问题，包括证书的吊销、存储、分发和验证。在实际应用中，证书管理系统的效率低下且烦琐。此外，TPA 的可信性也存在疑问。在大多数方案中，都假定审计方是诚实且可靠的，这是一个非常强的假设，因为审计方的可靠性很可能会遭到破坏。例如，不负责任的 TPA 为了建立良好的完整性记录而不忠实执行外包审计协议，以减少验证时的计算成本。在这种情况下，上述现有公开审计协议无法再提供有效的数据完整性保障。因此，研究一种可以阻止恶意 TPA 的公开审计方案是非常必要的。

针对上述证书管理开销大以及恶意 TPA 两个问题，本节我们分析一种基于区块链的，用于确保云存储系统中数据完整性的基于身份的公共审计方案 IBPA。为了确保对外包数据的完整性进行客观审计，IBPA 要求用户批量检查 TPA 提供的审计结果，以进一步确认数据的完整性。根据随机数选择询问消息来审计数据完整性，这是用于解决给定哈希难题的公有区块链的基本功能。区块中的随机数不是预先定义的，并且易于验证，这确保即使恶意 TPA 伪造了审计结果，也无法通过用户验证。此外，在 IBPA 中，TPA 的审计结果已写入公有区块链中，可以作为 TPA 已按照用户要求执行审计协议的不可否认的证据。由于区块链本身具有可验证性，并且不易被修改，因此在区块链中记录审计结果可确保 TPA 审计服务的可追溯性。

1. 系统模型

如图 9.5 所示，IBPA 系统模型包含四个实体：私钥生成中心(PKG)、用户、云服务器(CS)和 TPA。

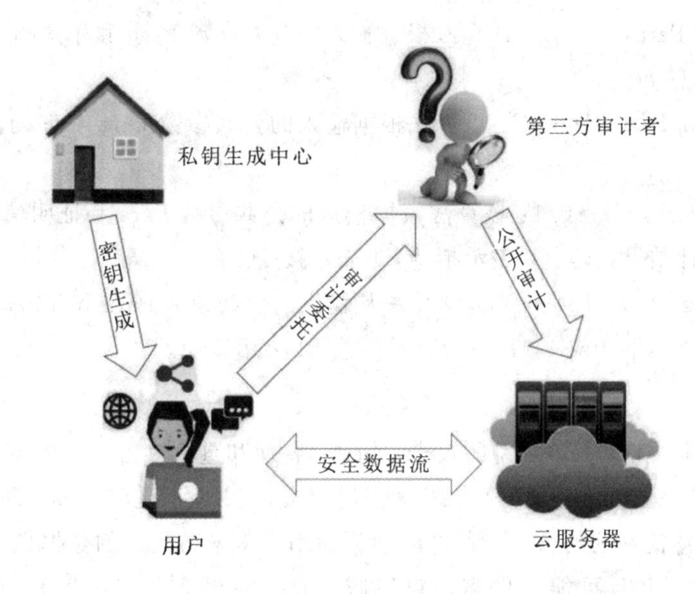

图 9.5　IBPA 系统模型

(1) PKG：由完全受信任的机构管理，该机构设置系统参数并为每个用户生成私钥。

(2) CS：由云存储服务提供商管理，并为用户提供云存储服务。CS 拥有巨大的存储空间和强大的计算能力。但是，云存储服务提供商可能是不诚实的实体，并且可能刻意隐瞒数据损坏或丢失事件。

(3) 用户：具有大量数据和有限通信资源的实体。用户付费以获得云存储服务，并将本地数据上传到 CS。

(4) TPA：由用户委派，以审计外包数据的完整性。TPA 具有完成审计任务的专业知识和能力，但可能并不完全按照用户的审计要求来完成。

系统模型中各类实体之间的关系是：用户将本地数据上传到 CS 后，依赖 CS 来存储和维护这些数据。用户可以随时随地访问和更新这些外包数据。为了确保数据的完整性，用户委托 TPA 定期审计数据，并在一段时间后检查 TPA 的审计结果。但是，TPA 审计数据的执行次数可能会低于用户的要求，以减少审计的计算成本或经济成本。此外，TPA 和 CS 也可能合谋伪造审计数据来欺骗用户。

IBPA 的正式定义如下：

定义 9.4.1　IBPA 由 Setup、Keyextr、Store、Challen、Proofgen、Audit、Checklog 七个算法组成。

(1) Setup(k)→(Para，s)：基于输入的安全参数 k，该初始化算法建立系统的公共参数 Para 和主密钥 s。

(2) Keyextr(Para，s，ID)→($sP_{U,0}$，$sP_{U,1}$)：该算法根据输入的公共参数 Para、主密钥 s 和用户的身份 ID，为用户生成一个私钥($sP_{U,0}$，$sP_{U,1}$)和一个公共状态参数 ω。

(3) Store(Para，F，($sP_{U,0}$，$sP_{U,1}$))→ϕ：该算法根据输入的公共参数 Para、文件 F 和用户的私钥($sP_{U,0}$，$sP_{U,1}$)生成一组与用户文件 F 中的数据块相对应的身份验证标签集。

(4) Challen(Para，t)→D：该算法根据输入的公共参数 Para 和用户指定的时间 t，为 TPA 生成询问消息 D。

(5) Proofgen(Para，D)→C：该算法根据输入的公共参数 Para 和询问消息 D，为 CS 生成证明信息 C。

(6) Audit(Para，C)→0/1：该算法根据输入的公共参数 Para 和证明信息 C，为 TPA 输出 0 或 1 的审计结果，其中 0 表示拒绝，1 表示接受。

(7) Checklog(Para，Lf)→0/1：该算法从输入的公共参数 Para 和 TPA 的日志文件 Lf 中为用户输出检查结果 0 或 1，其中 0 表示拒绝，1 表示接受。

2. 安全模型

在威胁模型中，考虑三种类型的攻击：伪造、替换和重放攻击。

假设 PKG 是完全可信赖的，不会发动任何攻击；CS 是不受信任的，因为它可能会隐瞒数据丢失以保持良好的信誉，或者可能会删除用户从未访问过的数据以节省存储空间；TPA 是半可信的，并且可能会偏离协议以减少审计开销和/或与 CS 串通。例如，恶意 TPA 可能会与 CS 共享密钥，以便两者都可以生成正确的 POR，而不必完全存储外包的数据。假设用户不会攻击 IBPA 方案。

(1) 替换攻击：敌手尝试通过将未挑战且未损坏的块和签名替换为有挑战性的块和签名来通过数据完整性审计。

(2) 伪造攻击：敌手伪造证明信息以欺骗 TPA 或用户，或者伪造审计结果以欺骗用户。

(3) 重放攻击：敌手重放以前的证明信息，以试图通过 TPA 的审计。

假设 CS 可能会发起上述所有攻击，而 TPA 可能会发起伪造攻击。此外，假设外部敌手可能发起伪造和重放攻击。为了确保在上述描述的威胁模型下对 CS 上的外包数据进行有效的完整性审计，IBPA 还应实现以下安全性目标。

(1) 公共可审计性：任何人(不仅是 TPA)都可以审计存储在云中的用户数据的完整性。也就是说，任何人都可以轻松生成公正的询问消息并以低资源消耗执行数据审计。

(2) 存储正确性：仅当 CS 正确存储用户数据时，CS 才能够通过 TPA 的数据审计。

(3) 抵抗恶意 TPA：只有在根据用户要求选择了挑战信息并且用户数据正确且完整地存储在 CS 中时，用户才能查看 TPA 的验证结果。

(4) 隐私保护：在审计过程中，TPA 不需要也无法检索用户已存储在云中的任何数据块，且TPA无法从收到的审计材料中获得有关用户数据的任何真实信息。

此外，该系统还应以较低的通信开销和较低的计算成本进行，使得IBPA可以应用于各种资源受限的终端。

3. 具体方案

IBPA方案的两个阶段(初始化阶段和审计阶段)涉及密钥生成中心PKG、用户U、云服务器CS和审计方TPA。

1) 初始化阶段

该阶段如图9.6所示。

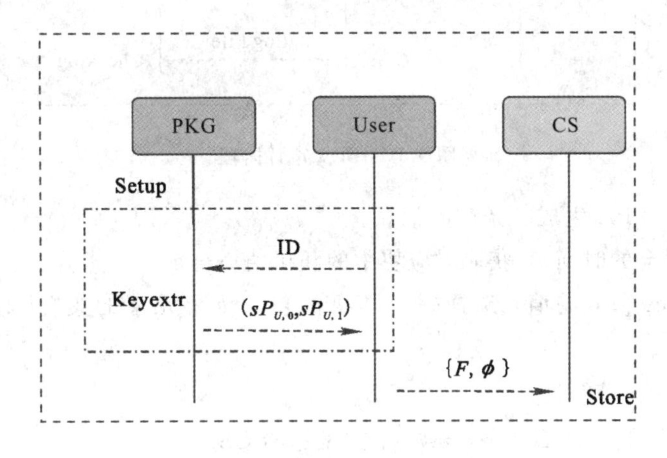

图9.6 *IBPA*初始化阶段

将文件F预处理成n个块，$F=m_1 \| m_2 \| \cdots \| m_n$，其中$m_j \in Z_p$，$j \in [1, n]$，$p$是一个大素数。

(1) Setup。PKG生成系统参数和主密钥。

① 使用安全参数k，PKG选择阶数同为p的两个群G_1、G_2，定义一个双线性映射$e: G_1 \times G_1 \to G_2$。

② 设P为群G_1的生成元。随机选择$s \in Z_p$，计算公钥$Q=sP$。

③ 定义哈希函数H_1，H_2：$\{0, 1\}^* \to G_1$，h：$G_1 \to Z_p$，h：$\{0, 1\}^* \to Z_p$。

系统参数为Para$=\{G_1, G_2, e, H_1, H_2, h, H\}$。PKG的主密钥是$s$。

(2) Keyextr。用户U注册PKG获取私钥。

① U向PKG提交他的身份标识ID。

② PKG计算$P_{U,0}=H_1(\text{ID}, 0)$，$P_{U,1}=H_1(\text{ID}, 1)$。

③ U接收私钥$(sP_{U,0}, sP_{U,1})$和一个常用的状态参数ω。

(3) Store。U标识块m_j，并将初始化的数据和认证标签存储在云端。

① 选择随机$r \in Z_p$和随机元素名进行命名，计算认证标签：

$$(S_j, T_j)=(rH_2(\omega \| j)+H(\text{name} \| j)sP_{U,0}+m_j sP_{U,1}, rP)$$

② 身份验证标签集表示为$\phi=\{(S_j, T_j)\}_{j\in[1, n]}$。

发送$\{F, \phi\}$到CS并从本地存储中删除这些数据。

2）审计阶段

该阶段如图 9.7 所示。

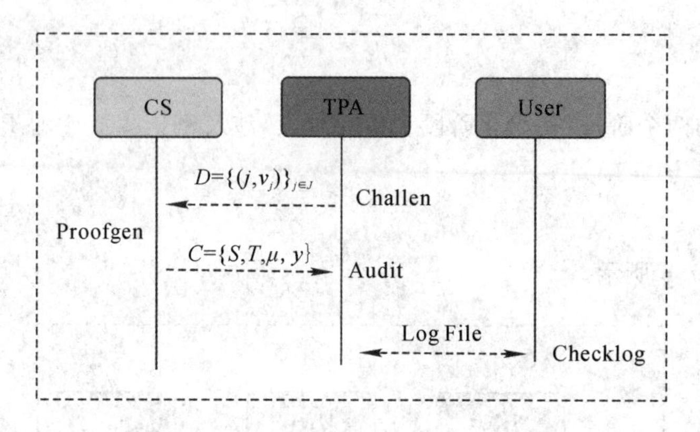

图 9.7　IBPA 审计阶段

(1) Challen。TPA 生成一条询问消息。

① 根据 U 指定的时间 t，获取对应块中的随机值 Nonce。

② 基于 Nonce 和 k 的值，选择一个随机的包含 l 个元素的集合[1，n]的子集 $J=\{a_1, a_2, \cdots, a_l\}$。

③ 对每个 $j \in J$，随机选择一个 $v_j \in Z_p$。

④ 生成一个挑战消息 $D=\{j, v_j\}_{j\in J}$ 并发送给 CS。

(2) Proofgen。CS 生成证明信息。

① 接收 $D=\{j, v_j\}_{j\in J}$ 并选择一个随机数 $x \in Z_p$。

② 计算：

$$\mu = x^{-1}\Big(\sum_{j=a_1}^{a_l} m_j v_j + h(y)\Big) \in Z_p$$

$$y = xP_{U,1}G_1$$

$$(S, T) = \Big(\sum_{j=a_1}^{a_l} v_j S_j,\ \sum_{j=a_1}^{a_l} v_j T_j\Big)$$

③ 发送证明信息 $C=\{S, T, \mu, y\}$ 到 TPA。

(3) Audit。TPA 审计挑战块的完整性。

验证下式是否相等：

$$e(S, P) = e\Big(\sum_{j=a_1}^{a_l} H_2(\omega \parallel j)v_j, rP\Big) \cdot e\Big(\sum_{j=a_1}^{a_l} H(\text{name} \parallel j)v_j P_{U,0} + \mu y - h(y)P_{U,1}Q\Big)$$

如果方程成立，则输出 1 表示接受；否则，输出 0 表示拒绝。

• 创建一项(t, Nonce, D, (S, t, μ, y), 0/1)，并按照时间顺序将所有这些项(一次审计)存储在一个日志文件中。

• 计算哈希值(以第一个审计任务为例)：

$$A_1 = H(t_1, \text{Nonce}_1, D_1, (S_1, t_1, \mu_1, y_1), 1/0)$$

• 生成如图 9.8 所示的交易 T_{X_1}，其中数据是 A_1 的集合，并将其上传到区块链。

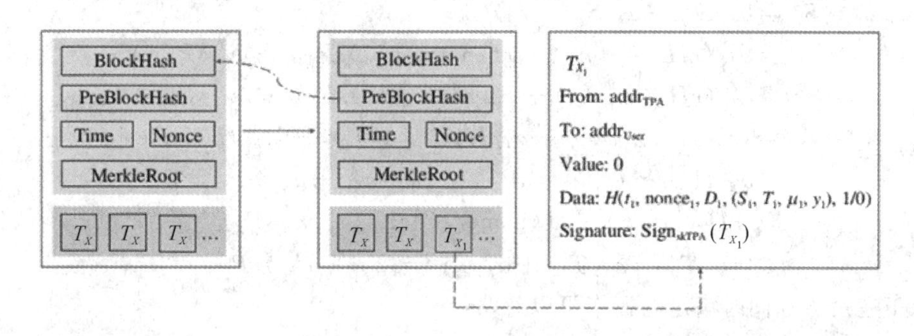

图 9.8　IBPA 生成交易

(4) Checklog。U 检查公共区块链上记录的日志文件的有效性。

① 检查 D_1，D_2，…是否是根据指定时间 t 对应区块的 Nonce 做出的选择。

② 选择挑战消息的一个随机子集 B，生成一个集合 $B=\{b_1, b_2, \cdots, b_{l'}\}$。

③ 检查日志文件中的 $\{S^{(B)}, T, \mu\ y\}$，其中 $S^{(B)}=\sum_{j=b_1}^{b_{l'}} v_j S_j$。

④ 验证下式是否相等：

$$e(S^{(B)}, P)=e\left(\sum_{j=b_1}^{b_{l'}} H_2(\omega \| j) v_j, rP\right) \cdot e\left(\sum_{j=b_1}^{b_{l'}} H(\text{name} \| j) v_j P_{U,0}+\mu y-h(y) P_{U,1}, Q\right)$$

如果验证失败，U 认为云存储的数据已被破坏，TPA 或 CS 是恶意的。当这种情况发生时，U 输出验证结果 0 表示拒绝，否则，输出 1 表示接受。

为了抵抗恶意的 TPA，一个简单的解决方案是要求 TPA 在执行每个审计任务之后将日志文件发送给 U。在这种情况下，U 必须保持在线以接收日志文件，因此会带来繁重的通信开销。为了让 U 避免通信资源的浪费，TPA 可能会利用一个存储转发系统(例如基于云的电子邮件系统)来发送日志文件，这使得 U 能够在互联网可用时访问日志文件。然而，这实际上引入了一个可信任的实体来抵抗恶意的 TPA，因为提供基于云的电子邮件服务的服务提供商必须是诚实和可靠的。因此，需要 TPA 将日志文件上传到区块链，而不是直接通过审计算法将日志上传到 U。

4. 安全性证明

定理 9.4.1　IBPA 可以抵抗来自 CS 的替换攻击。

证明　假设文件 F 的 m_k 块已经被删除，但是 m_{k_1}、m_{k_2} 块和 $\delta_{k_1}=(S_{k_1}, T_{k_1})$，$\delta_{k_2}=(S_{k_2}, T_{k_2})$保持良好，其中 $k, k_1, k_2 \in [1, n]$。在审计过程中，TPA 和用户都诚实地执行方案。也就是说，用户在 Store 阶段计算 $S_j=rH_2(\omega \| j)+H(\text{name} \| j) sP_{U,0}+m_j sP_{U,1}$，$T_j=rP$。CS 将证明信息 $C=\{S, T, \mu, y\}$发送到证明阶段的 TPA。因为

$$(S_{k_1}, T_{k_1})=(rH_2(\omega \| k_1)+H(\text{name} \| k_1) sP_{U,0}+m_{k_1} sP_{U,1}, rP),$$
$$(S_{k_2}, T_{k_2})=(rH_2(\omega \| k_2)+H(\text{name} \| k_2) sP_{U,0}+m_{k_2} sP_{U,1}, rP)。$$

所以

$$\begin{aligned}S_k^* &= a_{k_1}S_{k_1} + a_{k_2}S_{k_2}\\&= a_{k_1}(rH_2(\omega \| k_1) + H(\text{name} \| k_1)sP_{U,0} + m_{k_1}sP_{U,1}) +\\&\quad a_{k_2}(rH_2(\omega \| k_2) + H(\text{name} \| k_2)sP_{U,0} + m_{k_2}sP_{U,1})\\&= (a_{k_1}H_2(\omega \| k_1) + a_{k_2}H_2(\omega \| k_2))r + (a_{k_1}H(\text{name} \| k_1) +\\&\quad a_{k_2}H(\text{name} \| k_2))sP_{U,0} + (a_{k_1}m_{k_1} + a_{k_2}m_{k_2})sP_{U,1}\\&\neq rH_2(\omega \| k) + H(\text{name} \| k)sP_{U,0} + m_k^* sP_{U,1}\end{aligned}$$

$$T_k^* = a_{k_1}T_{k_1} + a_{k_2}T_{k_2} = (a_{k_1} + a_{k_2})rP$$

以下三个方程同时满足的概率可以忽略：

$$a_{k_1}m_{k_1} + a_{k_2}m_{k_2} = m_k^*$$

$$H(k_1)a_{k_1} + H(k_2)a_{k_2} = H(k)$$

$$H(\omega \| k_1)a_{k_1} + H(\omega \| k_2)a_{k_2} = H(\omega \| k)$$

即 $\delta_k^* = \{S_k^*, T_k^*\}$不能通过 TPA 的审计。因此，该方案能够抵抗替换攻击。

定理 9.4.2 IBPA 可以抵抗来自 CS 或 TPA 的伪造攻击。

证明 假设存在一个敌手，对 $k\in[1, n]$，将数据块 m_k 修改为 $m_k^* = mk + l_k$。在审计过程中，TPA 和 CS 都诚实地执行方案，即在存储阶段，TPA 向 CS 发送挑战消息 $D = \{j, v_j\}_{j\in J}$。在验证阶段，CS 计算如下：

$$\mu^* = \sum_{k=1}^{n}(m_k + l_k)\cdot v_k$$

$$\begin{aligned}\hat{\mu} &= x^{-1}\cdot(\mu^* + h(y))\\&= x^{-1}\cdot\Big(\sum_{k=1}^{n}m_k v_k + \sum_{k=1}^{n}l_k v_k + h(y)\Big)\\&= x^{-1}\cdot\sum_{k=1}^{n}m_k v_k + x^{-1}\cdot\sum_{k=1}^{n}l_k v_k + x^{-1}\cdot h(y)\\&= \mu + x^{-1}\cdot\sum_{k=1}^{n}l_k v_k\end{aligned}$$

然后 CS 将证明信息 $C = \{S, T, \hat{\mu}, y\}$发送给 TPA。敌手在通信信道上拦截 C。然而，为了将原始的证明信息修改为有效的证明信息，敌手必须将 $\hat{\mu}$ 修改为 μ。也就是说，他必须计算出 $\hat{\mu} - x^{-1}\cdot\sum_{k=1}^{n}l_k v_k$。注意：$x$ 是由 CS 随机选择的，v_k 是由 TPA 随机选择的。通常情况下，x 和 v_k 不能同时被同一敌手所知道，因此，敌手无法通过核查。

因此，该方案可以抵抗伪造攻击。

定理 9.4.3 IBPA 可以抵抗来自 CS 的重放攻击。

证明 如果 CS 已经删除或丢失了 m_k，它可能会尝试执行重放攻击，通过使用另一个块 m_i 及其数据身份验证标记(S_i, T_i)来通过审计。然后，CS 计算证明信息(S^*, T^*)如下：

$$S^* = v_j S_i + \sum_{j\in J,\, j\neq k} v_j S_j$$

$$T^* = v_j T_i + \sum_{j\in J,\, j\neq k} v_j T_j$$

验证过程如下：

$$e(S^*, P)=e\left(v_jS_i+\sum_{j\in J, j\neq k}v_jS_j, P\right)$$
$$=e(v_j(rH_2(\omega\parallel i)+H(\text{name}\parallel i)sP_{U,0}+m_jsP_{U,1}),P)\cdot$$
$$e\left(\sum_{j\in J, j\neq k}v_j(rH_2(\omega\parallel j)+H(\text{name}\parallel j)sP_{U,0}+m_jsP_{U,1}),P\right)$$
$$=e\left(\sum_{j=a_1}^{a_l}H(\text{name}\parallel j)v_jP_{U,0}+(H(\text{name}\parallel i)-H(\text{name}\parallel k))v_jP_{U,0}+\right.$$
$$\left.\left(\sum_{j=a_1}^{a_l}m_jv_j+m_iv_j-m_kv_j\right)P_{U,1}, sP\right)\cdot$$
$$e\left(\sum_{j=a_1}^{a_l}H_2(\omega\parallel j)v_j+H_2(\omega\parallel i)v_j-H_2(\omega\parallel k)v_j, rP\right)$$

如果证明信息(S^*，T^*)能够通过 TPA 的审计，那么

$$H_2(\omega\parallel i)v_j-H_2(\omega\parallel k)v_j=0$$
$$H(\text{name}\parallel i)-H(\text{name}\parallel k)=0$$
$$m_iv_j-m_kv_j=0$$

也必须同时保持。因为哈希函数 $H_2(\cdot)$和 $H(\cdot)$不会发生碰撞，所以有

$$H_2(\omega\parallel i)v_j-H_2(\omega\parallel k)v_j\neq 0$$
$$H(\text{name}\parallel i)-H(\text{name}\parallel k)\neq 0$$

换言之，证明信息(S^*，T^*)表明 CS 生成的数据不能通过数据完整性审计。因此，该方案可以抵抗重放攻击。

定理 9.4.4　如果敌手能够伪造有效的证据信息来通过审计，那么他就可以解决 CDH 困难问题。

证明　外包数据的存储证明意味着验证游戏中的任何敌手都不能以不可忽略的概率伪造正确的计算，并使审计方接受该伪造结果。

假设敌手经过一定训练，可以伪造有效的计算值。挑战者拥有大量经过验证的值列表，用于响应询问。挑战者和敌手可以在核查过程中观察到所有情况。如果除了值$(S', T')=(S, T)$以外，敌手在某种情况下使验证算法的输出结果是接受，则挑战者失败并终止游戏。

已知$(S, T)=\left(\sum_{j=a_1}^{a_l}v_jS_j, \sum_{j=a_1}^{a_l}v_jT_j\right)$，$D$ 是 TPA 的询问消息，S_j 和 T_j 是文件块中的身份验证标记值。

在接收到挑战消息 D 后，如果服务器以 $C=\{S, T, \mu, y\}$响应，则敌手通过验证等式以 $C'=\{S', T', \mu', y\}$响应，因为 C'会导致挑战者中止游戏，$(S', T')\neq(S, T)$。根据方案的正确性，应答需要满足以下审计方程：

$$e(S^*, P)=e(T', H_2(w\parallel j))\cdot e\left(\sum_{j=a_1}^{a_l}H(\text{name}\parallel j)v_jP_{i,0}+\mu'y-h(y)P_{i,1}Q\right)$$

$$(S, P)=e(T, H_2(w\parallel j))\cdot e\left(\sum_{j=a_1}^{a_l}H(\text{name}\parallel j)v_jP_{i,0}+\mu y-h(y)P_{i,1}Q\right)$$

显然，$\mu'\neq\mu$，进而验证是否$(S',T')=(S, T)$，但这与上述假设相反。因此，定义 $\Delta\mu=\mu'-\mu$。接下来展示敌手如何构建一个模拟器来解决 CDH 问题，即根据 P、sP、P'计算出 sP'。

在初始化算法中，$Q=sP$ 作为 PKG 的公钥计算，而其私钥 s 未知。模拟器操作随机谕

言机 H、H_1 和 H_2，并存储查询列表以进行适当的应答。然后，它应答敌手的 $H(j)$询问，如下所示。

模拟器随机选择 b，d，$\beta \in Z_q$。对于$\{\mathrm{ID}_i, m_j\}$，计算 $H(\mathrm{name} \| j) = -d^{-1}bm_j$ 和 $H_2(\omega \| j) = \beta P$。

对于随机数 a，c，$r_j \in Z_q$，模拟器计算：

$$P_{i,1} = H_1(\mathrm{ID}_i, 1) = aP + bP'$$
$$P_{i,0} = H_1(\mathrm{ID}_i, 0) = cP + dP'$$

进而计算(S_j, T_j)：

$$\begin{aligned} & r_i H_2(\omega \| j) + H(\mathrm{name} \| j) s P_{i,0} + m_j s P_{i,1} \\ & = r_i \beta P + (-d^{-1} b m_j) \cdots (cP + dP') + m_j s (aP + bP') \\ & = r_i \beta P + (a - d^{-1} bc) m_j Q \end{aligned}$$

因为 $T_j = r_i P$，所以模拟器能够计算数据块的身份验证标签：

$$(S_j, T_j) = (r_i \beta P + (a - d^{-1} bc) m_j Q, r_i P)$$

模拟器敌手之间的交互一直持续到如下情况出现：在协议的验证过程中，敌手成功获得了一个与预期的验证标签(S, T)不同的验证标签(S', T')。与协议实例相关联的参数是由模拟器生成的，并将用作签名算法的一部分。由于 $H_2(\omega \| j) = \beta P$，$Q = sP$，因此有

$$e(S, P) = e(T, H_2(\omega \| j)) e(\sum_{j=a_1}^{a_l} H(\mathrm{name} \| j) v_j P_{i,0} + \mu y - h(y) P_{i,1}, Q)$$

$$= e(\beta T + s(\sum_{j=a_1}^{a_l} H(\mathrm{name} \| j) v_j P_{i,0} + \mu y - h(y) P_{i,1}, P)$$

计算 $e(S' - S, P) = e(\beta(T' - T) + s \Delta \mu P_{i,1}, P)$。当用 $P_{i,1} = aP + bP'$重新替换数据项时，有 $S' - S + \beta(T - T')) - \Delta \mu a x Q = \Delta \mu b s x P'$，即存在一个对 CDH 困难问题的解决方案：

$$sP' = \frac{1}{\Delta \mu b x}(S' - S + \beta(T - T')) - \Delta \mu a x Q$$

可以看出，$\Delta \mu \neq 0$。随机数 b 是对敌手隐藏的信息。分母为 0 的概率可以忽略为 $1/q$。因此，构造一个模拟器并使敌手可以使用它来成功解决 CDH 困难问题的概率为 $1 - 1/q$。

9.4.2 基于区块链的云数据完整性保护

本节我们将继续分析一个基于虚拟机代理模型和区块链技术的数据完整性保护机制。该机制由虚拟机代理模型构建，借助默克尔哈希树生成与文件相对应的唯一哈希值，并通过区块链上的智能合约来监视数据变化，且保证了数据是实时拥有的。

1. 系统模型

Wei 等人通过在云上部署分布式虚拟机代理，利用云上的多用户环境形成区块链网络。他们提出了一种基于区块链的云数据完整性审计方案 BPDP。该方案由五个算法组成：

(1) $\mathrm{KeyGen}(1^k) \to (\mathrm{pk}, \mathrm{sk})$：系统初始化，根据安全参数生成公私钥对。

(2) $\mathrm{TagBlock}(\mathrm{pk}, \mathrm{sk}, m) \to T_m$：生成数字标签。

(3) $\mathrm{GenChal}(c, r) \to \mathrm{chal}$：生成挑战信息。

(4) $\mathrm{GenProof}(\mathrm{pk}, F, \mathrm{chal}, \Sigma) \to V$：生成证据。

(5) $\mathrm{CheckProof}(\mathrm{sk}, V) \to \mathrm{result}$：审计证据并给出验证结果。

2. 验证过程的正确性

1）单用户验证过程的正确性

在证据验证阶段，用户收到存储服务提交的证据后，用自己的公钥和系统参数计算验证方程，得出数据完整性是否受损的结论。在数据完整(即没有改变参数)的情况下，分别计算验证方程的左右两边。

等式左边：

$$\begin{aligned} e(\sigma,g) &= e(\prod_{i=1}^{r_c}\sigma_i^{\omega_i},g)=e(\prod_{i=1}^{r_c}(h(f_i)\cdot u^{f_i})^{k\cdot\omega_i},g) \\ &= e(\prod_{i=1}^{r_c}(h(f_i)\cdot u^{f_i})^{\omega_i},g)=e(\prod_{i=1}^{r_c}h(f_i)^{\omega_i}\cdot\prod_{i=1}^{r_c}(u^{f_i\omega_i},g)) \\ &= e(\prod_{i=1}^{r_c}h(f_i)^{\omega_i}\cdot u^{\prod_{i=1}^{r_c}f_i\omega_i},v) \end{aligned}$$

等式右边：

$$e(\prod_{i=1}^{r_c}(h(f_i)^{\omega_i}\cdot u^{\mu}),v)=e(\prod_{i=1}^{r_c}h(f_i)^{\omega_i}\cdot u^{\prod_{i=1}^{r_c}f_i\omega_i},v)$$

可以看出，方程的左右两边相等。由于参数 u 和 v 都是公开的，只有改变函数 proof=$\{\mu,\sigma,(h(f_i))_{1\leqslant i\leqslant r_c}\}$中的参数，方程两端才会失衡，云服务器端的数据才可能会发生变化，因此，通过检查方程是否相等就可以确定数据是否完整。

2）多用户数据完整性审计的扩展

云服务器可以同时为多个不同的用户处理多个数据审计。具体改进步骤如下：

(1) 初始化阶段。

在初始化阶段，用户随机生成公私钥对。对于每个用户 $n\in(1,\cdots,N)$，其在 CA 系统中申请一个证书并获得一对签名的公钥和私钥(ssk，spk)，然后选择一个随机数 $x_n\leftarrow Z_p$，并计算 $v_n=g^{x_n}$，用户将使用 v_n 作为公钥，且有时 $v_n\in Z_p$。

(2) 数据标签阶段。

假设每个用户将外包文件分成 k 个片段，得到 $F_n=f_{n,1}\parallel f_{n,2}\parallel\cdots\parallel f_{n,k}$。用户选择 $u_n\leftarrow G$，并计算签名 $\sigma_{n,j}\leftarrow[h(f_{n,j})\cdot u_n^{f_{n,j}}]^{x_n}$。

(3) 挑战阶段。

用户从集合$\{1,2,\cdots,k\}$中随机选择一个子集 $R=\{i_1,i_2,\cdots,i_c\}$，该子集包含 c 个元素，假设 R 中的元素已经按从小到大的顺序排列。向服务器发送一个挑战 chal=$\{(i,v_i)\}_{i_1\leqslant i\leqslant i_c}$。

(4) 证据生成阶段。

服务器接收上述挑战，对于每个用户 $n\in(1,\cdots,N)$，服务器计算：

$$\tau=\sum_{\{(i,v_i)\}i_1\leqslant i\leqslant i_c}v_i\cdot f_{n,j}\in Z_p$$

$$\sigma=\prod_{n-1}^{N}(\prod_{\{(i,v_i)\}i_1\leqslant i\leqslant i_c}\sigma_{n,j}^{v_i})=\prod_{n-1}^{N}(\prod_{\{(i,v_i)\}i_1\leqslant i\leqslant i_c}[h(f_{n,j})\cdot u_k^{f_{n,j}}]^{x_nv_i})$$

然后服务器回复验证者，如$\{\sigma,\{\tau\}_{1\leqslant n\leqslant N},\{h(f_{n,j})\}\}$。

(5) 证据核查阶段。

在收到证据后，每个用户使用自己的公钥来验证下式是否成立：

$$e(\sigma, g)=\prod_{n-1}^{N} e\left(\prod_{\{(i, v_i)\} i_1 \leqslant i \leqslant i_c}\left[h(m_{n,j})^{v_i} \cdot u_n^{\tau_m}, v_n\right]\right)$$

如果满足该等式，则数据完整性不会被破坏。

多用户环境中数据完整性审计的正确性与单用户环境中的正确性类似。

3. 函数实现

该方案通过随机填充字母或数字生成了一个固定大小的文件。用户设置合适的数据段数量、数据段大小和数据块大小来预处理数据文件。首先将数据文件划分为数据块，然后将数据块划分为数据段，如图 9.9 所示。

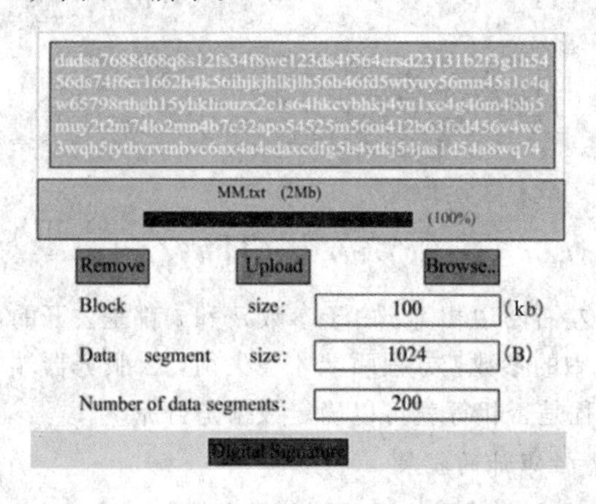

图 9.9　预处理函数

如果存储节点中存储的数据被破坏，数据的数字标签也被篡改，只需要重新计算默克尔哈希树(MHT)的根哈希值，并比较区块链网络中的信息。如果 MHT 的根哈希值与原 MHT 的根哈希值不一致，则说明数据标签损坏。图 9.10 所示为仿真数据标签销毁验证结果。

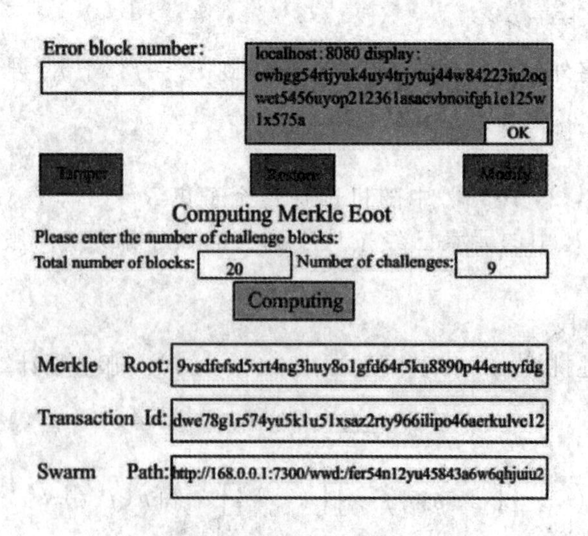

图 9.10　仿真数据标签销毁验证结果

9.5　基于区块链的可搜索加密典型方案

9.5.1　基于区块链的可搜索对称加密

自从可搜索加密被提出以来，许多研究都致力于设计有效和高效的机制，使搜索能够在加密数据上进行。在大多数现有的工作中，远程服务器被建模为一个诚实但好奇的实体，它从不试图偏离规定的协议。然而，在现实中，恶意的服务器可能只返回部分搜索文件，甚至返回与搜索结果不匹配的文件。更严重的是，任何安全漏洞和内部敌手都可能非法获得对数据进行修改计算的权限。例如，当主机被恶意软件(如电子邮件附件、受感染的 P2P 媒体等)感染，敌手获得一个高访问权限时，就会发生这种情况。为了解决这些问题，迫切需要针对恶意服务器的安全设计来促进加密数据搜索的广泛应用。

最近，一些研究已经在设计可验证的隐私保护搜索方案，其中数据所有者可以验证搜索结果的完整性。尽管如此，这些验证技术高度依赖于特定的搜索方案，并且目前只支持简单的查询方式，如单个关键词搜索。如何为现有的支持语义和复杂数据结构的查询(如相似度搜索、图结构数据等多种搜索方案)增加可验证性，目前尚未研究清楚。更重要的是，现有的可验证搜索方案都是针对作弊行为的检测，缺乏有效的反制措施，如对作弊者的惩罚。这一现状极大地阻碍了可搜索加密的推广应用。以通用的按用量支付模型为例，在最坏的情况下，数据所有者可能会在损失金钱的同时得到一个错误的结果，而恶意云服务器则通过欺骗牟利。这显然需要在加密数据上实现更可靠的搜索方案。也就是说，不仅需要具有可验证性来检测恶意服务器的错误行为，还需要内置的公平机制来保护数据所有者的利益。

为了解决上述问题，我们首先注意到可能出现欺骗行为的主要原因是中心服务器太过强大，缺乏对其有效的监管。智能合约的出现给这一问题提供了一个可行的解决方案。智能合约是一种新兴的基于区块链的去中心化计算范式，在以太坊中智能合约的所有操作都是透明可靠的。因此，如果对传统的 SSE 加以改造，不再让中央服务器去执行搜索，而是将搜索查询外包给智能合约，则不仅能借助智能合约得到正确的、不可篡改的结果，而且不需要数据所有者的进一步验证。只要以太坊是安全的，就能彻底解决抵抗恶意敌手的问题。

在上述背景下，Hu 等人首次提出了一个基于区块链的去中心化隐私保护搜索方案，并且使用了目前广泛使用的以太坊智能合约。该工作提出了一个通用的框架，许多支持复杂查询(如相似度搜索)和结构化数据(如图数据)的搜索方案也可适配于该框架，并可被改造为去中心化的方案。为了进一步缩小理论可行性和实际的隐私保护搜索方案之间的差距，在现实世界中这种应用程序背后的关键激励机制是：数据拥有者希望将计算代价巨大的工作外包给工人(即处于云环境下的远程服务器)，作为回报，工人将获得一定数额的数字货币作为报酬。因此，创造性地使用智能合约创建了一个公平的互惠机制，在这个机制中，数据拥有者只要诚实地支付数字货币，就可以收到正确的搜索结果，而工人只要忠实地遵守合约，就可以得到报酬。

1. 系统模型

基于区块链的可搜索加密方案包括系统初始化、搜索和更新三个算法。

1）Setup(DB)

数据所有者输入数据库 DB，输出三元组(EDB，K，δ)。其中，EDB 是加密数据库，K 是密钥，δ 是数据所有者的状态。

2）Search(K，δ，w；EDB)

数据所有者输入密钥 K、自身的状态 δ 以及一个搜索关键词 $w\in\{0,1\}^*$，然后向智能合约输入加密过的数据库 EDB。接着智能合约输出一组标识符，而数据所有者没有输出。

3）Update(K，δ，op，id，W_{id}；EDB)

数据所有者输入密钥 K、状态 δ、操作符 op∈{add，del}、文件标识符 id 以及一组不同的关键词集合 W_{id}，并向智能合约输入 EDB。其中，输入的操作符表示通过标识符 id 对文件执行添加或删除操作。

该方案没有给出对数据文件的具体加密操作，因为数据所有者可以很容易地通过传统的对称加密方案来加密数据，然后将加密数据外包给任何去中心化的文件存储网络。其系统模型如图 9.11 所示。

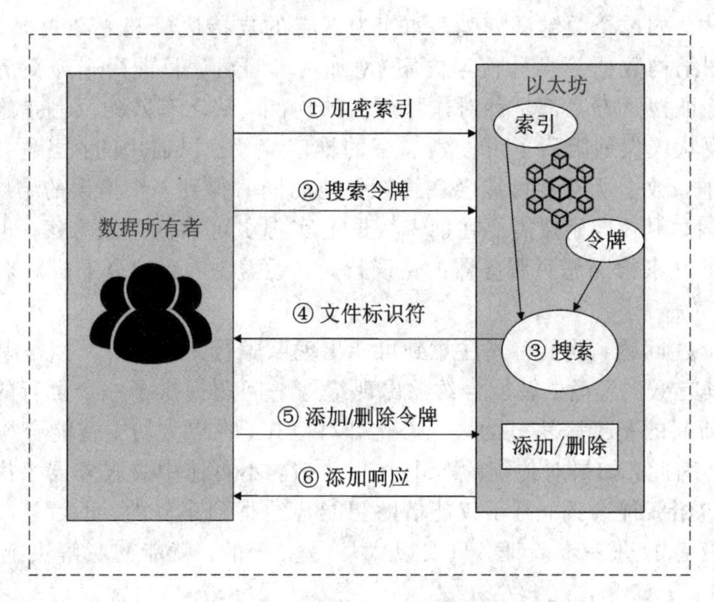

图 9.11　系统模型

一个数据库 DB 就是一组标识符-关键词对，其中 $\mathrm{id}_i\in\{0,1\}^l$，$W_i\subseteq\{0,1\}^*$。数据库 DB 的关键词集合为 $W=\bigcup_{i=1}^{d}W_i$。给定关键词 $w\in W$ 的文档集合为 $\mathrm{DB}(w)=\{\mathrm{id}_i \mid w\in W_i\}$。将 $m=|W|$ 和 $N=\sum_{w\in W}|\mathrm{DB}(w)|$ 分别设为不同关键词的数目和数据库中所有关键词-文档对的数目。

2. 安全性定义

1）公平性

隐私保护搜索过程中的公平性是该方案的研究重点。具体而言，公平性包含以下内涵：

(1) 只要数据所有者为矿工的搜索工作付费，那么他就能得到正确的搜索结果；只要矿工诚实地遵守协议，那么他就能获得报酬。

(2) 在多用户环境中，除上述要求外，其他用户只要为矿工的搜索工作以及对数据所有者的数据访问行为付费，那么用户就可以得到正确的搜索结果。数据所有者只要向用户提供搜索令牌就可以获得报酬。

总之，公平性保证了每一方都有动力去做正确的计算。如果一方违反协议，那么他什么也得不到。

2) 可靠性

该属性表示如果服务器试图违反协议，它将被检测到。可验证的可搜索加密研究通常是让数据所有者进行一系列验证来间接实现可靠性。该方案重新定义了这一概念，即默认接收到的搜索结果是可信且绝对正确的，因此数据所有者不需要对搜索结果进行验证。

3) 保密性

应该确保数据文件以及搜索关键词是保密的，使它们不被敌手获得。此外，该方案的另一个目标是提供另一个强大的安全属性，即前向安全。

3. 具体方案

该方案是一个去中心化的隐私保护搜索方案 Π，且该方案具有可靠性和保密性。此外，其设计原理也可以应用于其他具有丰富表达能力的搜索或具有复杂数据类型的可搜索加密方案。

为了简单起见，令 $F:\{0,1\}^{\lambda}\times\{0,1\}^{*}\rightarrow\{0,1\}^{\lambda}$，$G:\{0,1\}^{\lambda}\times\{0,1\}^{\lambda}\rightarrow\{0,1\}^{*}$ 是两个伪随机函数(注：对于不同的输入密钥，应该有不同的伪随机函数)。使用 $\|$ 来表示连接操作，“$\lfloor\cdot\rfloor$”是一个向下取整函数，“$|\cdot|$”表示列表中元素的数目。字典数据类型有添加(Add)和删除(Delete)两种算法。使用函数 Get 来获取字典中指定的数据项。例如，给定一个字典数据类型 γ 和一个输入标签 l，Get(γ, l)，将输出相应的条目 $d\|r$，并解析成 d 和 r。

在 Setup 阶段，数据所有者把数据库 DB(w)分为 $\alpha+1$ 个块，每个块有 p 个项。p 是由数据所有者所设置的系统参数。使用连接操作把多个文件标识符连接打包成一个。为了实现保密性，连接后的结果 $\widetilde{\mathrm{id}}$ 的比特长度应该小于安全参数 λ 的长度。因此，有 $p\leqslant\frac{\lambda}{l}$，其中 l 是文件标识符的比特长度。另外还应注意到，在上传数据库之前，列表 L 应该按字母顺序排列；否则，它将泄露与输入有关的处理顺序信息。为了避免超出 gasLimit，将加密的数据库划分为 n 个块，并使用 n 个不同的交易把它们逐个发送到合约。在智能合约中，它们迭代地接收这 n 个交易并使用字典数据类型将它们放在一起。类似地，搜索过程也将通过 R 次交易完成，每个交易最多返回 step 个项。其中，n、R、step 为公共系统参数，由实验确定最佳值。

在 Search 阶段，每次搜索时，数据所有者把包含搜索令牌的交易发送到指定的智能合约。注意，每个合约在以太坊中都有一个唯一的地址。智能合约利用令牌和预先存储的加密索引，执行 Search 算法并把搜索结果(即文件标识符)存储到智能合约的状态，该状态是公共的。

具体算法如下所示。

1) Setup(DB)

(1) 数据所有者初始化一个空的列表 L 以及一个空的字典 σ，并选取三个密钥 K，K^A，$K^D \leftarrow_{\$} \{0, 1\}^{\lambda}$。

(2) 对于每个关键词 $w \in W$：

① $K_1 \leftarrow F(K, 1 \| w)$，$K_2 \leftarrow F(K, 2 \| w)$。

② 令 $\alpha = \left\lfloor \frac{|\mathrm{DB}(w)|}{p} \right\rfloor$，$c \leftarrow 0$，其中 p 代表能够被打包的文件标识符的数量。

③ 把 DB(w)拆分为 $\alpha+1$ 块。如果需要，可将最后一块填充为 p 个数据项。

④ 对于 DB(w)中的每个块：

• $\widetilde{\mathrm{id}} \leftarrow \mathrm{id}_1 \| \mathrm{id}_2 \| \cdots \| \mathrm{id}_p$；$r \leftarrow_{\$} \{0, 1\}^{\lambda}$；$d \leftarrow \widetilde{\mathrm{id}} \oplus G_{K_2}(r)$；$l \leftarrow F(K_1, c)$；$c{+}{+}$。

• 把(l, d, r)按照字母顺序添加到列表 L 中。

(3) 令 EDB$=L$，把 EDB 拆分为 n 块 EDB_i，$1 \leqslant i \leqslant n$，然后把它们发送到智能合约。

(4) 智能合约初始化两个空的字典 γ、γ^A，以及一个空的列表 $\mathrm{ID}_{\mathrm{del}}$。

(5) 对于接收到的每一个 EDB_i，智能合约把其中的每一项都拆分成(l, d, r)，并把(l, d, r)添加到 γ 中。

2) Search(K, K^A, K^D, w)

(1) $K_1^D \leftarrow F(K^D, w)$，$K_1 \leftarrow F(K, 1 \| w)$；$K_2 \leftarrow F(K, 2 \| w)$；$K_1^A \leftarrow F(K^A, 1 \| w)$；$K_2^A \leftarrow F(K^A, 2 \| w)$。

(2) 数据所有者令 $c \leftarrow 0$，并选取 R 和 step。

(3) 对于 $i=0$ 到 R：把搜索令牌 ST$=(K_1, K_2, K_1^A, K_2^A, K_1^D, c)$发送到智能合约，并令 $c \leftarrow c+\mathrm{step}$。

(4) 智能合约先确认预计的燃料消耗费用低于余额，然后：

① 对于 $i=0$ 直到 Get 返回⊥或 $i \geqslant$ step：

• $l \leftarrow F(K_1, c)$；$d, r \leftarrow \mathrm{Get}(\gamma, l)$；$\widetilde{\mathrm{id}} \leftarrow d \oplus G_{K_2}(r)$；$c{+}{+}$，$i{+}{+}$。

• 把 $\widetilde{\mathrm{id}}$ 拆分为$(\mathrm{id}_1, \cdots, \mathrm{id}_p)$，确认 $\mathrm{id}_j \notin \mathrm{ID}_{\mathrm{del}}(1 \leqslant j \leqslant p)$并把 id_j 保存到状态。

② 确认 γ^A 没有被搜索过。

③ 对于 $c=0$ 直到 Get 返回⊥：

• $l \leftarrow F(K_1^A, c)$；$d, r \leftarrow \mathrm{Get}(\gamma^A, l)$；$\mathrm{id} \leftarrow d \oplus G_{K_2^A}(r)$；$c{+}{+}$。

• 确认 $\mathrm{id} \notin \mathrm{ID}_{\mathrm{del}}$ 并把 id 保存到智能合约状态。

3) Add(K, K^A, K^D, id, W_{id})

(1) 数据所有者初始化一个空的列表 L^A，然后：

① 对于每个关键词 $w \in W_{\mathrm{id}}$：

• $K_1 \leftarrow F(K, 1 \| w)$，$K_2 \leftarrow F(K, 2 \| w)$。

• $K_1^A \leftarrow F(K^A, 1 \| w)$，$K_2^A \leftarrow F(K^A, 2 \| w)$，$K_1^D \leftarrow F(K^D, w)$。

• $r \leftarrow_{\$} \{0, 1\}^{\lambda}$，$c \leftarrow \mathrm{Get}(\sigma, w)$，如果 $c=\perp$，则令 $c \leftarrow 0$；$l \leftarrow F(K_1^A, c)$；$d \leftarrow \mathrm{id} \oplus G_{K_2^A(r)}$；$\mathrm{id}_{\mathrm{del}} \leftarrow F(K_1^D, \mathrm{id})$。

• 把$(l, d, r, \mathrm{id}_{\mathrm{del}})$按照字母顺序添加到 L^A。

② 把 L^A 发送到智能合约。

(2) 智能合约初始化一个长度为 $|L^A|$ 的空列表 re，并把 L^A 中的每个元组拆分为 $(l, d, r, \mathrm{id}_{\mathrm{del}})$，令 $i \leftarrow 0$。

(3) 对于 L^A 中的每个元组，如果 $\mathrm{id}_{\mathrm{del}} \in \mathrm{ID}_{\mathrm{del}}$，则 $\mathrm{re}[i] \leftarrow 1$ 并从 $\mathrm{ID}_{\mathrm{del}}$ 中删除 $\mathrm{id}_{\mathrm{del}}$；否则 $\mathrm{re}[i] \leftarrow 0$ 并把 $(l, d \| r)$ 添加到 γ^A 中；$i++$。

(4) 数据所有者从智能合约中读取 re，然后：

对于 $i=0$ 到 $|\mathrm{re}|$，如果 $\mathrm{re}[i]=0$，则提取 W_{id} 中的第 i 个关键词 w；$c \leftarrow \mathrm{Get}(\sigma, w)$；$c++$；把 (w, c) 插入 σ。

4) $\mathrm{Delete}(K^D, \mathrm{id}, W_{\mathrm{id}})$

(1) 数据所有者初始化一个空的列表 L^D，然后：

对于每个关键词 $w \in W_{\mathrm{id}}$，$K_1^D \leftarrow F(F^D, w)$，$\mathrm{id}_{\mathrm{del}} \leftarrow F(K_1^d, \mathrm{id})$，把 $\mathrm{id}_{\mathrm{del}}$ 按照字母顺序添加到 L^D。

(2) 把 L^D 发送到智能合约。

(3) 对于 L^D 中的每个元素 $\mathrm{id}_{\mathrm{del}}$，智能合约将其添加到 $\mathrm{ID}_{\mathrm{del}}$。

4. 动态更新

方案 Π 支持动态更新。在 Add 算法中，不再使用标识符打包方式加密文件标识符。因为把多个标识符明文加密成一个密文会使智能合约难以识别哪个文件-关键词对先前已被删除，即它是否存在于集合 $\mathrm{ID}_{\mathrm{del}}$ 中。此外，在实际应用中，一般只需要对一个或几个文档进行增删操作，所以算法 Update 的燃料消耗比燃料限制低得多。因此单独处理文件标识符有利于进行更新操作。对于智能合约中的协议，里面的交易触发函数不返回任何结果，任何函数的执行只会改变它的状态。当然，这个状态会永久存储在以太坊上。该方案就是通过将搜索结果保存到状态，然后数据所有者去读取状态，从而间接地得到搜索结果。同时，公开的状态可以接受任何人的审计以确保搜索结果的可验证性。

5. 前向安全

前向安全是该方案一个重要的安全设计目标。它意味着敌手不知道新添加的文件是否包含以前搜索过的关键词。方案 Π 可以很容易地扩展并实现前向安全。其关键思想就是通过陷门加密，使得搜索令牌与更新令牌无法关联。

具体来说，当 $\mathrm{DB}(w)$ 中的第 c 个文件生成伪随机标签时，不再使用一个计数器 c 来表示增加，而是利用一个陷门置换 π，迭代计算 $\beta_c = \pi_{\mathrm{sk}}^{-1}(\beta_{c-1})$，然后设置标签 $l=F(K, \beta_c)$，其中 β_0 是一个随机选择的整数。智能合约只能在多项式时间内用公钥计算 $\beta_{c-1} = \pi_{\mathrm{pk}}(\beta_c)$，而不能计算 β_{c+1}，因为它没有私钥。鉴于新加入 $\mathrm{DB}(w)$ 的第 $c+1$ 个文件没有被搜索过，所以就不能从以前泄露的搜索令牌 β_c 推导出它是否包含以前搜索过的关键词。这个改进的方案和方案 Π 有相同的通信复杂度，并且数据所有者和智能合约只增加一点由排列所造成的计算代价。

6. 安全性分析

1) 可靠性

直观地看，只要以太坊的安全性得到保证，那么方案 Π 就具有可靠性。这是因为如果智能合约在以太坊上正确执行，那么搜索结果将通过合约的状态而得到永久、公开存储。以太坊中的每个矿工都可以对数据进行验证，并且它的共识属性确保每个搜索操作都能正确执行。

2) 保密性

为了证明保密性，采用真实-理想的模拟证明范式，并在该方案中首次给出了三种状态泄露函数$\mathcal{L}=(\mathcal{L}_1, \mathcal{L}_2, \mathcal{L}_3)$的正式定义。

(1) 泄露函数$\mathcal{L}_1$：给定一个初始化输入 DB，$\mathcal{L}_1(\text{DB})=\sum_{w\in W}\left\lceil\frac{|\text{DB}(w)|}{p}\right\rceil$。与此同时，它初始化一个计数器$i=0$、一个空的列表$Q$以及一个包含 DB 中所有标识符的集合 ID，并把它们都作为状态存储。

(2) 泄露函数$\mathcal{L}_2$：给定一个搜索输入w，有

$$\mathcal{L}_2(\text{in})=\{\text{sp}(w, Q), \text{DB}(w), \text{AP}(w, Q, \text{ID}), \text{DB}(w, Q, \text{ID})\}$$

其中，$\text{sp}(w, Q)$代表搜索模式，$\text{AP}(w, Q, \text{ID})$（与$\text{DP}(w, Q, \text{ID})$对应）代表基于$Q$和 ID 对关键词$w$的添加模式（或删除模式）。同时，泄露函数递增$i$，并把$(i, \text{search}, w)$添加到$Q$。

(3) 泄露函数$\mathcal{L}_3$：给定一个添加更新输入$(\text{id}, W_{\text{id}})$，有

$$\mathcal{L}_3=\{\text{add}, |W_{\text{id}}|, (\text{sp}(w, Q), \text{ap}(\text{id}, w, Q), \text{dp}(\text{id}, w, Q)): w\in W_{\text{id}}\}$$

其中，$\text{ap}(\text{id}, w, Q)$（与$\text{dp}(\text{id}, w, Q)$对应）代表基于$Q$对 id、$w$的添加模式（或删除模式）。同时，泄露函数递增$i$，并把$(i, \text{add}, \text{id}, W_{\text{id}})$添加到$Q$，把 id 添加到 ID。对于一个删除输入，唯一的不同是$\mathcal{L}_3(\text{in})$用 del 代替 add 作为第一个元素输出。

最后，如果任何搜索模式非空，则输出 id。

定理 9.5.1 如果G和F是伪随机的，那么方案Π在非适应性攻击模型中是$\mathcal{L}$-Secure 的。

证明 定义一个多项式时间的模拟器S，这样对于任意多项式时间的敌手$\mathcal{A}$，真实的$\text{Real}_{\mathcal{A}}^{\Pi}(\lambda)$的输出和模拟的$\text{Ideal}_{\mathcal{A},S}^{\Pi}(\lambda)$的输出是计算性不可区分的。给定一个泄露$\mathcal{L}$，模拟器$S$通过执行真实的协议来模拟敌手的视图。例如，为了模拟初始化阶段中的 EDB，S首先选择由搜索模式指定的任意搜索中的密钥$\widetilde{K}_1$，$\widetilde{K}_2$，$\widetilde{K}_1^A$，$\widetilde{K}_2^A$，$\widetilde{K}_1^D$。对于所有文件 ids 和每个关键词w（即$\text{id}\in\text{DB}(W)$），S按照真实的 Setup 算法计算l，d，r（把$\widetilde{K}_1$、$\widetilde{K}_2$作为K_1、K_2），把每对(l, d, r)添加到一个列表L，并把随机对添加到L（依旧是按照字母顺序添加），直到其中含有全部元素$\sum_{w\in W}\left\lceil\frac{\text{DB}(w)}{p}\right\rceil$，并最终创建一个字典$\widetilde{\gamma}$。类似地，$S$能够从泄露函数$\mathcal{L}$中模拟搜索、添加和删除询问。因为$F$和$G$是伪随机的，所以该定理成立。通过使用随机谕言机，方案Π能够被扩展为抵抗适应性攻击。

3) 公平性

接下来给出如何使用智能合约来构建一个基于方案Π的公平的隐私保护搜索方案。公平性的定义是安全多方计算中相关概念的一个变种，其灵感来自金融领域的公平性。该方案希望达到这样一个公平性目标，即从经济上激励每个参与方去进行正确的计算，如果不诚实的一方作弊，那么他最终将一无所获。

(1) 单用户环境。

在隐私保护的密文搜索方案背景下，关键的激励机制是让工人（即在云环境下的服务器）在完成委托的搜索任务后能够获得金钱报酬。鉴于此，所有现有的方案都可能遇到这样的情况：如果数据所有者先付钱，那么恶意的工人可能会违反协议，同时还赚到了钱。反过来，贪婪的数据所有者也可能会让工人进行搜索任务而不预先付费，工人完成任务后

可能得不到任何报酬。

方案 Π 在保证上述可靠性和保密性以外，也提供了公平性保障。这是因为无论数据所有者想要执行什么操作(如 Search、Update)，他都必须先向工人(以太坊中的矿工)支付一种名为以太币的密码货币，这个货币能够购买 gas。智能合约在每个矿机上自动执行，然后把正确的操作结果设置为公开状态，数据所有者通过读取状态获得搜索结果。

注意：大多数现有的可验证搜索方案不支持公平性。它们通常让数据所有者在工人进行搜索操作前就付款，然后验证搜索结果是否正确。在这种情况下，工人最终可能会在不遵守协议的情况下获得报酬。

(2) 多用户环境。

在多用户环境中，数据所有者允许第三方(即其他通过认证的合法用户)在数据库中进行搜索，但这样事情就更复杂了。因为用户之间是互不信任的，所以需要确保每一方都得到公平对待。具体来说，需要确保：

① 数据所有者在用户搜索数据库时能够得到报酬；

② 用户付费后，能够得到正确的搜索结果。

为此，修改后的公平的隐私保护搜索方案 Π_{fair} 如图 9.12 所示。鉴于智能合约上的每项任务都是公开的，利用现有的技术(如广播加密)来添加或移除用户，使他们具有搜索权限是不可行的，因为需要把私钥告诉矿工。因此，使数据所有者接收用户的搜索请求，并生成相应的搜索令牌，这样就和他自己搜索数据库一样了。

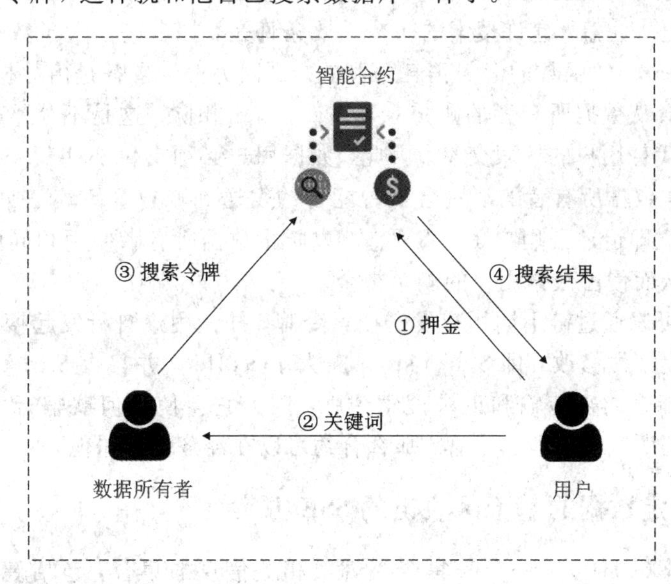

图 9.12　多用户环境下的方案

该方案中使用 $ 来表示密码货币(即以太币)。$\$B_{\text{owner}}$ 和 $\$B_{\text{user}}$ 分别是数据所有者和用户的唯一以太坊帐户余额。数据所有者为每次搜索设置价格 $ offer，用户为每次搜索支付 $ deposit。执行搜索操作 G_{srch} 的燃料消耗是一个系统常数，查找操作 GL_{srch} 的 gasLimit 和每单位 gas 价格 $ gasPrice 则由数据所有者指定。

Π_{fair} 中的 Search()部分与方案 Π 是完全相同的。为方便起见，该方案只将它用作一个子程序，并使用 st 表示接收到的搜索令牌，其他细节则省略。图 9.13 展示了 Π_{fair} 的智能合约设计。

FSetup()：
(1) 执行 Π 中的算法 Setup().
(2) 数据所有者为每次搜索指定价格 \$ offer.
(3) 用户从 \$ B_{user} 中支持押金 \$ deposit.
(4) 用户设置一个限制时间 T_1.
FSearch(st)：
(1) 确认交易的发送方是数据用户.
(2) 确认当前时间 $T<T_1$.
(3) 确认 \$ deposit $>$ $gl_{srch}\times$ \$ gasPrice $+$ \$ offer.
(4) 调用算法 Search(st).
(5) 令 \$ cost $\leftarrow$ \$ offer $+G_{srch}\times$ \$ gasPrice.
(6) 把 \$ cost 发送到 \$ B_{owner}.
(7) 令 \$ deposit $\leftarrow$ \$ deposit − \$ cost.
(8) 把 \$ deposit 发送到 \$ B_{user}.
(9) 确认当前时间 $T>T_1$.
(10) 把 \$ deposit 发送到 \$ B_{user}.

图 9.13　智能合约设计

为了保证公平性，该方案增加了时间限制 T_1，这个参数由用户指定。在 T_1 时间内，数据所有者把搜索令牌发送到合约中并赚取报酬。超过了 T_1，则用户的搜索请求过期，用户的押金将被退还。注意，允许搜索的一个重要条件是，押金应该大于数据所有者的报价 \$ offer 与执行 Search()函数的燃料消耗之和。这是因为搜索事务是由数据所有者发起的，并且燃料消耗也会从数据所有者的账户余额 \$ B_{owner} 中扣除。这是不公平的，因为数据所有者只是触发了代替用户的搜索交易。因此，数据用户必须支付那些额外的搜索费用。当搜索工作结束时，数据所有者的消费会被智能合约发送到账户 \$ B_{owner}。另外还应注意到，剩余的押金应该立即退还到用户账户 \$ B_{user}，以防止数据所有者使用相同的搜索令牌重复发送搜索交易，从而侵占数据用户的剩余押金。

数据所有者可以通过链下向用户发送搜索令牌，并让用户自行发起搜索交易。在这种情况下，合约需要稍做修改，即 \$ deposit 只需大于 \$ offer，并且令 \$ cost 只等于 \$ offer。但是建议通过智能合约来传输和记录搜索令牌，因为它会使任何欺骗行为暴露在区块链中，而且如果数据所有者不泄露令牌，那么合约可以在经济上惩罚他。

9.5.2　针对特定数据的基于区块链的 SSE 方案

电子健康档案(EHR)是一个收集个人健康相关信息的集合，包括健康状况(如疾病等)、药物、医疗图像和个人信息(如姓名、年龄、性别、体重和账单信息等)。这些数据通常是极其敏感的，需要防止未经授权的访问。因此，医疗系统面临的最大挑战之一是安全地共享医疗数据，即不泄露患者数据。

共享医疗数据的一种常见方法是：在将医疗数据上传到公共或社区云服务器之前，为 EHR 构建索引并对其进行加密。这种方法的缺点是：不同的数据提供者有自己的创建索引的方法，不同的索引结构妨碍了不同医疗组织和个人之间的数据共享。此外，云服务器可能不是完全可信的。大多数可验证的 SSE 方案只检测恶意行为，却没有建立惩罚不诚实服务器的机制。换言之，恶意服务器可能通过欺骗用户而获得经济利益。例如，服务器收到用户的付款，但没有完全执行搜索协议，因此用户可能无法获得预期的搜索结果。目前需要一种更可靠的具有内置公平机制的 SSE 方案。此外，现有方案也没有研究出一种适用于所有搜索方案的通用验证机制，并且缺少有效的对策来惩罚行为不端的服务器或用户。

在实际环境中，EHR 数据需要脱敏，以删除个人信息，如姓名、身份和其他信息。对于基于云的电子健康记录应用程序，存储数据通常是个人提供的，以保护隐私和安全性。然而，这可能会妨碍用户之间的数据共享。例如，如果医学研究人员希望观察乙肝患者的症状以确定或探索可能的治疗方法，则他需要从不同的云服务器中单独请求访问大量电子病历。实践中，这可能非常困难。

基于区块链的解决方案是一种可行的方法，它能够构建加密算法，以确保数据完整性、标准化审计和一些形式化的数据访问合约。因此，Chen 等人提出了一种基于区块链的可搜索加密电子病历共享方案。这个方案旨在协助不同医疗机构以安全的方式共享医疗记录。该方案不仅为患者带来了便利，还允许研究人员之间有效地共享医疗信息。数据使用者可确保收到准确/正确的查询结果，并知道在进行审计或其他调查时，任何恶意活动(如由恶意服务器器所进行的活动)均可被识别。为了使医生和研究人员能够在不泄露患者个人信息的情况下获取患者的健康数据，应该在信息共享之前使用脱敏技术。

与 Hu 等人的方法类似，Chen 等人也通过智能合约将公平性引入具体方案中，在经济上实现公平的搜索机制。在他们提出的方案中，每个参与者都被平等对待，并被激励进行正确的计算。这样，一个诚实的人总能得到他应得的，而一个恶意的人什么也得不到。此外，该方案利用复杂的布尔表达式来提取电子健康记录，从而构造索引，而且只把搜索索引添加到区块链中，以方便对 EHR 的查找，而实际的 EHR 数据则以加密后的形式存储在公共云服务器中。该方案还支持复杂查询，从而允许不同的医疗代理请求访问权限并获取医疗记录。当用户希望访问这些 EHR 时，他们需要通过数据所有者的身份验证，以获得授权和解密密钥。通过这种机制，数据所有者可以完全控制谁可以查看他们的数据。

1. 系统模型

该方案有 3 个实体：数据所有者、用户和区块链。系统模型如图 9.14 所示。

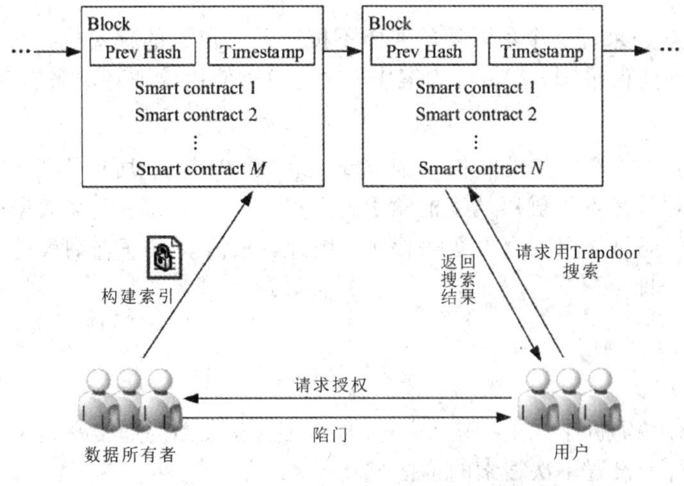

图 9.14　系统模型

数据所有者是创建 EHR 的实体，该实体可以是人类(如患者)或组织(如医院、医疗研发机构等)。然后，数据所有者为各个 EHR 构建索引，并创建智能合约来描述如何进行搜索。完成后，数据所有者将智能合约和索引发送到区块链。之后，数据所有者使用对称加密算法对 EHR 进行加密，并将其存储在云服务器上。

用户是数据所有者授权的实体，用于搜索索引以获得所需的 EHR。用户可以是人类(如医生)或组织(如医院、医学研究所或健康保险公司等)。

区块链是存储索引和所有智能合约的实体。授权用户在区块链中搜索某些特定的 EHR，智能合约随即产生正确的、不可篡改的结果，并且不需要用户进一步验证。

该方案由 5 种多项式时间算法组成：Setup，BuildIndex，Enc，Trapdoor，Search。

(1) (mk，sk)←Setup(1^λ)：由数据所有者运行来初始化方案。以安全参数 λ 为输入，输出主密钥 mk 和文件加密密钥 sk。

(2) I←BuildIndex(mk，D)：数据所有者运行生成索引 I。以主密钥 mk 和文件集合 D 为输入，输出可搜索索引 I。

(3) C←Enc(sk，D)：由数据所有者运行，对文档进行加密。以文件加密密钥 sk 和文件集合 D 为输入，输出加密后的文件集合 C。

(4) T_Q←Trapdoor(mk，Q)：数据所有者运行该算法，并为授权用户生成陷门。以主密钥 mk 和查询 Q 作为输入，输出陷门 T_Q。

(5) R←Search(T_Q，I)：该算法由智能合约运行。以陷门 T_Q 和索引 I 为输入，输出相关加密文档的标识符列表 R。

2. 设计目标

该方案引入了区块链，以实现一个保密、公平、健壮和可控的共享电子病历的可搜索加密方案。该方案主要有三个目标，即公平性、可靠性和保密性。

1) 公平性

公平性保证了如果用户为查询任务付费，那么他就能收到准确的搜索结果。查询任务将由矿工执行，矿工通过正确运行协议来获得报酬。此外，为了访问 EHR，用户需要向发送搜索令牌的用户(即数据所有者)付费。

2) 可靠性

可靠性意味着如果有一个不诚实的实体不按照预先定义的方式执行协议，它将被检测到，并且不会得到任何报酬。在传统方案中，这是通过使用验证算法来实现的。

3) 保密性

在该方案中，由于新添加的文档是独立于之前的文档的，所以不存在前向安全问题。此外，该方案针对的是电子健康档案的索引，而实际的电子健康档案数据则储存在公共储存系统上，并且可通过任何加密方法来保护。因此，只需要保证查询表达式的机密性，使其不受敌手的攻击即可。

3. 具体方案

1) Setup(1^λ)

(1) 数据所有者随机生成主密钥 mk←$\{0，1\}^\lambda$ 以及文档的加密密钥 sk←$\{0，1\}^\lambda$。

(2) 数据所有者设置单次搜索的价格 $ offer。

(3) 数据用户从自己的账户 $ B.user 中支出押金 $ deposit。

(4) 数据用户设置一个时间限制 T_1。

2) $I \leftarrow$ BuildIndex(mk, D)

(1) 扫描 EHR 数据并提取所有满足表达式 $X=\{X_1, X_2, \cdots, X_m\}$的记录，令 $\mathrm{ID}(X_i)=\{\mathrm{id}_{ij} \| D_{ij}|=X_j\}$。

(2) 初始化一个空的列表 L 以及一个空的字典 I。对于每个 X_i：

$$k_1 \leftarrow f(\mathrm{mk}, 1 \| X_i), k_2 \leftarrow f(\mathrm{mk}, 2 \| X_i)$$

设 $a=\lfloor|\mathrm{ID}(X_i)|/p\rfloor$，$c \leftarrow 0$，其中 p 表示能够被打包的文件标识符的数量。将 $\mathrm{ID}(X_i)$ 分为 $a+1$ 个块。如果需要的话，可将最后一个块的标识符数量填充为 p。

对于每个块 $\mathrm{ID}(X_i)$：

① $\mathrm{id}=\mathrm{id}_1 \| \mathrm{id}_2 \| \cdots \| \mathrm{id}_p$，$r \leftarrow \{0, 1\}^\lambda$，$d \leftarrow \mathrm{id} \oplus g(k_2, r)$，$l \leftarrow f(k_1, c)$，$c$++。

② 将(l, d, r)添加到列表 L。

(3) 将 L 分为 n 个块 L_i，其中 $1 \leqslant i \leqslant n$，并将它们通过 n 次不同的交易一个一个发送至智能合约。

(4) 智能合约将块 L_i 中的元素拆分为(l, d, r)，并将$(l, d \| r)$添加到索引 I。

3) $C \leftarrow$ Enc(sk, D)

该算法由数据所有者执行，用于加密文档集合。它通过使用一个私钥为 sk 的对称加密算法(如 AES)来加密文档集合 D，并获得密文文档集合 C。

4) $T_Q \leftarrow$ Trapdoor(mk, Q)

用户将查询请求 Q 发送至数据所有者。数据所有者首先检查请求 Q 是否满足定义表达的标准格式。如果满足，他预估 t 和 step 的值，然后计算 $k_1 \leftarrow f(\mathrm{mk}, 1 \| Q)$，$k_2 \leftarrow f(\mathrm{mk}, 2 \| Q)$，并将 $T_Q=(k_1, k_2, t, \mathrm{step})$返回给数据用户；否则，他将给用户返回“表达式错误”。

5) Search(T_Q, I)

(1) 确认当前时间 $T<T_1$，否则跳至(6)。

(2) 确认 \$ deposit$>\mathrm{GL}_{\mathrm{srch}} \times$ \$ gasPrie+ \$ offer。

(3) 数据用户设 $c \leftarrow 0$，然后将搜索令牌(k_1, k_2, c)发送至智能合约。

(4) 当 $i=0$ 至 t：

① 当 $j=0$ 直到函数 Get 返回⊥或 $j \geqslant$ step：

· $l \leftarrow f(k_1, c)$；$d, r \leftarrow \mathrm{Get}(I, l)$；$\mathrm{id} \leftarrow dg(k_2, r)$，$c$++；$j$++。

· 将 id 拆分为$(\mathrm{id}_1, \mathrm{id}_2, \cdots, \mathrm{id}_p)$，并把它们保存到列表 R。

② 令 \$ cost← \$ offer$+\mathrm{G}_{\mathrm{srch}} \times$ \$ gasPrice。

③ 将 \$ offer 发送至 \$ B.owner，并将 $\mathrm{G}_{\mathrm{srch}} \times$ \$ gasPrice 发送至执行交易的矿工。

④ 令 \$ deposit← \$ deposit− \$ cost。

⑤ 智能合约确认预计的 gas 消耗小于余额。

如果 \$ deposit$>\mathrm{GL}_{\mathrm{srch}} \times$ \$ gasPrice+ \$ offer，则跳至①；否则跳至(5)。

(5) 将 \$ deposit 发送至 \$ B.user。

(6) 确认当前时间 $T>T_1$，并将 \$ deposit 发送至 \$ B.user。

在该方案中，每个查询 Q 都是一个复杂的表达式，不同的查询之间是相互独立的。搜索算法将返回所有满足查询条件的文件标识符，假设这些文件标识符将通过一个安全信道传输给用户。此外，也可以加密这些文件标识符。

数据所有者调用 BuildIndex 算法，根据提取的标识符生成索引 I。然后，数据所有者对所有明文文档进行加密，以获得加密文档的。加密文档的收集可以外包给任何分散的文件存储网络，如星际文件系统(IPFS)。

假设 $|id_i|=ep\leqslant\lambda$，$p$ 是一个由数据所有者选择的系统参数。使用连接将多个文件标识符打包成一个。为了确保保密性，标识符 id 的比特长度应小于安全参数 λ。因此，有 $p\leqslant\lambda/e$，e 是比特长度的文件标识符。

在搜索阶段，每笔交易的成本包括两部分：对数据所有者的奖励(即 $ offer)和对工作者的奖励(即 $G_{srch}\times$ $ gasPrice)。在预定的时间限制 T_1 内，数据所有者可以从陷门生成中获得奖励；否则，用户的搜索请求将过期，用户的押金将被退还。注意，每个合约在以太坊中都有一个唯一的地址。智能合约利用搜寻令牌及预先储存的索引，执行搜寻演算法及储存搜寻结果(即文件标识符)到其状态，该状态对于数据所有者都是共享的。

4. 安全分析

1) 公平性

这一目标是通过使用区块链的激励机制来实现的。在以太坊中，每个用户都贡献了自己的计算能力，向区块链添加新的块，并从完成的工作中获得奖励。换句话说，所有的交易都是通过购买 gas 来支付的。恶意操作将被检测到，不诚实的用户将得不到任何回报。此外，用户指定的时间限制 T_1 可以从交易应在此时间内完成这方面保证公平性；否则，用户的押金将被退还。

2) 可靠性

在该方案中，区块链的共识属性可以保证用户不需要验证就可以获得可靠正确的搜索结果。只要智能合约在以太坊中正确运行，搜索结果将以合约状态永久公开存储。以太坊网络中的每个节点都可以检测到搜索结果的任何变化。

3) 保密性

该方案中查询表达式的保密性的证明类似于文献[5]。由于没有更新操作(添加和删除)，所以该方案更加简单。同样利用模拟器 S 模拟其与敌手 $\mathcal{A}$ 之间的真实-模拟游戏，且仅引入了两个状态泄露函数。

本章参考文献

[1] NAKAMOTO S. Bitcoin: A Peer-to-Peer Electronic Cash System[R/OL]. [2021-07-08]. https://bitcoin.org/bitcoin.pdf.

[2] 邵奇峰，金澈清，张召，等. 区块链技术：架构及进展[J]. 计算机学报，2018，41(5)：969-988.

[3] XUE J T, XU C X, ZHAO J N, et al. Identity-based Public Auditing for Cloud Storage Systems Against Malicious Auditors via Blockchain[J]. Science China Press, 2019, 62

(3)：1－16. https：//doi. org/10. 1007/11432－018－9462－0.

[4] WEI P H，WANG D H，ZHAO Y，et al. Blockchain Data-based Cloud Data Integrity Protection Mechanism[J]. Future Generation Computer Systems，2020，102：902－911.

[5] HU S S，CAI C J，WANG Q，et al. Searching an Encrypted Cloud Meets Blockchain：A Decentralized，Reliable and Fair Realization[C]//IEEE INFOCOM 2018 - IEEE Conference on Computer Communications，2018：792－800.

[6] CHEN L X，LEE W K，CHANG C C. Blockchain based searchable encryption for electronic health record sharing[J]. Future Generation Computer Systems，2019，95：420－429. https：//doi. org/10. 1016/j. future2019. 01. 018.

[7] The IPFS Project. URL：2015. https：//ipfs. io/.